U0286814

精通C++语言

张　勇　陈　伟　贾晓阳　唐颖军　张翰进　徐安妮　编著

清華大學出版社
北京

内 容 简 介

本书全面介绍了C++语言数据结构及其程序设计方法，深入介绍了函数、类、对象和模板类等面向对象高级主题。全书共12章。第1章介绍了数制和集成开发环境；第2章讨论C++数据类型；第3章介绍了C++语言控制结构；第4章全面讲述了函数及其用法；第5章剖析了类和对象的概念与设计；第6章深入讨论了继承和多态特性；第7章介绍了运算符重载方法；第8章讲述了模板函数与模板类；第9章讨论了文件操作方法；第10章阐述了动态数组程序设计方法；第11章分析了链表及其用法；第12章探讨了字符串模板类及其用法。全书程序基于Visual Studio 2022调试通过。

本书可作为高等院校计算机工程、软件工程和网络工程等相关专业的本科生教材，也可作为C++语言程序设计爱好者的参考用书。

图书在版编目(CIP)数据

精通C++语言/张勇等编著. —北京：清华大学出版社，2022.8
ISBN 978-7-302-61131-8

Ⅰ. ①精… Ⅱ. ①张… Ⅲ. ①C++语言－程序设计－高等学校－教材 Ⅳ. ①TP312.8

中国版本图书馆CIP数据核字(2022)第112398号

责任编辑：赵 凯 李 晔
封面设计：刘 键
责任校对：胡伟民
责任印制：宋 林

出版发行：清华大学出版社
网　　址：http://www.tup.com.cn，http://www.wqbook.com
地　　址：北京清华大学学研大厦A座　　**邮　　编：**100084
社 总 机：010-83470000　　**邮　　购：**010-62786544
投稿与读者服务：010-62776969，c-service@tup.tsinghua.edu.cn
质量反馈：010-62772015，zhiliang@tup.tsinghua.edu.cn
课件下载：http://www.tup.com.cn，010-83470236
印 装 者：三河市科茂嘉荣印务有限公司
经　　销：全国新华书店
开　　本：185mm×260mm　　**印　张：**17.25　　**字　　数：**430千字
版　　次：2022年9月第1版　　**印　　次：**2022年9月第1次印刷
印　　数：1～2000
定　　价：69.00元

产品编号：097644-01

前言
PREFACE

本书是一本 C++语言的全面学习教材，涵盖了全体编著人员在长期的学习、使用和教学过程中积累的 C++语言应用知识。对 C++语言的庞大体系做了适当的取舍，保留了 C++语言易用的“精华”部分，抛弃了那些难懂的复杂语法体系。本书以通俗易懂的方式，详细介绍了类的构建与对象的应用方法，深入浅出地介绍了类的三大特性：封装、继承和多态，全面介绍了 C++语言的模板类及其用法。

本书内容包括 12 章。

第 1 章绪论，介绍了 C++语言发展简史，详细阐述了 Visual Studio 和 RAD Studio 两个编写 C++语言程序的最佳集成开发环境的用法，讨论了数制转换和整数存储方式，论述了 C++语言的输入和输出操作。

第 2 章数据类型与 C++语言表示，详细讲述了 C++语言的整数、布尔型、浮点数、字符、数组、字符串、结构体、枚举和共用体等数据类型，介绍了这些类型变量的定义、赋值和运算方式。

第 3 章运算符、控制与指针，全面讨论了 C++语言的算术运算符、关系运算符、逻辑运算符、位运算符、自增自减运算符、赋值运算符、sizeof 运算符、条件运算符和逗号运算符等，介绍了分支控制和循环控制程序设计方式，并讲述了指针与引用的用法。

第 4 章函数，系统讲述了函数的定义与调用方法，讨论了指针作为函数的参数和指向函数的指针的用法，深入介绍了递归函数的设计方法。

第 5 章类与对象，分析了结构体与类的关系，深入介绍了类的概念、构造方法、set 与 get 方法、析构方法等，讨论了面向对象程序设计的优势，讲述了对象与指针的用法，还探讨了静态函数与友元函数的意义与用法，指出了对象复制的注意事项。

第 6 章继承与多态，讲述了继承的各种方式及其对基类与子类间成员的访问属性的影响，重点讨论了公有继承方式及其程序设计方法，介绍了子类构造方法、方法覆盖技术以及多态技术。

第 7 章运算符重载，深入讨论了 C++语言运算符重载程序设计方法，通过实例重点介绍了双目运算符的重载方法。

第 8 章宏与模板，介绍了宏定义与宏函数，在此基础上深入介绍了模板函数和模板类，并着重讲述了设计参数个数可变的函数的方法。

第 9 章异常与文件，讲述了 C++语言程序的异常捕获与处理方法，详细讨论了文本文件和二进制文件的读写操作。

第 10 章动态数组，介绍了单向动态数组 vector 和双向动态数组 deque 的应用方法，讨论了 lambda 函数和伪随机数发生器的程序设计方法。

第11章链表，深入介绍了自定义单向链表和自定义双向链表的程序设计方法，然后，借助单向链表模板类和双向链表模板类讲述了借助C++语言标准模板类库实现链表数据结构的方法。

第12章字符串，讲述了字符串模板类定义字符串对象的方法，讨论了字符串的初始化和赋值等基本操作，介绍了字符串合并、追加、插入、删除、查找和替换等常用操作，还介绍了字符串的大小写英文字母转换方法。

每章内容后均附有一定数量的习题，供编程练习使用。

本书用作计算机工程、软件工程、网络工程和物联网工程等相关专业的C++语言课程教材时，应讲述全部内容，建议96学时；用作非计算机类专业的C++语言课程教材时，建议讲述第1～7章，并选学第9章，建议64学时。本书在作为江西财经大学计算机类学生的C++语言课程教材时，总学时为112学时，其中理论课56学时，实验课56学时，课后大作业9个。对于自学本书的读者，在学习理论知识的同时，建议手工输入全书的实例代码，并完成调试和运行工作。学好和用好C++语言的最佳方式是勤于编写和调试程序。

本书由江西财经大学软件与物联网工程学院C++语言课程组编写，其中，陈伟编写第1、2章，唐颖军编写第3章，张翰进编写第4章，张勇编写第5～8章，徐安妮编写第9、10章，中国光学科学技术馆贾晓阳编写第11、12章，全书由张勇统稿。全体作者感谢217VR和218VR班级的同学们，他们校对了本书的讲义并提出了宝贵的修改意见。感谢清华大学出版社的编辑为本书出版所做的辛勤工作。

尽管我们细致地校对了本书中的文字和代码，但受水平和能力所限，书中难免存在各种错漏，欢迎广大读者批评指正。

编　者

于江西财经大学麦庐园

2022年6月

源码

教学课件

教学大纲

目录
CONTENTS

第1章 绪论 …… 1

1.1 C++简史 …… 1
1.2 集成开发环境 …… 2
1.2.1 Visual Studio …… 2
1.2.2 RAD Studio …… 10
1.3 数制 …… 14
1.3.1 数制转换 …… 14
1.3.2 整数存储与运算 …… 16
1.3.3 浮点数表示 …… 18
1.4 输入与输出 …… 19
1.5 本章小结 …… 20
习题 …… 21

第2章 数据类型与C++语言表示 …… 22

2.1 整数 …… 22
2.2 布尔类型 …… 25
2.3 浮点数 …… 26
2.4 字符 …… 27
2.5 数组 …… 28
2.6 字符串 …… 31
2.7 结构体 …… 33
2.8 枚举 …… 35
2.9 共用体 …… 36
2.10 本章小结 …… 39
习题 …… 39

第3章 运算符、控制结构与指针 …… 41

3.1 运算符 …… 41
3.1.1 算术运算符 …… 42
3.1.2 关系运算符 …… 43

3.1.3 逻辑运算符 …… 45
3.1.4 位运算符 …… 46
3.1.5 自增自减运算符 …… 48
3.1.6 赋值运算符与 sizeof 运算符 …… 50
3.1.7 条件运算符 …… 51
3.1.8 逗号运算符 …… 53
3.2 分支控制 …… 54
3.2.1 if-else 结构 …… 54
3.2.2 switch-case 结构 …… 60
3.3 循环控制 …… 62
3.3.1 for 结构 …… 63
3.3.2 while 结构 …… 65
3.3.3 do-while 结构 …… 66
3.3.4 foreach 结构 …… 67
3.4 指针 …… 68
3.4.1 常量、变量与指针 …… 68
3.4.2 动态数组 …… 70
3.4.3 数组与指针 …… 73
3.5 引用 …… 76
3.6 排序实例 …… 78
3.7 本章小结 …… 80
习题 …… 81

第 4 章 函数 …… 82

4.1 函数定义与调用 …… 82
4.1.1 函数用法 …… 83
4.1.2 函数重载 …… 87
4.2 函数与指针 …… 89
4.2.1 指针作为函数的参数 …… 89
4.2.2 指向函数的指针 …… 93
4.3 递归函数 …… 95
4.4 vector 动态数组 …… 99
4.5 本章小结 …… 101
习题 …… 101

第 5 章 类与对象 …… 103

5.1 结构体与类 …… 103
5.1.1 类 …… 106
5.1.2 构造方法 …… 109

5.1.3　set()方法与 get()方法 …… 112
5.1.4　析构方法 …… 115
5.2　对象与指针 …… 117
5.3　静态函数与友元函数 …… 119
5.4　对象复制 …… 121
5.5　本章小结 …… 130
习题 …… 131

第6章　继承与多态 …… 132

6.1　公有继承 …… 132
6.1.1　子类构造方法 …… 138
6.1.2　方法覆盖 …… 141
6.2　保护继承 …… 142
6.3　私有继承 …… 146
6.4　继承与指针 …… 149
6.5　多态技术 …… 151
6.6　本章小结 …… 163
习题 …… 163

第7章　运算符重载 …… 164

7.1　运算符重载函数 …… 164
7.2　运算符重载方法 …… 168
7.2.1　双目运算符重载方法 …… 168
7.2.2　单目运算符重载方法 …… 170
7.3　实例：复数类 …… 173
7.4　本章小结 …… 178
习题 …… 178

第8章　宏与模板 …… 179

8.1　宏定义 …… 179
8.2　模板 …… 181
8.2.1　模板函数 …… 181
8.2.2　参数个数可变的函数 …… 184
8.2.3　模板类 …… 186
8.2.4　模板类的具体化 …… 188
8.3　本章小结 …… 191
习题 …… 192

第9章　异常与文件 …… 193

9.1　异常 …… 193

9.2 文本文件操作 …… 195
9.3 二进制文件操作 …… 200
9.4 本章小结 …… 203
习题 …… 203

第 10 章 动态数组 …… 204

10.1 动态数组初始化 …… 204
10.2 动态数组基本操作 …… 205
10.3 迭代器访问动态数组元素 …… 208
10.4 lambda 函数 …… 210
10.5 deque 数组类 …… 214
10.6 伪随机数 …… 217
10.7 本章小结 …… 221
习题 …… 221

第 11 章 链表 …… 222

11.1 单向链表 …… 222
11.2 双向链表 …… 229
11.3 单向链表模板类 …… 237
11.4 双向链表模板类 …… 241
11.5 本章小结 …… 247
习题 …… 248

第 12 章 字符串 …… 249

12.1 字符串基本操作 …… 249
12.2 宽字符串模板类 …… 253
12.3 字符串合并与分解操作 …… 254
12.3.1 append()方法 …… 254
12.3.2 substr()方法 …… 256
12.3.3 insert()和 erase()方法 …… 257
12.4 字符串查找与替换操作 …… 259
12.4.1 find()方法与 replace()方法 …… 260
12.4.2 大小写字母转换 …… 262
12.5 本章小结 …… 263
习题 …… 264

参考文献 …… 265

第1章 绪　论

C++语言是目前最受欢迎的面向对象程序设计语言之一。本章将首先介绍C++语言的发展历程与特点；然后，借助C++简单程序实例介绍开发C++语言程序的两个权威集成开发环境Visual Studio和RAD Studio；接着，讨论了计算机中存储整数和小数的方法；最后，列举了深入学习C++语言的参考文档。

本章的学习目标：

- 了解C++语言的发展历程
- 熟悉Visual Studio和RAD Studio开发C++语言程序的过程
- 掌握数制变换及存储格式
- 熟练掌握C++语言的输入和输出方法

1.1 C++简史

1983年，贝尔实验室的Bjarne Stroustrup在C语言的基础上添加了“类”的概念，推出了具有面向对象特性的C++语言。之后，国际标准化组织先后在1998年、2003年、2011年、2014年、2017年和2020年发布了C++语言国际标准，自2011年的C++11标准（IOS/IEC 14882：2011）开始，C++标准委员会每3年进行一次C++语言的标准修订，使C++语言随着计算机软硬件资源的发展而同步发展。

C++语言兼容C语言，具有C语言代码高效率的优点，同时，面向对象的一些特性，如封装、继承和多态等，使得C++语言更适合于开发大型软件系统。C++语言可用于开发操作系统，例如UNIX系统、Windows系统和嵌入式实时操作系统μC/OS等；可用于开发大型应用软件，如Mathematica和MATLAB等；可用于编写科学计算程序，例如，《数字图像密码算法详解》（清华大学出版社，2019年）书中的图像加密程序；甚至大型的Visual Studio集成开发环境也是使用C++语言编写的。

C++语言是一种易学易用的计算机程序设计语言，主要有以下特点：

（1）C++语言具有C语言的面向过程编程机制，同时，还具有全新的面向对象编程机制，既适于开发小型软件，也适于开发大中型软件；

（2）C++语言可用于开发基于单片机和ARM微控制器/微处理器的嵌入式实时操作系统和应用程序，其开发效率远远高于汇编语言；

（3）C++语言具有丰富的数据类型和运算符，C++程序执行效率高，是除汇编语言之外最高效的程序设计语言之一；

(4) C++语言程序结构清晰,代码可读性强,程序可移植性好,方便实现团队协作开发大型软件;

(5) C++语言程序比C语言程序具有更好的代码复用性、代码扩充性和运行健壮性,除了在一些对时序要求极苛刻的场合仍使用C语言或汇编语言外,其他情况下均应使用C++语言替代C语言;

(6) 精通C++语言后,再学习其他的高级程序设计语言,例如C#、Java或Python等,都会有种似曾相识的感觉,且能在短期内精通这些语言。

1.2 集成开发环境

支持最新C++20语言标准的集成开发环境主要有Visual Studio和RAD Studio。本书全部例程均可在Visual Studio 2019、Visual Studio 2022和RAD Studio 11集成开发环境中正常运行。本节将介绍Visual Studio 2022和RAD Studio 11集成开发环境的C++语言程序设计方法,后续实例讲解均采用Visual Studio 2022集成开发环境。

一般地,使用C++语言设计一款程序(或软件)需要以下步骤:

(1) 分析程序实现的功能,并应用面向对象技术对程序功能进行分解。这一步涉及软件工程方面的内容,本书不作介绍。

(2) 借助于集成开发环境编写C++语言代码,得到一个或多个源代码程序文件,其扩展名为.cpp或.h。一般地,所有的源代码程序文件被组织在一个项目中,多个项目可放置在一个工作区或解决方案内。这一步是C++程序员的主要工作,需要掌握和灵活运用C++语言语法和具体的算法实现方法,这是本书的主要内容。

(3) 在集成开发环境中,使用编译器编译上述源代码程序文件,得到它们的目标文件,然后,使用链接器将这些目标文件和库文件链接为一个可执行文件。在Visual Studio或RAD Studio中编译和链接操作是合并执行的。当遇到编译错误或链接错误时,按错误提示信息修改源代码程序,直到程序能够合法能够编译和链接。

(4) 测试可执行文件的运行情况,根据测试结果完善源代码程序,并做好程序维护工作。在Visual Studio集成开发环境下编译链接得到的C++可执行文件是一种执行效率很高的中间代码文件,它需要Microsoft"运行时库"(Runtime Library)的支持;而在RAD Studio集成开发环境下编译链接得到的C++可执行文件是一种真正的可执行文件,仅依赖于操作系统和计算机处理器。

视频讲解

1.2.1 Visual Studio

Visual Studio是Microsoft公司推出的集成开发环境,是C++程序设计的首选集成开发环境,具有代码输入智能感知功能。登录Microsoft官网,下载最新版Visual Studio 2022 Community(社区版)在线安装包。只需注册免费的Microsoft账户即可免费使用Visual Studio社区版。

现在,执行已下载的Visual Studio 2022 Community在线安装包,在弹出的对话框中应选中".NET桌面开发""使用C++的桌面开发""通用Windows平台开发"等组件(或者安装全部组件),后续安装过程自动完成,安装好Visual Studio 2022 Community软件后,Windows"开始"菜单中会创建Visual Studio 2022快捷项。单击Visual Studio 2022选项,可启动 Visual Studio 2022，如图 1-1 所示。

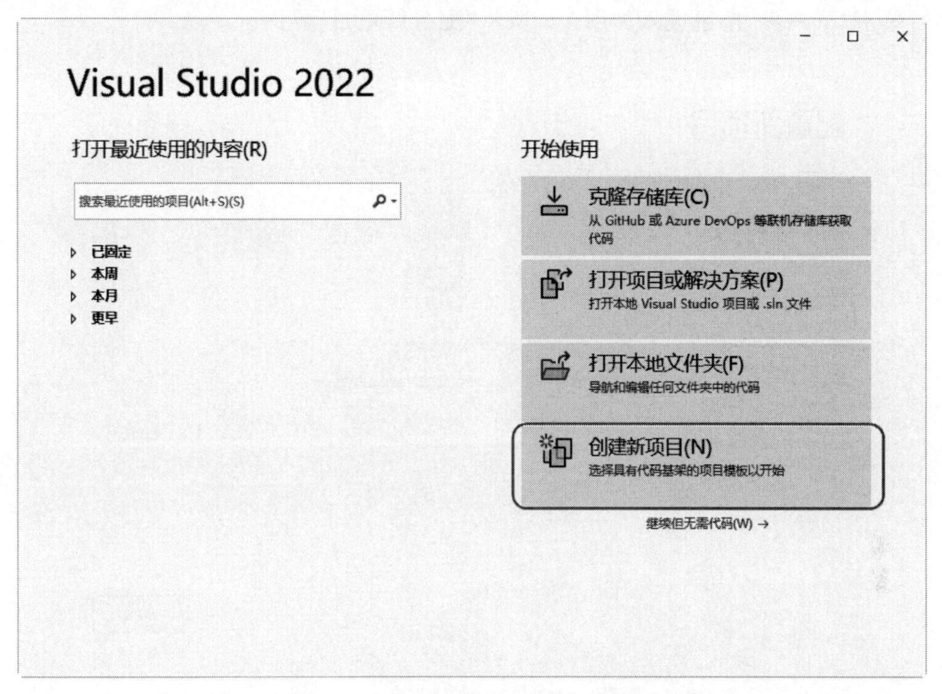

图 1-1　Visual Studio 2022 启动界面

在图 1-1 中，单击"创建新项目"，进入如图 1-2 所示界面。

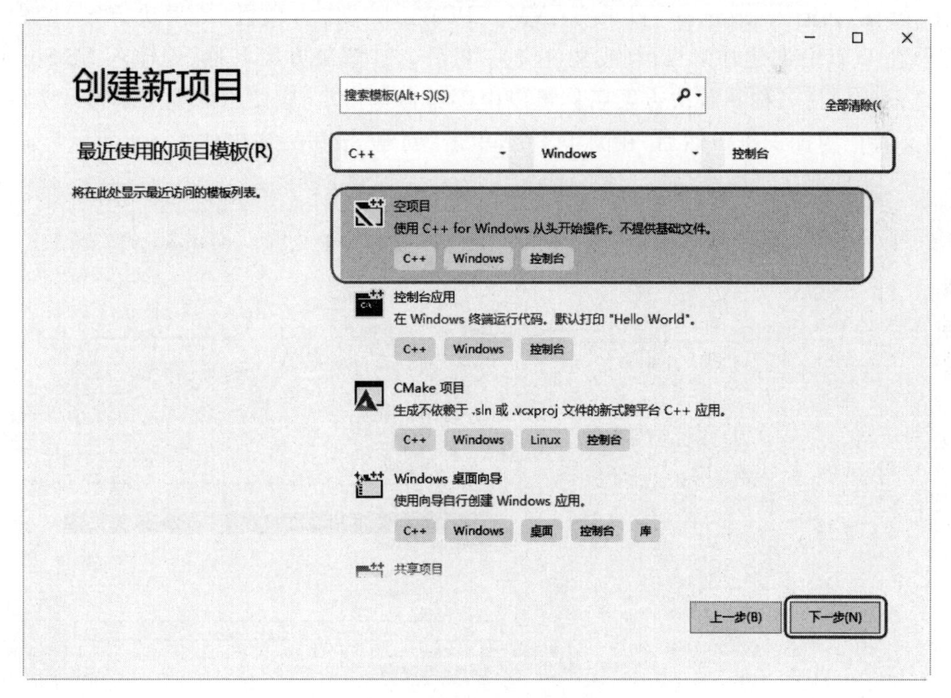

图 1-2　创建新项目界面

在图 1-2 中，选择使用 C++语言，创建“Windows”“控制台”应用程序，单击“空项目”选项，然后单击“下一步”按钮进入如图 1-3 所示“配置新项目”界面。

配置新项目

空项目 C++ Windows 控制台

项目名称(J)

MyPrj0101

位置(L)

D:\MyCPPWork\

解决方案名称(M)

MySolution

将解决方案和项目放在同一目录中(D)

上一步(B) 创建(C)

图 1-3 “配置新项目”界面

在图 1-3 中，输入“项目名称”为 MyPrj0101，其中的数字 0101 表示第 1 章的第 1 个实例；在“位置”处输入(或选择)目录“D:\MyCPPWork\”作为项目(或解决方案)的保存路径，需要在 D 盘上创建好该目录(或文件夹)；最后，在“解决方案名称”处输入 MySolution。注意，这里的项目名称和解决方案名称可以由读者自行指定，应使用以英文字符开头的具有见名知义特征的标识符。然后，在图 1-3 中，单击“创建”按钮后弹出如图 1-4 所示界面。

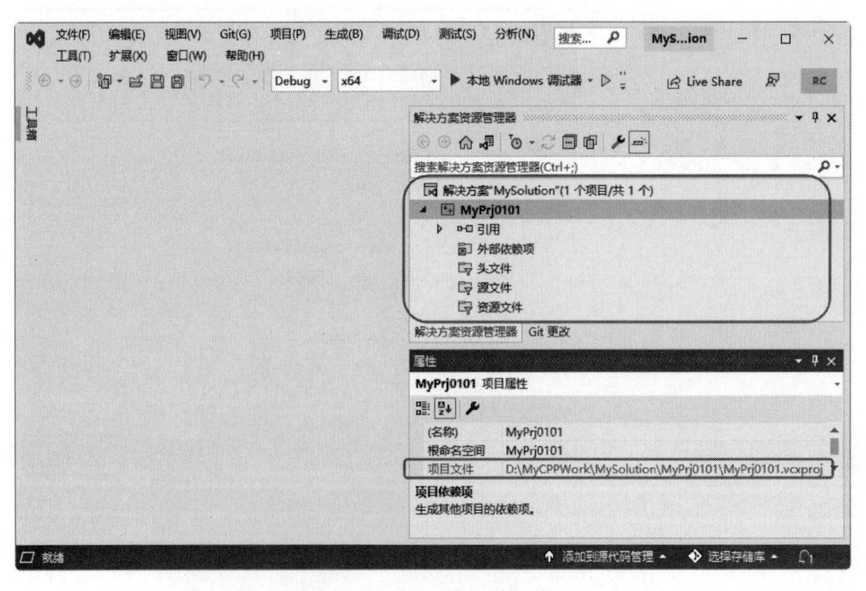

图 1-4 Visual Studio 主界面

在图 1-4 的“解决方案资源管理器”中，右击项目名称 MyPrj0101，在弹出的快捷菜单中，单击“添加”→“新建项”命令，弹出如图 1-5 所示的界面。可通过这种方式向项目中添加源代码文件。

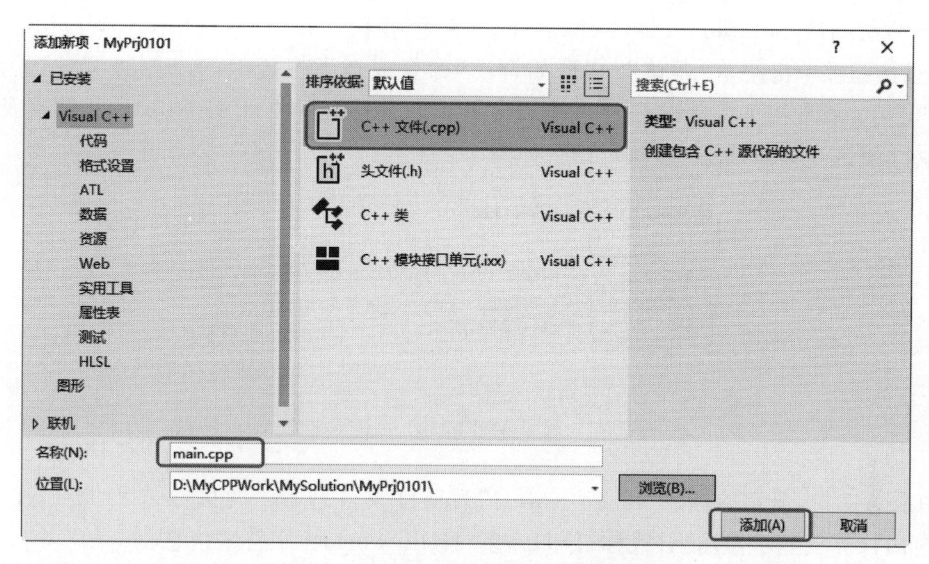

图 1-5　向项目中添加源代码文件界面

在图 1-5 中，单击“C++文件(. cpp)”选项，然后，在“名称”中输入文件名 main. cpp(这里扩展名. cpp 可以省略，当其被省略时，. cpp 将被自动添加到文件名中)，之后，单击“添加”按钮将一个空的 main. cpp 文件添加到项目 MyPrj0101 中，如图 1-6 所示。

图 1-6　添加了 main. cpp 文件的项目 MyPrj0101

如图 1-6 所示，源代码文件 main. cpp 位于项目 MyPrj0101 的“源文件”分组中，然后，向 main. cpp 中输入如图 1-6 所示的代码，并单击“全部保存”快捷按钮(快捷键为 Ctrl＋Shift＋S)，保存 main.cpp 文件。

在图 1-6 中，按下 F6 键或者单击“生成”→“生成解决方案”命令将编译链接项目 MyPrj0101，得到相应的可执行文件 MyPrj0101.exe，该可执行文件位于目录“D:\MyCPPWork\MySolution\x64\Debug”下。然后，在图 1-6 中，单击“本地 Windows 调试器”快键按钮或单击菜单“调试”→“开始调试”命令或按下快捷键 F5 时，将调试运行项目 MyPrj0101；或者按下快捷键 Ctrl+F5 以非调试的方式执行项目 MyPrj0101。当在调试模式下执行项目 MyPrj0101 时，执行结果如图 1-7 所示。

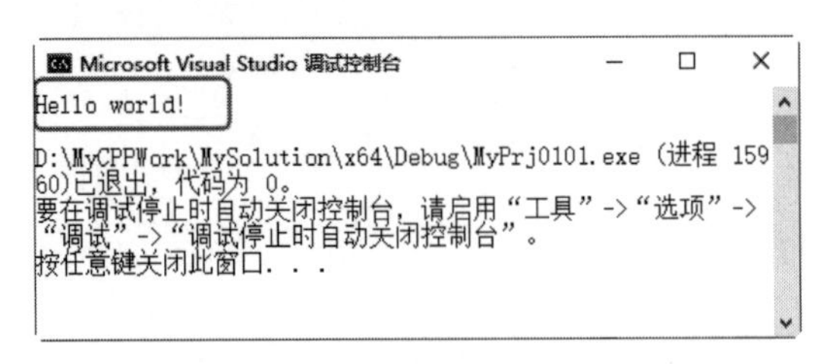

图 1-7　项目 MyPrj0101 的运行结果

在图 1-7 中，显示的信息“Hello world!”为项目 MyPrj0101 的执行结果，即 MyPrj0101 执行时向计算机显示器输出(或称打印)一条“Hello world!”字符串信息。

回到图 1-6 中，在其窗口的快捷方式栏中选择 Debug 选项，表示编译的可执行文件包含了调试信息；还可以选择 Release(发行)选项，表示生成的可执行文件不带有调试信息，当开发的软件发布给用户时需要使用这种模式生成可执行文件。

上面实现了第一个项目 MyPrj0101，执行时向显示器输出字符串“Hello world!”。下面在解决方案 MySolution 中添加第二个项目，项目名称为 MyPrj0102。在图 1-6 中，右击“解决方案"MySolution"”，在弹出的快捷菜单中单击菜单“添加”→“新建项目”命令，将弹出如图 1-8 所示的界面。

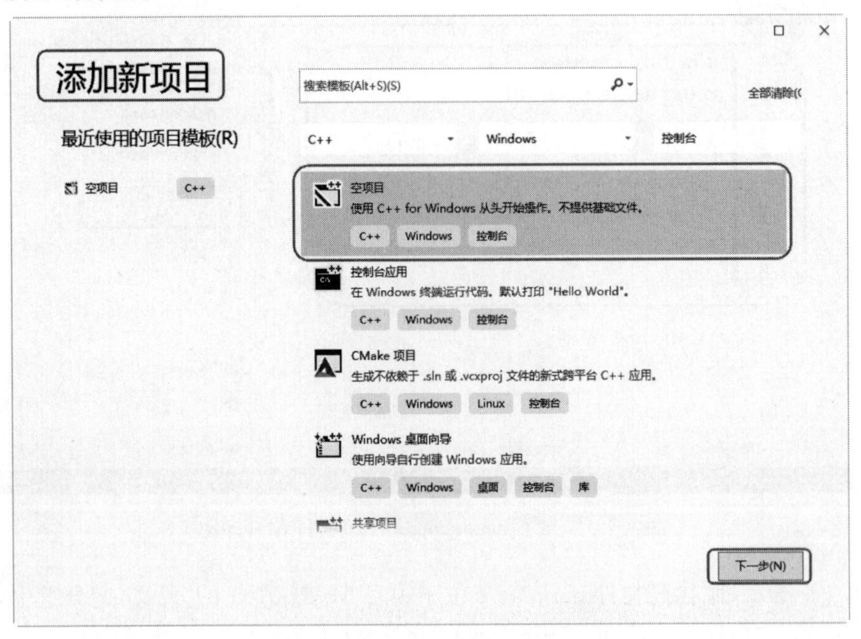

图 1-8　添加新项目界面

在图 1-8 中,选择"空项目"(C++、Windows、控制台),然后,单击"下一步"按钮,进入如图 1-9 所示的界面。

图 1-9 配置新项目界面

在图 1-9 中,输入"项目名称"为 MyPrj0102,然后单击"创建"按钮,进入如图 1-10 所示的界面。当一个解决方案中包含多个项目时,需要将正在开发的项目设为"启动项目",每次执行解决方案时,将自动执行"启动项目"。在图 1-10 中右击项目 MyPrj0102,在弹出的快捷菜单中,单击"设为启动项目",将项目 MyPrj0102 设为解决方案 MySolution 的启动项目。此时,如图 1-10 所示,项目名称 MyPrj0102 以粗体显示,表示该项目为启动项目。

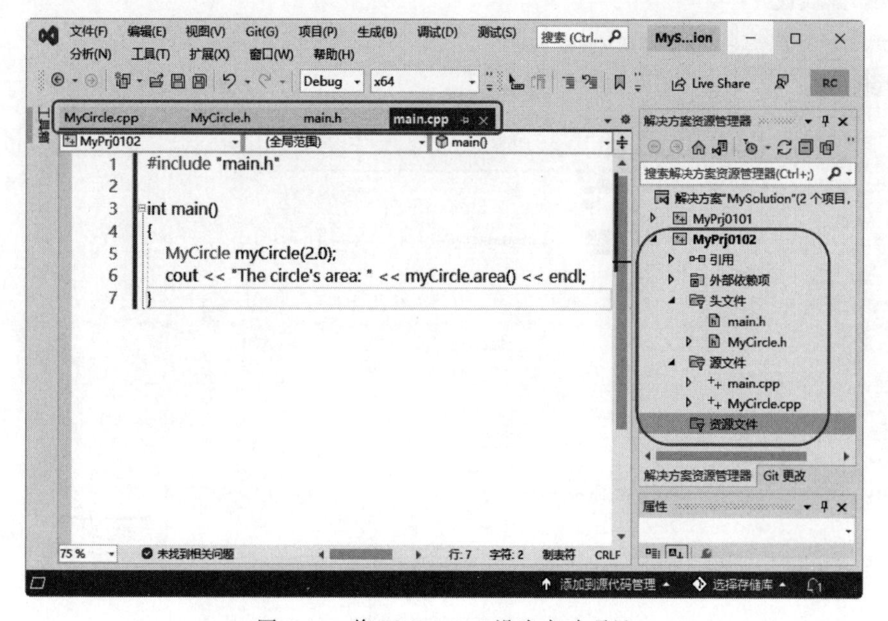

图 1-10 将 MyPrj0102 设为启动项目

为得到如图 1-10 所示的界面,需要依次完成以下步骤:

(1) 在项目 MyPrj0102 的右键快捷菜单中,单击“添加”→“新建项”命令,进入如图 1-11 所示的界面。

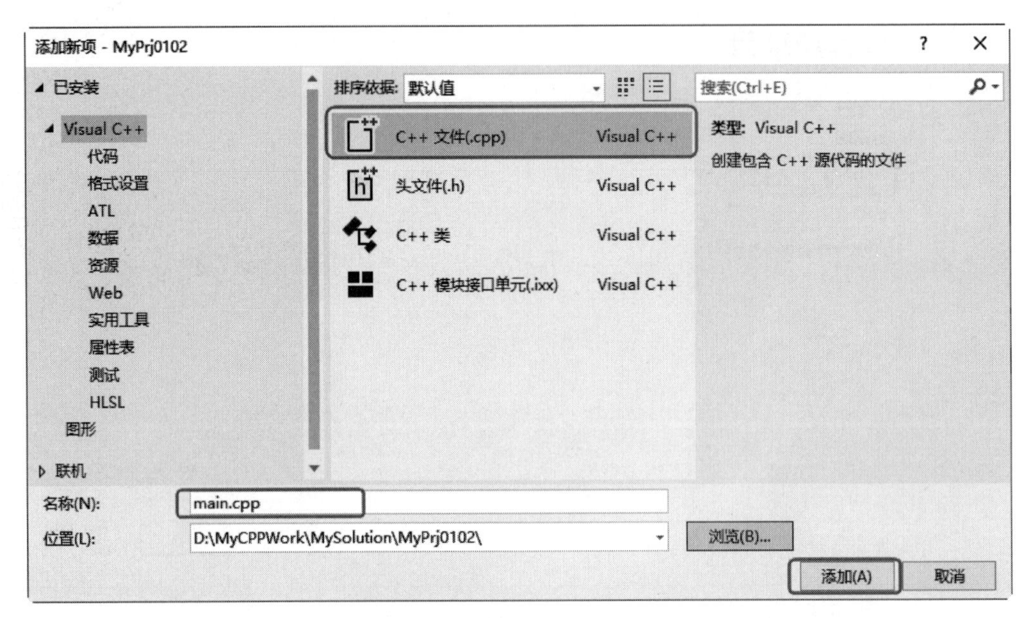

图 1-11 添加源文件 main. cpp 界面

在图 1-11 中,选择“C++文件(. cpp)”,在“名称”处输入文件名为 main. cpp,然后,单击“添加”按钮将 main. cpp 添加到项目 MyPrj0102 中,文件 main. cpp 的代码如图 1-10 所示。

(2) 在项目 MyPrj0102 的右键快捷菜单中,单击“添加”→“新建项”命令,进入如图 1-12 所示的界面。

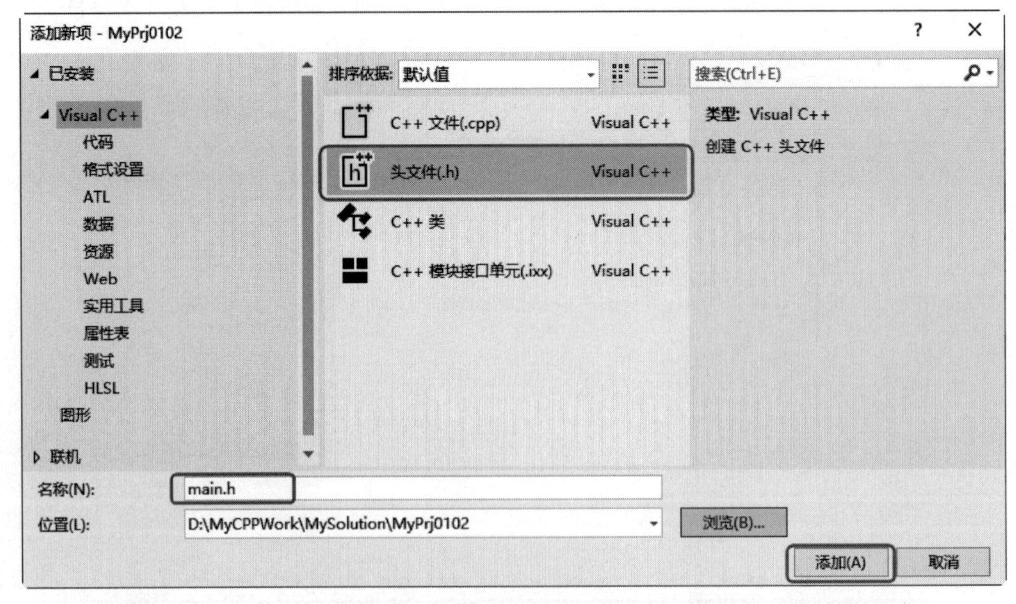

图 1-12 添加头文件 main. h 界面

在图 1-12 中,选择“头文件(.h)”,然后在“名称”中输入文件名为 main.h,之后,单击“添加”按钮,将 main.h 添加到项目中,如图 1-10 所示。这里,头文件 main.h 的代码如程序段 1-1 所示。

程序段 1-1 头文件 main.h

```
1    #pragma once
2    #include <iostream>
3    #include "MyCircle.h"
4
5    using namespace std;
```

(3) 在项目 MyPrj0102 的右键快捷菜单中,单击“添加”→“类”命令,进入如图 1-13 所示的界面。

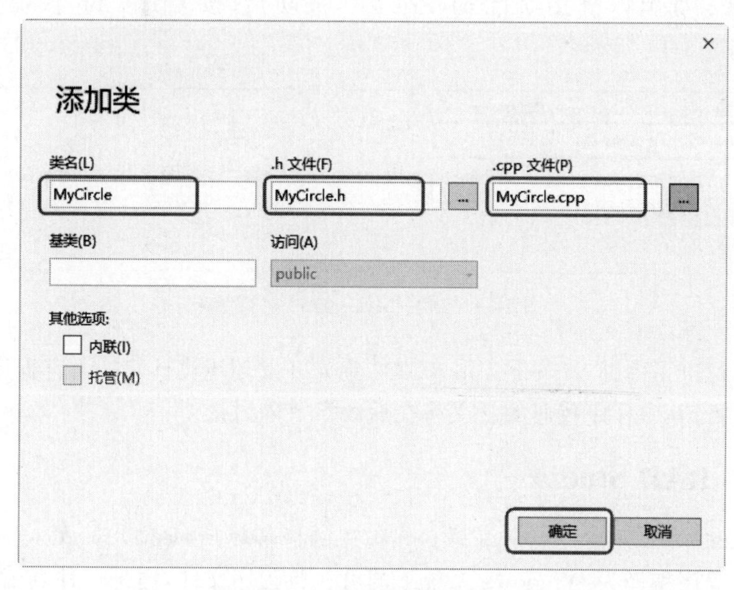

图 1-13 “添加类”界面

在图 1-13 中,输入“类名”为 MyCircle,“.h 文件”自动设为 MyCircle.h,“.cpp 文件”自动设为 MyCircle.cpp,然后,单击“确定”按钮,将类 MyCircle 的源文件 MyCircle.cpp 和头文件 MyCircle.h 添加到项目 MyPrj0102 中,如图 1-10 所示。这两个文件的代码如程序段 1-2 所示。

程序段 1-2 头文件 MyCircle.h

```
1    #pragma once
2    class MyCircle
3    {
4    private:
5      double r;
6      double pi = 3.14159;
7    public:
8      MyCircle(double r)
9      {
```

```
10          this->r = r;
11      }
12      double area();
13  };
```

程序段 1-3　源文件 MyCircle.cpp

```
1   #include "MyCircle.h"
2   double MyCircle::area()
3   {
4     return pi * r * r;
5   }
```

至此,完整的项目 MyPrj0102 设计完成。

现在,按 F6 键编译链接项目 MyPrj0102,成功后,按 Ctrl＋F5 快捷键,执行项目 MyPrj0102,如图 1-14 所示。

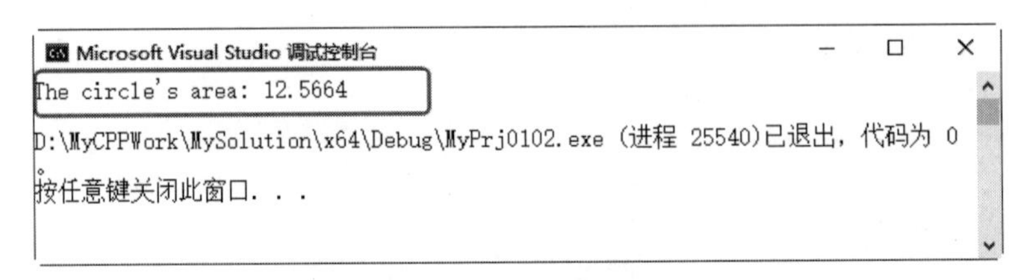

图 1-14　项目 MyPrj0102 执行结果

以上内容讨论了借助 Visual Studio 2022 集成开发环境设计 C++语言程序的方法,这里设计了两个项目,其中程序代码的含义将在后续章节内讨论。

1.2.2　RAD Studio

RAD Studio 集成开发环境是编写 C++程序的极佳场所,RAD Studio 集成开发环境可以将 C++语言程序编译为 Windows 系统下的可执行程序文件,这是一种真正意义上的可执行程序。RAD Studio 集成开发环境还有一个非常重要的优点,即可以使用 C++语言编写 Windows 窗体(或称桌面)应用程序,也就是通常所说的 C++Builder,使用 C++Builder 可以轻松地设计窗体应用程序的人机界面;然而,在 Visual Studio 下使用 C++语言设计 Windows 桌面应用程序需要借助 API 编程技术,比 C++Builder 复杂得多。在 RAD Studio 下使用 C++Builder 设计人机界面程序,类似于在 Visual Studio 下使用 C#语言设计人机界面程序。

在网站 https://www.embarcadero.com/下载并安装好 RAD Studio 11 后,运行 RAD Studio,进入如图 1-15 所示的界面。

在如图 1-15 所示的界面下,单击菜单 File→New→Console Application - C++Builder 命令,弹出如图 1-16 所示的界面。

在图 1-16 中选中 C++单选按钮,然后单击 OK 按钮进入如图 1-17 所示的界面。

为了得到如图 1-17 所示的工程 MyPrj0103,需要完成如下步骤:

(1) 在图 1-16 中,单击 OK 按钮后,进入 RAD Studio 工作界面中,这时工程组的名称为 ProjectGroup1,工程名称为 Project1.cbproj,源文件名为 File1.cpp,头文件名为

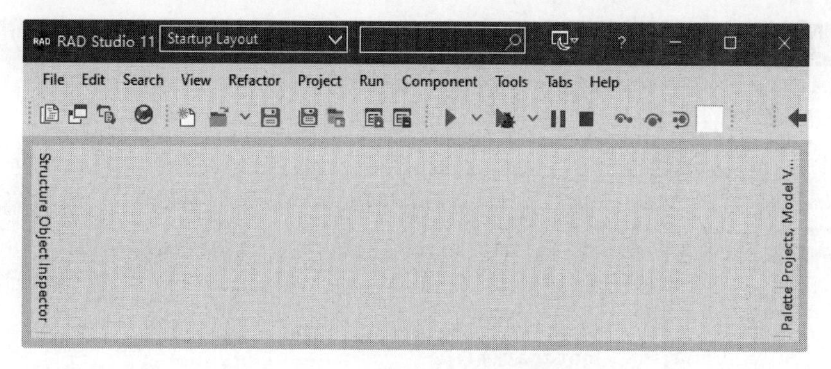

图 1-15　RAD Studio 工作界面

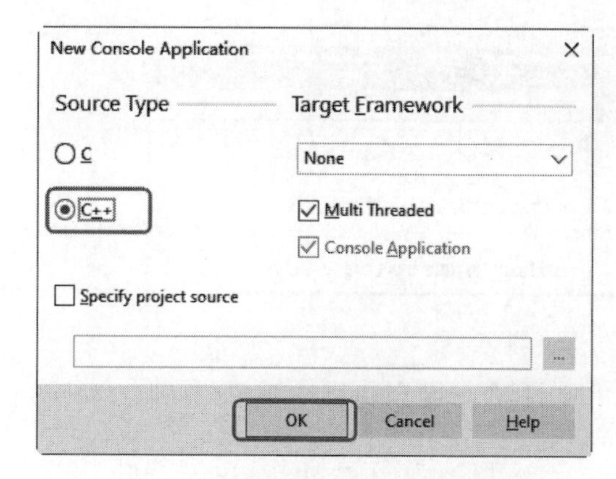

图 1-16　新建控制台应用对话框

Project1PCH1. h,可执行文件的工作平台 Target Platforms 为 Windows 32-bit。此时,右击工程组 ProjectGroup1,在弹出的快捷菜单中,单击 Save Project Group As 命令,然后,在弹出的各个“文件另存为”对话框中,依次将 File1. cpp 更名为 main. cpp、Project1PCH1. h 更名为 main. h、Project1. cbproj 更名为 MyPrj0103. cbproj、将 ProjectGroup1. groupproj 更名为 MyGroup. groupproj,其中,文件 main. cpp、main. h、MyPrj0103. cbproj 都保存在目录“D:\MyCPPWork\ MyRADGroup\MyPrj0103”下(需要在 D 盘上创建这个路径);文件 MyGroup. groupproj 保存在目录“D:\MyCPPWork\MyRADGroup”下。

(2) 将文件 main. cpp 的代码修改为如图 1-17 所示的 main. cpp 代码,将文件 main. h 的代码修改为如图 1-17 所示的 main. h 代码。RAD Studio 支持多编辑窗口显示代码,这里将 main. h 文件放在一个新的窗口中,窗口标题为 main. h: 2,表示这是 main. h 的第 2 个编辑窗口。

(3) 将可执行文件的工作平台 Target Platforms 由 Windows 32-bit 调整为 Windows 64-bit。

至此,才能得到如图 1-17 所示的工程 MyPrj0103。

在图 1-17 中,按下快捷键 Shift+F9,将编译链接整个工程 MyPrj0103,得到可执行文件 MyPrj0103. exe。然后,按下快捷键 Shift+Ctrl+F9,将执行工程 MyPrj0103 的可执行文件 MyPrj0103. exe,得到如图 1-18 所示的界面。

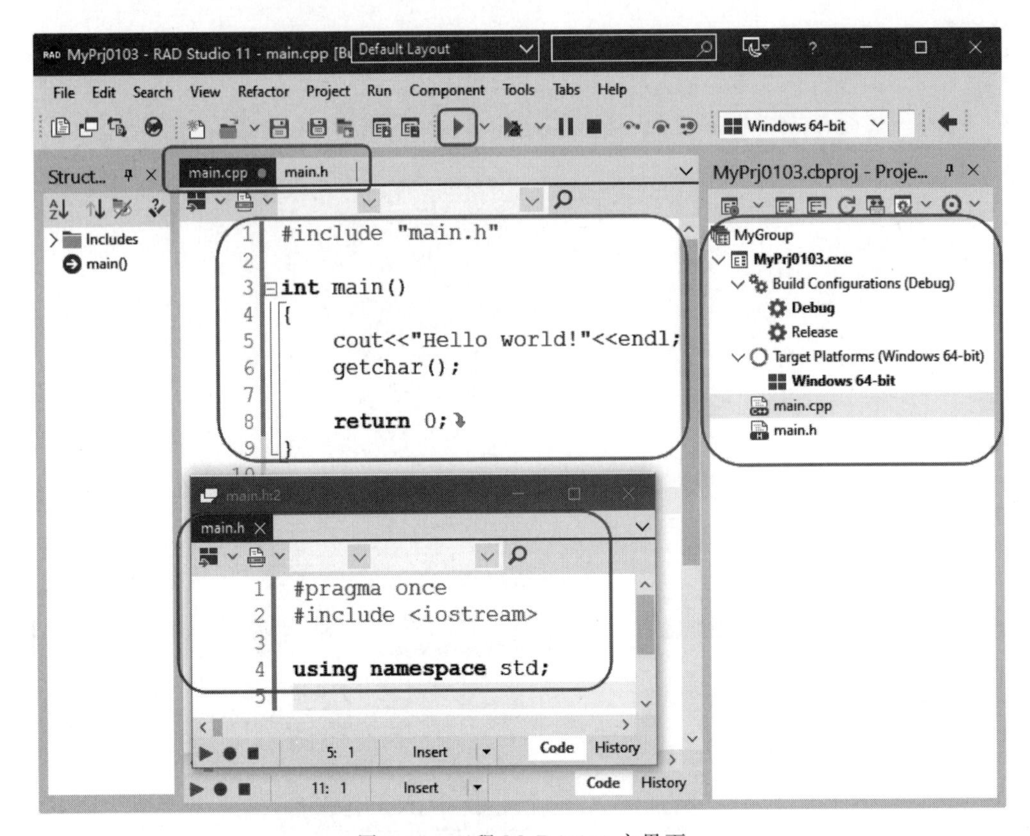

图 1-17 工程 MyPrj0103 主界面

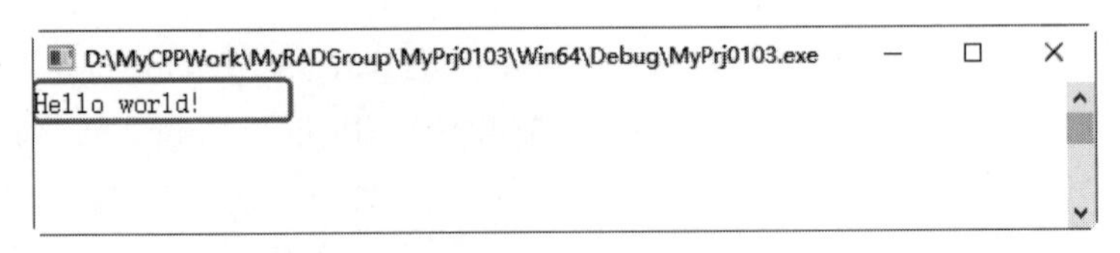

图 1-18 MyPrj0103. exe 执行结果

现在,回到图 1-17 中,右击工程组 MyGroup,在弹出的快捷菜单中选择 Add New Project 命令,进入如图 1-19 所示的界面。

在图 1-19 中,选择 C++Builder 以及控制台应用 Console Application,然后,单击 OK 按钮,将弹出如图 1-16 所示的界面,在图 1-16 中,单击 OK 按钮将进入如图 1-20 所示的界面。

为了得到如图 1-20 所示工程 MyPrj0104,需要依次完成以下步骤:

(1) 新建的工程名仍然为 Project1,将工程所有文件另存为目录"D:\MyCPPWork\MyRADGroup\MyPrj0104"(需要创建该目录)下的新文件,即将 File1. cpp 另存为 main. cpp、Project1PCH1. h 另存为 main. h、Project1. cbproj 另存为 MyPrj0104. cbproj。

(2) 右击工程 MyPrj0104. exe,在弹出的快捷菜单中单击 Add New→Other 命令,在弹出的对话框中,选择 C++Builder 栏下的 Individual Files,并选中 Header File,然后,单击 OK 按钮将添加一个名称为 File1. h 的文件到当前工程中,将其另存为目录"D:\MyCPPWork\ MyRADGroup\MyPrj0104"下的文件 MyCircle. h。

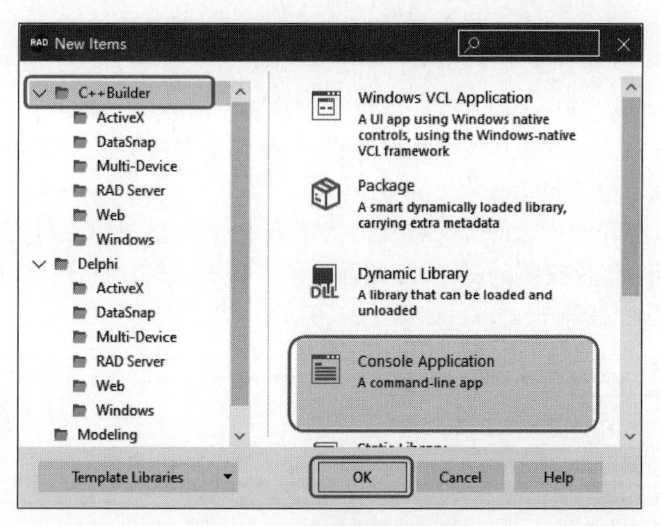

图 1-19 添加新项目对话框

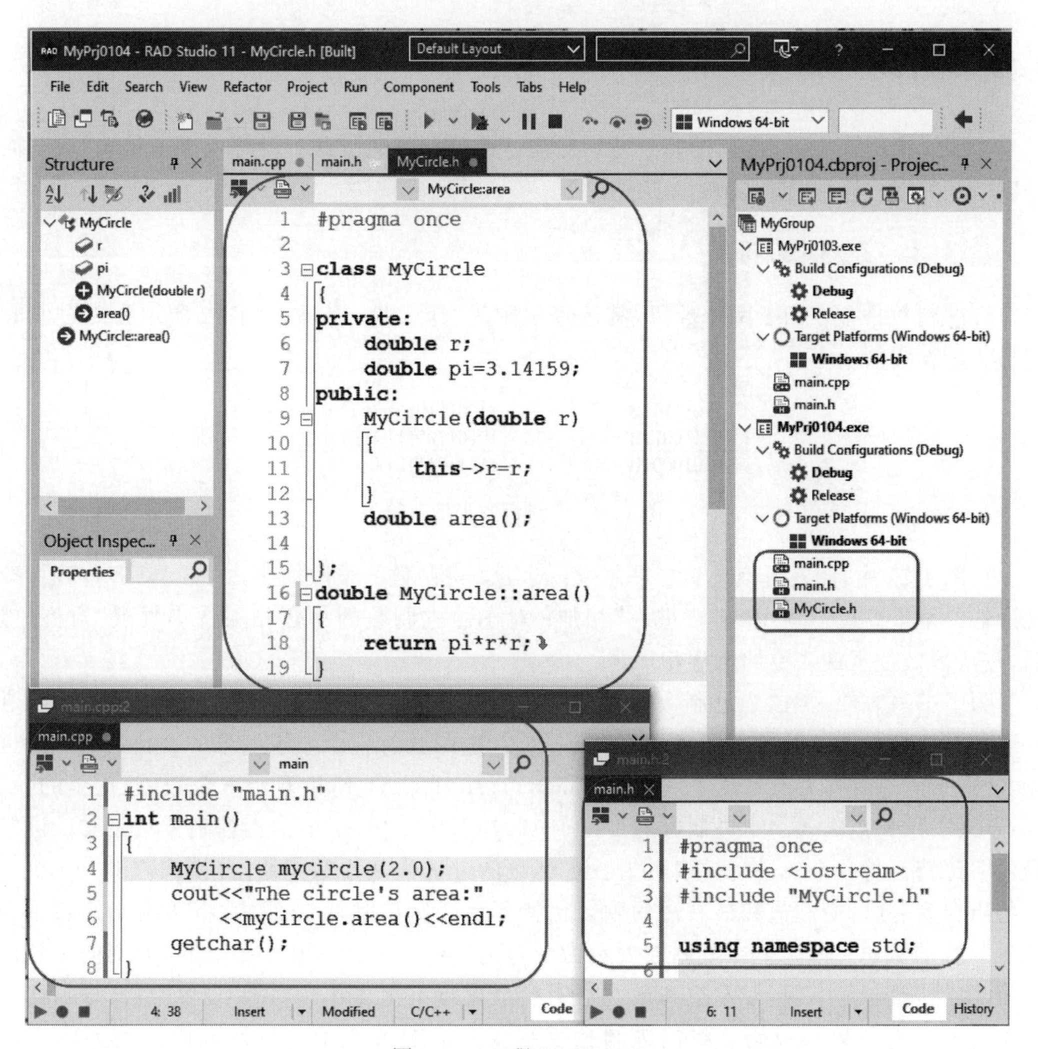

图 1-20 工程 MyPrj0104

（3）编写 main. cpp、main. h 和 MyCircle. h 文件的代码，如图 1-20 所示。注意，在 RAD Studio 中，类的定义及其方法实现都位于头文件 MyCircle. h 中；而在 Visual Studio 中，类的定义放在 MyCircle. h 中，类的方法实现位于 MyCircle. cpp 中。此外，在 RAD Studio 中，新建的工程自动被设为工程组中的“启动”工程，如果想令别的工程为“启动”工程，需要在该工程的右键快捷菜单中选择 Activate 命令。

在图 1-20 中，工程中代码的含义将在后续章节中讨论，这里重点讨论 C++程序的实现方法。在图 1-20 中，按快捷键 Shift＋F9 编译链接工程 MyPrj0104，然后，按快捷键 Shift＋Ctrl＋F9 运行工程 MyPrj0104. exe，如图 1-21 所示。

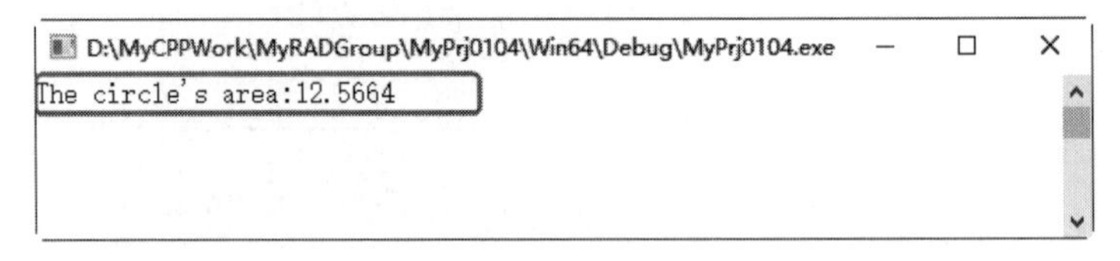

图 1-21　工程 MyPrj0104 运行结果

1.3　数制

计算机使用二进制数码，即基于“逢二进一”的数制编码方式。计算机并不认识“数”，而是以“码”的形式构建运算规则。

1.3.1　数制转换

二进制数只有 0 和 1 两个数码，其运算规则为“逢二进一”，如图 1-22 所示为二进制数的加法运算实例。

```
  11011101B          1001110101.101101B
+ 01110011B        + 10101100111.10011 B
-----------        ---------------------
 101010001B          11111011101.010011B
```

图 1-22　二进制数加法运算

在图 1-22 中，B 表示该数为二进制数；对于二进制数的整数加法，“个位”对齐，然后，按从最低位至最高位的顺序“逢二进一”相加；对于二进制数的小数相加，“小数点”对齐，然后，按从最低位至最高位的顺序相加。

为了书写方便，常把二进制数转化为八进制数或十六进制数表示。八进制数“逢八进一”，共有 0、1、2、3、4、5、6 和 7 八个数码，一个八进制数对应着二进制数的 3 比特；十六进制数“逢十六进一”，共有 0、1、2、3、4、5、6、7、8、9、A、B、C、D、E 和 F 十六个数码，这里的 A、B、C、D、E 和 F 依次表示十进制数的 10、11、12、13、14 和 15，一个十六进制数对应着二进制数的 4 比特。将一个二进制数表示为八进制数的方法为从小数点起，分别向左和向右每 3 比特组合为一组，最左边和最右边的剩余比特不足 3 比特时补 0，然后，将每组比特表示为八进制数的数码；将一个二进制数表示为十六进制数的方法为从小数点起，分别向左和向右每 4 比特组合为一组，最左边和最右边的剩余比特不足 4 比特时补 0，然后，将每组比特表示为十六进制数的数码。将二进制数表示为八进制数或十六进制数的实例如图 1-23

所示。

```
1001110101.101101 B        1001110101.10110100 B
001001110101.101101 B      001001110101.10110100 B
1 1 6 5 . 3 3 Oc           2 7 5 . B 4 H
(1165.33)8                 275.B4 H
```

图 1-23 二进制数转化为八进制和十六进制实例

在图 1-23 中，Oc 表示该数为八进制数，H 表示该数为十六进制数。在 C++ 程序中表示十六进制数的方法为使用前缀 0x，且只能表示整数，例如，十六制数 275 H 在 C++ 程序中表示为 0x275。

二进制数转化为十进制数的方法为其各位上的数码乘以其权值，然后求和得到其对应的十进制数。二进制数是“逢二进一”，单个数码 1 表示十进制数的 1，即 2^0；数码 10 表示十进制数的 2，即 2^1；数码 100 表示十进制数的 4，即 2^2；数码 1000 表示十进制数的 8，即 2^3；以此类推，100…0(这里有 n 个 0)表示十进制数的 2^n。同理，数码 0.1 表示十进数的 2^{-1}；数码 0.01 表示十进数的 2^{-2}；数码 0.00…01(这里共有 n 个零)表示十进数的 2^{-n}。上述所列出的十进制数即为相应的数码 1 所在位置的权值，例如：

$$
\begin{aligned}
11100011.1101 &= 10000000 + 1000000 + 100000 + 10 + 1 + 0.1 + 0.01 + 0.0001 \\
&= 1\times 2^7 + 1\times 2^6 + 1\times 2^5 + 1\times 2^1 + 1\times 2^0 + 1\times 2^{-1} + 1\times 2^{-2} + 1\times 2^{-4} \\
&= 227.8125
\end{aligned}
$$

十进制数转化为二进制数的方法分为整数和纯小数两种方式。对于整数而言，设十进制数整数 x 的二进制数展开式为：$x=b_n b_{n-1}\cdots b_2 b_1 b_0$ B，则 $b_0=x \bmod 2$；$b_1=x/2^1 \bmod 2$；$b_2=x/2^2 \bmod 2$；以此类推，最高位为 $b_n=x/2^n \bmod 2$。一般用如图 1-24 所示的这种方式得到 $b_i, i=0,1,\cdots,n$，图 1-24 中以十进制数 637 为例。

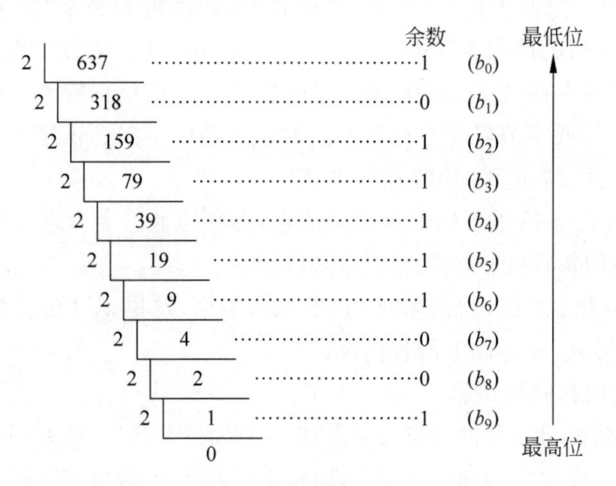

图 1-24 十进制数整数转化为二进制数

在图 1-24 中，十进制数 637 等于二进制数 1001111101B。

对于十进制数纯小数而言，设纯小数 $y=0.k_1k_2k_3\cdots k_m$，则 $k_1=(\text{IntergerPart})(y\times 2)$，即 $y\times 2$ 的整数部分，并令 $r_1=(\text{FractionalPart})(y\times 2)$，即 $y\times 2$ 的小数部分；$k_2=(\text{IntergerPart})(r_1\times 2)$，并令 $r_2=(\text{FractionalPart})(r_1\times 2)$；以此类推，$k_{\mathrm{m}}=(\text{IntergerPart})$

$(r_{m-1}\times 2)$，并令 $r_m=(\text{FractionalPart})(r_{m-1}\times 2)$。多数情况下，$r_m$ 不等于 0，说明十进制纯小数常常不能准确地转化为二进制数形式，而是存在微小的误差。十进制纯小数转化为二进制纯小数的实例如图 1-25 所示。

		小数部分		整数部分		最高位
0.3765×2=0.753	……	0.753	……	0	(k_1)	↓
0.753×2=1.506	……	0.506	……	1	(k_2)	
0.506×2=1.012	……	0.012	……	1	(k_3)	
0.012×2=0.024	……	0.024	……	0	(k_4)	
0.024×2=0.048	……	0.048	……	0	(k_5)	
0.048×2=0.096	……	0.096	……	0	(k_6)	
0.096×2=0.192	……	0.192	……	0	(k_7)	
0.192×2=0.384	……	0.308	……	0	(k_8)	
0.284×2=0.768	……	0.768	……	0	(k_9)	
0.768×2=1.536	……	0.536	……	1	(k_{10})	
0.536×2=1.072	……	0.072	……	1	(k_{11})	最低位

图 1-25　十进制数纯小数转化为二进制纯小数

在图 1-25 中，十进制数纯小数 0.3765 等于二进制纯小数 0.01100000011B(有误差)。

1.3.2　整数存储与运算

计算机的存储单元的最小单位为位(bit)，或称比特，一个“位”存储单元只能存储一“位”，即存储位 0 或位 1。C++语言不能单独访问一个“位”存储单元，而是以 8 位为一组进行访问。8 位一组的存储单元称为“字节”存储单元，计算机为每个“字节”存储单元设定一个地址。若一台计算机的内存为 16GB(这里，B 为 Byte，表示字节)，内存的配置如图 1-26 所示(这里只考虑小端存储方式，即存储的信息的字节的低位保存在“字节”存储单元的低位，存储的“字”信息的低字节保存在存储空间的“字”存储空间的低字节处，1 个字包含 4 个字节，1 个字为 32 比特，常把 16 比特称为半字)。

在图 1-26 中，每个小格子可以保存 1 位信息，内存地址以十六进制数表示(以 0x 开头，或以 H 结尾)，图中的每行为一个“字节”存储单元。

C++语言支持 8 位、16 位、32 位和 64 位的整数类型，这里以 8 位整数为例，介绍整数在计算机中的存储与运算，分为以下两种情况。

1. 无符号整数的存储和运算

对于 8 比特存储单元表示的无符号整数而言，所谓“无符号”整数，是指 8 个位中均存储数值，此时，最小的二进制数为 00000000B，即每个位均为 0，对应着十进制数 0；最大的二进制数为 11111111B，即每个位均为 1，对应着十进制数 255。因此，对于 8 比特存储单元而言，表示的整数值的范围为 0～255。

可以将“无符号”整数视为正整数。而 8 比特存储器中存储了该整数的二进制数形式。计算机中没有“减法”运算，只有加法运算。对于无符号整数来说，当两个无符号整数的和小于或等于 255 时，其和保存在 8 比特存储单元中；当两个无符号整数的和大于 255 时，将发

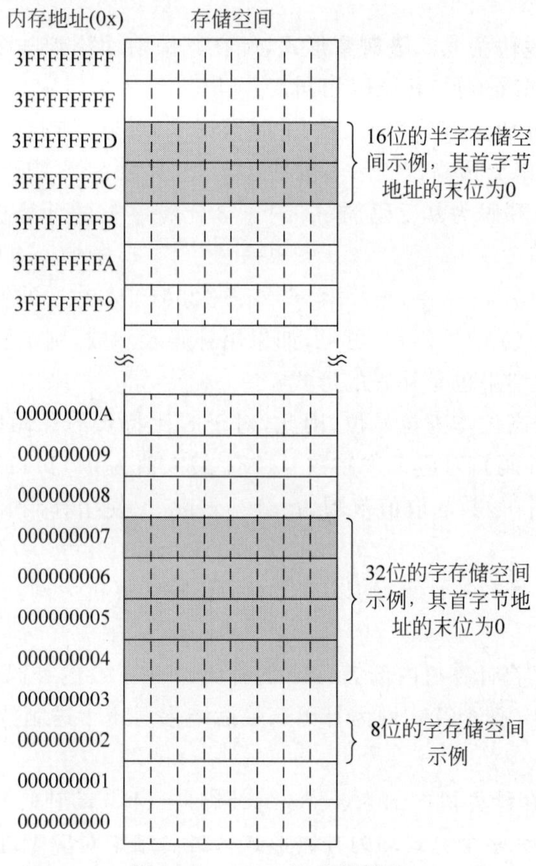

图 1-26 16GB 的内存配置

生溢出，高于 255 的部分将被计算机的算术运算单元丢弃，而将小于或等于 255 的部分保存在 8 比特存储单元中，相当于隐式做了对 256 的取模运算。典型的两个实例如图 1-27 所示。

```
  1100100  (100)            10111110  (190)
+ 1001110   (78)           +11101101  (237)
 10110010  (178)         (1)11101101  (171)
```

(a) 无溢出情况　　(b) 有溢出情况，最前面的(1)丢弃

图 1-27 8 比特长的无符号整数运算实例

2. 有符号整数的存储和运算

计算机只能实现加法运算，在计算机中，“减法”运算必须转化为加法运算才能执行。对于 8 比特存储字长而言，加法运算本质上为模 256 的加法运算，对于正数 a 和 b，在 8 比特字长的计算机中，$a+b=(a+b)\ \mathrm{mod}\ 256$。因此，在 8 比特字长的计算机中，$a+b=a+b+256$。

同理，对于这两个正数 a 和 b，$a-b=a-b+256=a+(256-b)$。这样把减法转换为加法运算。

为了计算机处理数码方便，规定了原码、反码和补码的概念，且规定计算机只处理补码

形式的数码。

对于正数而言，其原码为其二进制数形式，并在其最前面添加一个 0，表示正数，该位称为符号位；正数的反码和补码与其原码相同。

对于负数而言，其原码为其绝对值的二进制数形式，并在其前面添加 1 表示负数，该位称为符号位；负数的反码为最高位表示负数的 1 不变，其余各位取反（即原来的 0 变为 1，原来的 1 变为 0）；负数的补码为其反码加 1。对于 8 比特字长的计算机而言，一个负数 a 的补码等于 $256-|a|$。

对于两个正数 a 和 b，$a-b=a-b+256=a+(256-b)=$（a 的补码）+（$-b$ 的补码），而 $a+b=$（a 的补码）+（b 的补码）。可见，如果用补码表示数，则加法与减法运算统一为加法运算，请注意，最后的结果也是补码的形式。

由于有符号数的最高位作为符号位，因此，对于 8 比特长的存储单元而言，有符号数的最小值为 10000000B（补码），对应十进制数－128；最大值为 01111111B（补码），对应十进制数 127。即 8 比特的有符号数的取值范围为－128～127。使用补码表示数值，＋0 和－0 都为 00000000B。

下面列举几种有符号数的计算，均以 8 比特字长的计算机为例：

（1）110－35

减法运算“110－35”在计算机内部为（110 的补码）＋（－35 的补码），表示为 **0**1101110B＋**1**1011101B＝01001011B（整个算式均为补码），最后结果对应十进制数 75。

（2）－33＋120

运算“**－33＋120**”在计算机内部为（－33 的补码）＋（120 的补码），表示为 **1**1011111B＋**0**1111000B＝**0**1010111B（整个算式均为补码形式），最后结果对应十进制数 87。

（3）77－109

运算“77－109”在计算机内部为（77 的补码）＋（－109 的补码），表示为 **0**1001101B＋**1**0010011B＝**1**1100000B（整个算法均为补码形式），最后结果对应十进制数－32。

（4）－128＋52

运算“－128＋52”在计算机内部为（－128 的补码）＋（52 的补码），表示为 **1**0000000B＋**0**0110100B＝**1**0110100B（整个运算均为补码形式），最后结果对应十进制数－76。

1.3.3 浮点数表示

在计算机中小数的存储与处理与整数完全不同。小数的存储表示方法有两种，即定点数和浮点数。定点数方式多用于定点数字信号处理（DSP）芯片中，而计算机中使用浮点数方式表示小数，其基于 IEEE-754 标准。此外，小数的运算借助于浮点协处理器（FPC）。

IEEE-754 标准规定浮点数的表示形式如图 1-28 所示。

符号位	阶码	尾数
S	E	M

图 1-28 IEEE-754 浮点数表示

在图 1-28 中，S 占 1 位，称为符号位，为 0 表示正小数，为 1 表示负小数。E 为阶码，对于 32 位小数而言，占 8 位；对于 64 位小数而言，E 占 11 位。M 称为尾数，对于 32 位小数而言,M 占 23 位；对于 64 位小数而言,M 占 52 位。

对于 32 位小数而言,图 1-28 表示的小数值为$(-1)^S \times 2^{E-127} \times (1+0.M)$；对于 64 位小数而言,图 1-28 表示的小数值为$(-1)^S \times 2^{E-1023} \times (1+0.M)$。

这里以 32 位的情况为例：除去阶码 E 全为 0 和 1 的情况,阶码的取值为 1～254；尾数 M 的取值为 0000 0000 0000 0000 0000 000B～1111 1111 1111 1111 1111 111B。现在,给定如下的 32 位小数：

1 01110110 1111 1111 0000 0000 0000 000B

即 $S=1, E=01110110B, M=1111\ 1111\ 0000\ 0000\ 0000\ 000B$,它对应的十进制数小数为：

$$
\begin{aligned}
&(-1)^S \times 2^{E-127} \times (1+0.M) \\
&= (-1)^1 \times 2^{118-127} \times (1+0.\ 1111\ 1111\ 0000\ 0000\ 0000\ 000) \\
&= -0.00389862060546875
\end{aligned}
$$

现在,将十进制数 100.25 存储为 32 位小数,则

$100.25 = 1100100.01B = 1.10010001B \times 2^6 = (-1)^0 \times (1+0.10010001B) \times 2^{133-127}$,此时,$S=0, E=133=10000101B, M=1001\ 00010000\ 0000\ 0000\ 000$,故小数的存储形式为：

0 1000 0101 1001 0001 0000 0000 0000 000B

由图 1-28 可知,对于 32 位的小数而言,计算机表示的小数范围(按绝对值)为：$2^{1-127} \times (1+0.0) \sim 2^{254-127} \times (1+0.\ 1111\ 1111\ 1111\ 1111\ 1111\ 111B) = 2^{127} \times (2-2^{-23})$,即为 $1.17549 \times 10^{-38} \sim 3.40282 \times 10^{38}$。显然,在计算机中小数是离散的。

1.4　输入与输出

在 C++语言中,使用“流”技术实现程序的输入与输出。程序段 1-4 介绍了 C++的输入与输出技术。

程序段 1-4　C++语言的输入与输出示例

```
1    #include <iostream>
2    using namespace std;
3
4    int main()
5    {
6      int a, b;
7      cout << "Please input two integers: ";
8      cin >> a >> b;
9      cout << a << " + " << b << " = " << a + b << endl;
10   }
```

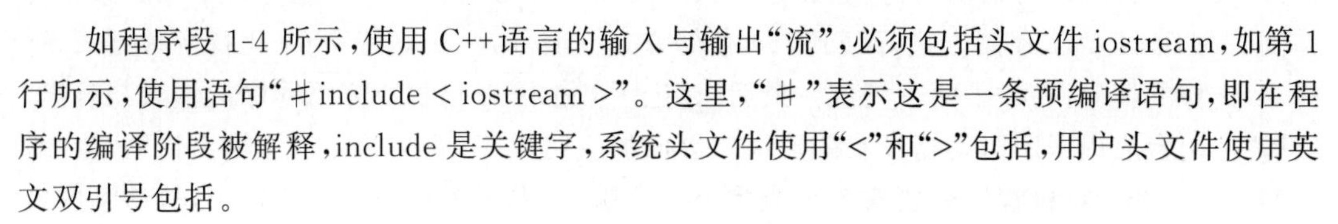

如程序段 1-4 所示,使用 C++语言的输入与输出“流”,必须包括头文件 iostream,如第 1 行所示,使用语句“#include < iostream >”。这里,“#”表示这是一条预编译语句,即在程序的编译阶段被解释,include 是关键字,系统头文件使用“<”和“>”包括,用户头文件使用英文双引号包括。

为了区别于 C 语言的头文件,C++语言的系统头文件均不带有.h,同时为了与 C 语言兼

容，将原来的C语言头文件的.h去掉，在前面添加一个字符c，例如，C语言的头文件math.h在C++中为cmath。

C++语言程序的系统定义的对象大部分在"名称空间"std中，所以，在第2行中，语句"using namespace std;"表示使用名称空间std。"名称空间"也称为"命名空间"。这里的using和namespace都是关键字。一般可以认为，名称空间是类的容器，不同的名称空间中可以有相同名称的类。

第4行"int main()"表示这是一个函数头，函数名称为main，函数的参数为空，函数的返回值为整数(int)。C++语言程序的执行入口为main函数。

第6行"int a,b;"定义了两个整数变量a和b。a和b为变量名。

第7行"cout << "Please input two integers: ";"使用对象cout启动一个输出流，"<<"为输出流控制符，这里输出字符串"Please input two integers:"。

第8行"cin >> a >> b;"使用cin启动了一个输入流，">>"为输入流控制符，这里先后输入变量a和b的值。

第9行"cout << a << "+" << b << "=" << a+b << endl;"使用cout启动了一个输出流，先后输出a的值、字符串"+"、b的值、字符串"="、a与b的和值以及一个回车换行符。

程序段1-4的运行结果如图1-29所示。

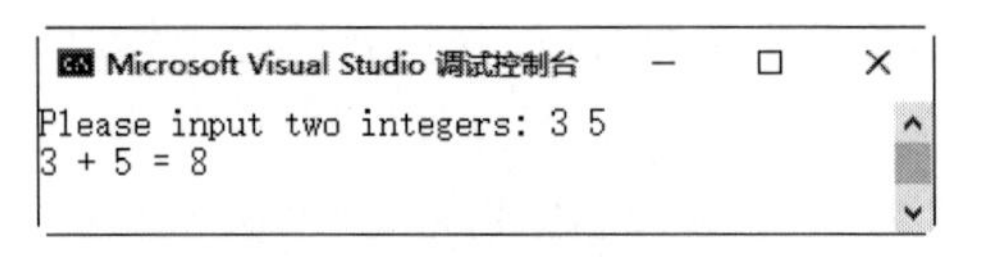

图1-29 程序段1-4的执行结果

在图1-29中，输入的3和5将分别赋给变量a和b，cin是以空格作为分隔符的，然后，输出"3+5=8"。

1.5 本章小结

本章介绍了C++语言的发展简史，详细说明了C++语言的优点，借助两个实例介绍了两个常用集成开发环境Visual Studio和RAD Studio的使用技巧，阐述了使用这两个集成开发环境编辑、编译和链接C++语言程序的基本方法。本书后续内容的全部代码均将使用Visual Studio 2022集成开发环境调试通过。为了节省篇幅，且不影响程序完整性，后续程序仅展示程序代码部分，不再给出完整的工程建立过程。

本章详细介绍了二进制数及其与十进制数和八进制数之间的转换方法，论述了整数在计算机中存储和计算方法，然后，以8比特字长的计算机为例，阐述了无符号整数和有符号整数的加法运算，并讨论了二进制数的原码、反码和补码的知识。本章还介绍了浮点数在计算机中的IEEE-754存储方式，IEEE-754存储方式一般分为32比特和64比特两种方式，针对32比特的情况，列举了两个实例。最后，讨论了C++语言控制台应用程序的输入与输出。所谓"控制台应用程序"，是指没有图形用户界面的应用程序，此时的输入和输出借助"流"对象实现。一个计算机程序需要有零个或多个外部输入，需要具有至少一个输出，故后续内容的程序中将不断使用这里介绍的输入对象cin和输出对象cout。

习题

1. 在 Visual Studio 2022 集成开发环境中,实现输出“Hello world!”的程序。

2. 在 RAD Studio 11 集成开发环境中,实现输出“Hello world!”的程序。

3. 将下列十进制数转化为二进制数(以 16 位存储字长和无符号整数为例):

(1)55008;(2)8922;(3)722;(4)11021;(5)2000

4. 将下列十进制数转化为二进制数补码(以 16 位存储字长和有符号整数为例):

(1)－1090;(2)456;(3)1920;(4)－8832;(5)－43

5. 将上述第 3、4 题中的二进制数表示为十六进制数的形式。

6. 说明计算机中实现下述运算的过程(以 16 位字长计算机为例):

(1)－1240＋8922;(2)－743＋221;(3)4200－3887;(4)65515＋7022

7. 编写一个程序,要求输入两个整数,输出这两个整数的差。

第2章 数据类型与C++语言表示

计算机程序的核心是数据与算法，数据是算法处理的对象，算法是数据变换的技巧。本章将详细介绍C++语言的各种基本数据类型和构造数据类型，并介绍这些类型的输入与输出操作和基本运算方法。其中，基本数据类型包括整型、布尔型、浮点型、字符型；在基本数据类型基础上建立的类型，例如，字符串、数组、结构体、枚举和共用体等，为构造数据类型。此外，类也属于构造数据类型。

本章的学习目标：

- 认识C++语言的常用数据类型
- 掌握C++语言的结构体、共用体和枚举类型
- 熟练掌握C++语言的整型、浮点型、字符型、布尔型和数组等类型
- 学会分析浮点数的IEEE-754存储方式

2.1 整数

C++语言中，按照存储整数的最高位是否为符号位，将整数类型分为无符号型和有符号型两大类；按照存储整数的比特长度，将整数类型分为8比特长整数、16比特长整数（又称短整数）、32比特长整数和64比特长整数（又称长整数）。整数类型如表2-1所示。

表2-1 C++语言的整数类型

序　号	整数类型	类型声明符	存储长度（比特）	取值范围
1	无符号8位整数	unsigned char	8	$0 \sim 2^8-1$
2	有符号8位整数	char	8	$-128 \sim 127$
3	无符号短整数	unsigned short	16	$0 \sim 2^{16}-1$
4	有符号短整数	short	16	$-2^{15} \sim 2^{15}-1$
5	无符号整数	unsigned int	32	$0 \sim 2^{32}-1$
6	有符号整数	int	32	$-2^{31} \sim 2^{31}-1$
7	无符号"长"整数	unsigned long	32	$0 \sim 2^{32}-1$
8	有符号"长"整数	long	32	$-2^{31} \sim 2^{31}-1$
9	无符号长整数	unsigned long long	64	$0 \sim 2^{64}-1$
10	有符号长整数	long long	64	$-2^{63} \sim 2^{63}-1$

注意，在64位字长的计算机中，两个整数的运算方式为：参与运算的整数首先转化为

64 位存储字长的补码，然后，按补码的算术运算法则进行计算，最后，将运算结果按指定的类型保存。

下面通过程序段 2-1 说明各个整数的定义和使用情况。

程序段 2-1　整数的定义与使用

视频讲解

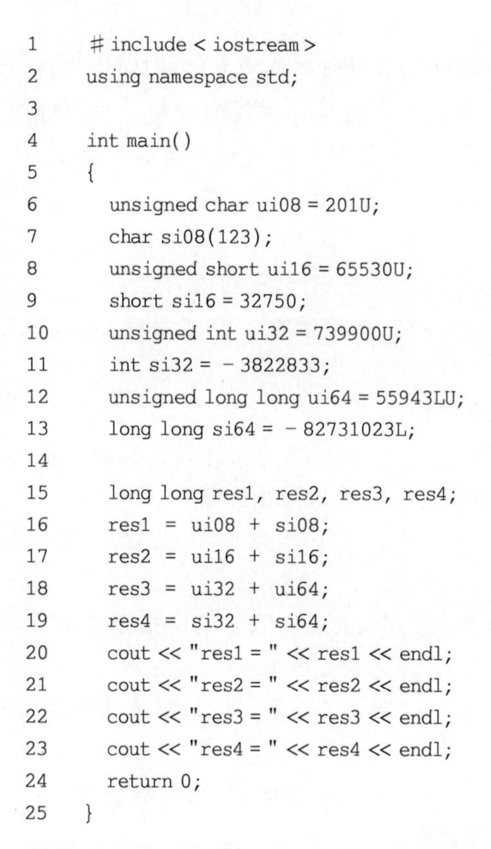

```
1    #include < iostream >
2    using namespace std;
3
4    int main()
5    {
6      unsigned char ui08 = 201U;
7      char si08(123);
8      unsigned short ui16 = 65530U;
9      short si16 = 32750;
10     unsigned int ui32 = 739900U;
11     int si32 = - 3822833;
12     unsigned long long ui64 = 55943LU;
13     long long si64 = - 82731023L;
14
15     long long res1, res2, res3, res4;
16     res1 = ui08 + si08;
17     res2 = ui16 + si16;
18     res3 = ui32 + ui64;
19     res4 = si32 + si64;
20     cout << "res1 = " << res1 << endl;
21     cout << "res2 = " << res2 << endl;
22     cout << "res3 = " << res3 << endl;
23     cout << "res4 = " << res4 << endl;
24     return 0;
25   }
```

在程序段 2-1 中，第 1 行“#include < iostream >”为预编译指令，这里的“#”表示该指令在程序的编译阶段被解析，include 关键字表示将后面的头文件 iostream 的内容添加编译环境中，头文件 iostream 中的系统函数或系统创建的对象可供本程序使用。C++语言为方便程序员，设计了一些常用的(或通用的)函数和对象，将这些函数或对象按其实现的功能分别保存在不同的系统头文件中，如果要使用这些函数或对象，必须使用预编译指令“#include”包括这些函数或对象所在的头文件，这些预编译指令要放在程序的头部。

第 2 行的语句“using namespace std;”表示使用名称空间 std，std 为标准名称空间，C++语言自定义的类和对象大都位于 std 名称空间中。如果省略第 2 行，那么第 20～23 行的 cout 需要写为 std::cout，这里的“::”为域作用符，表示 std 名称空间中的 cout 对象。

第 4 行的“int main()”为 main 函数的头部，函数名为 main，返回值为整型，参数为空。main()函数常被称为主函数，是 C++语言程序的执行入口。第 24 行的语句“return 0;”表示返回 0。函数的返回值体现在函数内部的 return 语句中。一般地，约定返回 0 表示函数工作正常；返回－1 表示函数工作异常。函数体用花括号“{ }”括起来，如第 5 行的“{”和第 25 行的“}”所示。这里的 main()函数的函数体为第 5～25 行。main()函数内容的语句按顺序执行。

在 C++语言程序中，数据可以常数(或称常量)的形式直接参与运算，也可保存到相应类型声明符定义的变量中。在第 6 行的语句“unsigned char ui08＝201U;”中，“unsigned char”为类型声明符，“ui08”称为变量名，“＝201U”表示给变量 ui08 赋值 201，其中的 U(或 u)表示这是一个无符号数。第 6 行的意思为：定义无符号 8 位整型变量 ui08，并给它赋初始值 201。

第 7 行的语句“char si08(123);”展示了更常用的给变量赋初值的方法，即使用“圆括号＋数值常量”的形式，如“(123)”。这里表示，定义了一个有符号 8 位整型变量 si08，并给它赋初始值 123。一般地，“有符号”常省略，即定义了一个 8 位整数变量 si08 且赋初值 123。

第 8 行的语句“unsigned short ui16＝65530U;”定义了无符号短整型变量 ui16，赋初值为 65530。

第 9 行的语句“short si16＝32750;”定义了短整型变量 si16，赋初值为 32750。

第 10 行的语句“unsigned int ui32＝739900U;”定义了无符号整型变量 ui32，赋初值为 739900。

第 11 行的语句“int si32＝－3822833;”定义了整型变量 si32，赋初值为－3822833。

第 12 行的语句“unsigned long long ui64＝55943LU;”定义了无符号长整型变量 ui64，赋初值 55943，这里的 L(或 l)表示长整型，LU(或 UL)表示无符号长整型。

第 13 的语句“long long si64＝－82731023L;”定义了长整型变量 si64，赋初值为－82731023。

由上述语句可知，C++语言的每条语句以分号“;”结尾，但是预编译指令的末尾不加分号。

第 15 行的语句“long long res1,res2,res3,res4;”定义了 4 个长整型变量，依次为 res1、res2、res3 和 res4。

第 16 行的语句“res1＝ui08＋si08;”将变量 ui08 与 si08 相加，其和赋给变量 res1。这里的“＝”为赋值运算符，“＋”表示两个数的相加运算。

第 17 行的语句“res2＝ui16＋si16;”将变量 ui16 与 si16 相加，其和赋给变量 res2。

第 18 行的语句“res3＝ui32＋ui64;”将变量 ui32 与 ui64 相加，其和赋给变量 res3。

第 19 行的语句“res4＝si32＋si64;”将变量 ui32 和 ui64 相加，其和赋给变量 res4。

第 20 行的语句“cout << "res1＝" << res1 << endl;”，使用流对象 cout 启动一个输出流，依次输出字符串“res1＝”和 res1 的值。流对象 cout 的定义位于头文件 iostream 中，且在 std 名称空间内，因此，需要在程序前端添加“#include <iostream>”和“using namespace std;”。

第 21 行的语句“cout << "res2＝" << res2 << endl;”，使用流对象 cout 启动一个输出流，依次输出字符串"res2＝"和 res2 的值。

第 22 行的语句“cout << "res3＝" << res3 << endl;”，使用流对象 cout 启动一个输出流，依次输出字符串"res3＝"和 res3 的值。

第 23 行的语句“cout << "res4＝" << res4 << endl;”，使用流对象 cout 启动一个输出流，依次输出字符串"res4＝"和 res4 的值。

程序段 2-1 的执行结果如图 2-1 所示。

图 2-1　程序段 2-1 的输出结果

2.2 布尔类型

视频讲解

布尔类型又称逻辑类型，在 C++语言中，使用 8 比特(即一个字节)存储逻辑值，逻辑值只有两个，即真和假。在 C++语言中使用常量 true 表示真，对应整数 1；常量 false 表示假，对应整数 0。

下面的程序段 2-2 详细说明了布尔数的用法。

程序段 2-2　布尔数的定义与使用

```
1    #include <iostream>
2    using namespace std;
3
4    int main()
5    {
6      bool b1 = true, b2 = false, b3, b4;
7      b3 = 1;
8      b4 = 0;
9      cout << b1 << endl;
10     cout << b2 << endl;
11     cout << b3 << endl;
12     cout << b4 << endl;
13     if (b3)
14         cout <<"b3 is "<<"true" << endl;
15     else
16         cout << "b3 is " << "false" << endl;
17   }
```

在上述程序段的 main()函数中，第 6 行定义了 4 个逻辑变量，分别为 b1、b2、b3 和 b4，其中 b1 初值设为 true，b2 初值设为 false。

第 7 行的语句“b3=1;”将逻辑变量 b3 赋值 1。

第 8 行的语句“b4=0;”将逻辑变量 b4 赋值 0。

第 9 行的语句“cout << b1 << endl;”输出 b1 的值，并输出回车换行。

第 10 行的语句“cout << b2 << endl;”输出 b2 的值，并输出回车换行。

第 11 行的语句“cout << b3 << endl;”输出 b3 的值，并输出回车换行。

第 12 行的语句“cout << b4 << endl;”输出 b4 的值，并输出回车换行。

第 13～16 行为 if-else 结构，即如果 b3 为真(第 13 行)，则执行第 14 行，输出“b3 is true”；否则(第 15 行)，执行第 16 行，输出“b3 is false”。该 if-else 结构将在 3.2 节详述。

这里的 main()函数省略了“return 0”，因为 Visual Studio 编译器默认添加了返回值。

程序段 2-2 的执行结果如图 2-2 所示。

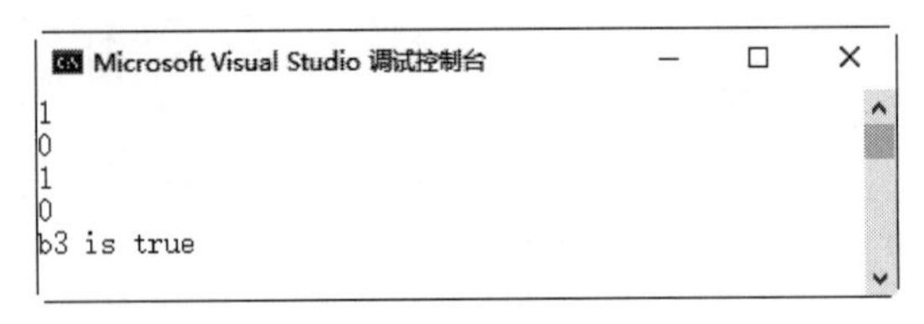

图 2-2　程序段 2-2 的执行结果

2.3　浮点数

在 C++语言中，浮点数按其存储的字长分为单精度浮点数(32 位存储字长)和双精度浮点数(64 位存储字长)，其存储方式为 IEEE-754 规则。浮点数类型如表 2-2 所示。

表 2-2　C++语言的浮点数类型

序　　号	浮点数类型	类型声明符	存储长度(比特)	绝对值取值范围
1	单精度浮点数	float	32	$1.2\times10^{-38} \sim 3.4\times10^{38}$
2	双精度浮点数	double	64	$2.2\times10^{-308} \sim 1.8\times10^{308}$

下面的程序段 2-3 说明了浮点数的定义和使用方法。

视频讲解

程序段 2-3　浮点数的定义和使用

```
1    #include <iostream>
2    using namespace std;
3
4    int main()
5    {
6      float a1 = 100.25F, a2 = 8.9F;
7      double b1 = 12.92, b2 = 33.226;
8      float res1 = a1 * a2;
9      double res2;
10     res2 = b1 / b2;
11     cout << "res1 = " << res1 << endl;
12     cout << "res2 = " << res2 << endl;
13   }
```

在程序段 2-3 的 main 函数中，第 6 行的语句“float a1=100.25F，a2=8.9F；”定义了两个单精度浮点数变量 a1 和 a2，分别赋初值为 100.25 和 8.9，用逗号分隔这两个变量。其中的 F(或 f)表示该数为单精度浮点数。

第 7 行的语句“double b1=12.92，b2=33.226；”定义了两个双精度浮点数变量 b1 和 b2，分别赋初值 12.92 和 33.226。

第 8 行的语句“float res1=a1 * a2；”定义了单精度浮点数变量 res1，赋值为 a1 与 a2 的积。

第 9 行的语句“double res2；”定义了双精度浮点数变量 res2。

第 10 行的语句“res2=b1 / b2；”计算 b1 除以 b2 的商，并将该商赋给 res2。

第 11 行的语句“cout << "res1＝" << res1 << endl;”输出字符串"res1＝"和 res1 的值以及回车换行。

第 12 行的语句“cout << "res2＝" << res2 << endl;”输出字符串"res2＝"和 res2 的值以及回车换行。

程序段 2-3 的执行结果如图 2-3 所示。

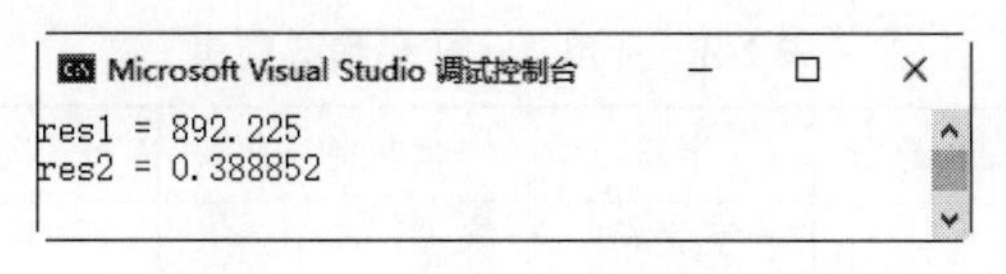

图 2-3　程序段 2-3 的执行结果

2.4　字符

最常用的英文字符属于 ASCII 码(美国信息交换标准代码),使用 7 比特表示,编号为 0～127。对于 ASCII 码扩展集,使用 8 比特表示,编号为 128～255。ASCII 码一般使用 1 个字节(即 8 比特)存储。

除了 ASCII 码之外,包络世界上所有语种字符的字符集称为 Unicode 码,在计算机中实现 Unicode 码(统一码)的主要方式为 UTF-8 编码,以可变字节长度的形式存储 Unicode 码,例如,对于 ASCII 码而言,UTF-8 编码使用 1 个字节；对于汉字而言,UTF-8 编码使用 2 个字节。

在 C++语言中,字符类型使用声明符 char,每个字符用 8 比特存储,对于长度大于 8 比特的 Unicode 字符,需使用字符指针或字符串的方式存储与访问,后续将详细介绍。

下面重点讨论 ASCII 字符的存储和访问,如程序段 2-4 所示。

程序段 2-4　字符数据的定义与使用

视频讲解

```
1    #include <iostream>
2    using namespace std;
3
4    int main()
5    {
6      char c1 = 'a', c2 = 'A', c3 = '\n', c4 = '9';
7      cout << c1 << endl;
8      cout << c2 << c3;
9      cout << c4 << endl;
10     cout << '\u0041' << '\u0042' << '\u0043' << endl;
11     cout << "\u4e2d"<<"\u56fd"<< endl;
12   }
```

在程序段 2-4 中,第 6 行的语句“char c1＝'a',c2＝'A',c3＝'\n',c4＝'9';”定义了 4 个字符型变量 c1、c2、c3 和 c4,分别赋了初值'a'、'A'、'\n'和'9'。8 比特的字符常量使用单引号括起来。这里的'\n'为转义字符,表示回车换行符；这时的'9'表示字符 9,而非数字 9。

第 7 行的语句“cout << c1 << endl;”输出字符变量 c1 和回车换行等。

第 8 行的语句“cout << c2 << c3;”输出字符变量 c2 和 c3。

第 9 行的语句“cout << c4 << endl;”输出字符变量 c4 和回车换行等。

第 10 行的语句“cout << '\u0041' << '\u0042' << '\u0043' << endl;”中，'\uXXXX'是转义字符，这里的每个 X 取 0～9 或 A～F，'\uXXXX'表示十六进制数 XXXX 作为 Unicode 编码值对应的字符，例如，'\u0041'表示十六进制数 0x0041 对应的字符，即 A。常用的 ASCII 编码表如表 2-3 所示。

表 2-3　常用 ASCII 码编码简表

十进制编码	十六进制编码	字符	十进制编码	十六进制编码	字符
0	0	空字符	65	41	A
32	20	空格	66～89	42～59	B～Y
48	30	0	90	5A	Z
49～56	31～38	1～8	97	61	a
57	39	9	98～122	62～7A	b～z

由表 2-3 可知，第 10 行输出字符序列 ABC。

第 11 行的语句“cout << "\u4e2d"<<"\u56fd"<< endl;”中，仍然使用了转义字符，但是这里的字符编码值超过了 1 个字节，因此，需使用双引号括起来，表示这是一个字符串常量。Unicode 编码"\u4e2d"和"\u56fd"对应汉字“中”和“国”。这里第 11 行输出“中国”和回车换行。

程序段 2-4 的执行结果如图 2-4 所示。

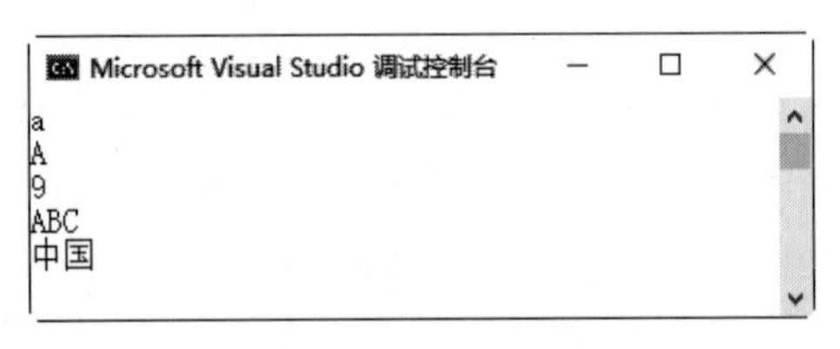

图 2-4　程序段 2-4 的输出结果

对于 8 比特的字符，其与 8 比特的整数是等价的，即 8 比特的字符(的 ASCII 码)值可以直接当作整数使用。

2.5　数组

当有大量相同类型的数据需要存储和访问时，使用前述内容中定义单个变量的方式，已经不能满足要求。为了解决这种存储和访问困难的问题，C++语言提供了数组这种类型。数组的特点在于：

(1) 数组只能保存相同类型的元素，元素类型由定义数组的数据类型决定；

(2) 数组元素按顺序在存储器中存放，第一个元素的索引号为 0，最后一个元素的索引号为数组长度减去 1 的值。

例如，定义一个存储 100 个整数的数组 a，其语法为：

```
int a[100];
```

这里的 int 表示数组中元素的数据类型；a 为数组名；100 表示数组长度。各个数组元素依次为 a[0],a[1],a[2],…,a[99]。这个数组 a 称为一维数组,也可以称为向量。假设元素 a[0]在存储器中的地址为 addr,由于数组各个元素是顺序存储的,并且整数占 4 个字节,那个元素 a[1]的地址必定为 addr+4,而元素 a[n]的地址必定为 addr+4n,这里 n 为大于 1 小于或等于 99 的整数。

可见声明一维数组的语法为:“变量类型声明符　数组名[数组长度]”。类似地,可以声明二维数组,其语法为:“变量类型声明符　数组名[第一维的长度][第二维的长度]”,例如,声明一个 3 行 5 列的双精度浮点型数组 b,其语法为: double　b[3][5]。二维数组也称为矩阵,其各个元素按顺序存储方式保存在存储器中,先保存第一行的各个元素,再保存第二行的各个元素,直到最后一行的各个元素。从二维数组的存储上看,二维数组可视为按行展开的一维数组。对于二维数组,每一维都是从 0 开始索引,至该维的长度减去 1 的值。例如,二维数组 b[3][5],其第一行第一列的元素为 b[0][0],第二行第四列的元素为 b[1][3]。

C++语言可以定义二维以上的高维数组,例如,定义三维数组的语法为:

变量类型声明符　数组名[第一维的长度][第二维的长度][第三维的长度]。

下面的程序段 2-5 将详细说明数组的定义和使用。

程序段 2-5　数组的定义与使用

视频讲解

```
1    #include <iostream>
2    using namespace std;
3
4    int main()
5    {
6      int a[10] = { 1,2,3 };
7      int i;
8      int sum = 0;
9      for (i = 0; i < 10; i++)
10          sum = sum + a[i];
11     cout << sum << endl;
12     cout << "Address of a[0]: " << &a[0] << endl;
13     cout << "Address of a[1]: " << &a[1] << endl;
14     cout << "Address of a[2]: " << &a[2] << endl;
15     cout << "Address of a[9]: " << &a[9] << endl;
16     double b[20] = { 3.1,5.9,0.75,2.7 };
17     b[18] = 29.32;
18     b[4] = b[0] + b[2] + b[18];
19     cout << "b[4] = " << b[4] << endl;
20     int c[3][3] = { {1},{0,1},{0,0,1} };
21     int j;
22     for (i = 0; i < 3; i++)
23     {
24         for (j = 0; j < 3; j++)
25         {
26             cout << c[i][j] << " ";
27         }
28         cout << endl;
29     }
30   }
```

在程序段 2-5 的 main()函数中，第 6 行的语句“int a[10]={ 1,2,3 };”定义一维整型数组 a，包括 10 个元素，使用初始化列表“{1,2,3}”给数组 a 的前 3 个元素进行了初始赋值，其余元素自动赋为 0。

第 7 行的语句“int i;”定义整型变量 i。

第 8 行的语句“int sum=0;”定义整型变量 sum，并赋初值 0。

第 9 行和第 10 行是一个 for 循环结构，表示变量 i 从 0 按步长 1 增加到 9，在这个过程中，对于每个 i，执行第 10 行代码一次。这里的循环结构实现了将数组 a 的全部元素求和，和保存在变量 sum 中。这里的“i++”等价于 i=i+1。循环结构将在第 3 章详细讨论。

第 11 行的代码“cout << sum << endl;”输出 sum 的值和回车换行符。

第 12 行的语句“cout << "Address of a[0]: " << &a[0] << endl;”输出字符串"Address of a[0]: "、a[0]的地址和回车换行符。这里的“&”为取地址运算符，“&a[0]”得到 a[0]的地址。

同理，第 13～15 行将输出 a[1]、a[2]和 a[9]的地址。

第 16 行的语句“double b[20]={ 3.1,5.9,0.75,2.7 };”定义一个一维双精度浮点型数组 b，包含了 20 个元素，其中使用列表“{ 3.1,5.9,0.75,2.7 }”对 b[0]、b[1]、b[2]和 b[3]作了初始化，其余元素自动初始化为 0。

第 17 行的语句“b[18]=29.32;”将 29.32 赋给 b[18]。

第 18 行的语句“b[4]=b[0]+b[2]+b[18];”将 b[0]、b[2]和 b[18]的和赋给 b[4]。

第 19 行的语句“cout << "b[4]=" << b[4] << endl;”输出字符串"b[4]="、b[4]的值和回车换行符(为表述简明，后不再明确说明输出回车换行符)。

第 20 行的语句“int c[3][3]={ {1},{0,1},{0,0,1} };”定义了一个二维整型数组 c，具有 3 行 3 列的元素。二维数组可以按行视为一维数组的组合，这里的 c 可以按行视为 3 个一组数组，即 c[0]、c[1]和 c[2]，其中，列表“{ {1},{0,1},{0,0,1} }”中的 3 个子列表分别对 c[0]、c[1]和 c[2]赋初值，这里相当于使用列表“{ {1,0,0},{0,1,0},{0,0,1} }”给数组 c 赋初始值。

第 21 行的语句“int j;”定义整型变量 j。

第 22～29 行为一个两级嵌套的 for 循环结构，外层循环控制变量 i 从 0 按步长 1 递增到 2(第 22 行)，对于每个 i，内层循环控制变量 j 从 0 按步长 1 递增到 2(第 24 行)，在内层循环体中，对每组 i 和 j，输出 c[i][j](第 26 行)。第 28 行输出一个回车换行符。

程序段 2-5 的输出结果如图 2-5 所示。

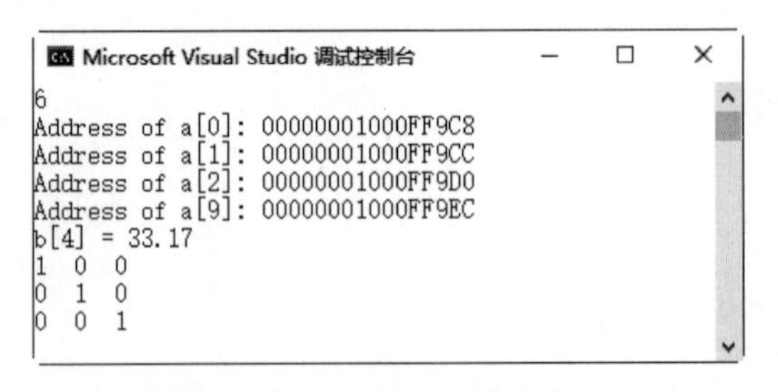

图 2-5 程序段 2-5 的执行结果

由图 2-5 可知，数组 a 的各个元素是按索引顺序保存在连续的存储空间中，这里，a[0]的地址为 0x1000FF9C8，a[1]的地址为(a[0]的地址+4)，a[2]的地址为(a[0]的地址+8)，

a[9]的地址为(a[0]的地址+36),每个元素占4个字节。

2.6 字符串

在C++语言中,存储长度为8比特的字符常量用单引号括起来,例如,字符常量'A'、'a'和'9'等;而字符串常量用双引号括起来,例如,"Hello world!"和"A"等。这里的字符常量'A'和"A"是有区别的,后者相当于字符'A'加上一个字符串结束符'\0'。同样地,字符串"Hello world!"是由有字符'H'、'e'、'l'、'l'、'o'、' '、'w'、'o'、'r'、'l'、'd'、'!'和'\0'组成的,最后有一个字符'\0'。字符'\0'不计入字符串的长度。

C++语言中,字符串的表示方式有3种:

(1) 借助字符数组表示字符串;

(2) 借助字符指针表示字符串,这种方式在第3章介绍;

(3) 借助string类表示字符串。

字符数组和8比特整型数组具有完全相同的存储和访问方式,两者是等价的。借助于string类型定义和使用字符串,相当于将字符串视为一个对象的值,可借助对象的属性和方法处理字符串。关于类和对象的内容将在第5章介绍,这里可将string视为变量类型声明符,类似于int的作用。

下面的程序段2-6详细介绍了字符串的定义与使用方法。

程序段2-6　字符串的定义与使用

```
1    #include <iostream>
2    #include <string>
3    using namespace std;
4
5    int main()
6    {
7      char str1[40] = "Hello world! ";
8      char str2[40] = {'W','e','l','c','o','m','e','.',' '};
9      cout << str1 << str2 << endl;
10      cout << str1[6] << endl;
11     str1[6] = 'W';
12     cout << str1 <<" "<< strlen(str1)<< endl;
13
14     string str3 = "Master ";
15     string str4 = "C++language.";
16     str3 = str3 + str4;
17     cout << str3 << endl;
18     cout << str3[11] << endl;
19     str3[11] = 'L';
20     cout << str3 << " " << str3.length() << endl;
21     string str5;
22     getline(cin,str5);
```

```
23     cout << str5.length() << endl;
24   }
```

在程序段 2-6 中，第 2 行的预编译指令“#include < string >”包括了头文件 string，该头文件中包含了 string 类的定义。

在 main()函数中，第 7 行的语句“char str1[40]="Hello world! ";”定义字符数组 str1，并用字符串常量"Hello world! "初始化 str1。

第 8 行的语句“char str2[40]={'W','e','l','c','o','m','e','.',' '};”定义字符数组 str2，使用列表“{'W','e','l','c','o','m','e','.',' '}”初始化 str2[0]～str[8]，其余用字符“'\0'”(即 0)初始化。

第 9 行的语句“cout << str1 << str2 << endl;”输出 str1 和 str2 的值。

第 10 行的语句“cout << str1[6] << endl;”输出 str1[6]的值，这里的 str1[6]对应 str1 中的字符 w。

第 11 行的语句“str1[6]='W';”将字符'W'赋给 str1[6]。

第 12 行的语句“cout << str1 <<"   "<< strlen(str1)<< endl;”输出 str1 和 str1 的长度。这里的 strlen 输出字符数组中包含的字符的个数，即从第一个字符至遇到结束符'\0'前的最后一个字符。

第 14 行的语句“string str3 = " Master ";”定义字符串变量 str3，并赋初值字符串" Master"。

第 15 行的语句“string str4="C++language. ";”定义字符串变量 str4，并赋初始值字符串“"C++language. "”。

第 16 行的语句“str3=str3+str4;”将 str3 和 str4 两个字符串合并为一个字符串，赋给 str3。对于 string 类型的变量，“+”号的作用为连接两个字符串。

第 17 行的语句“cout << str3 << endl;”输出字符串 str3。

第 18 行的语句“cout << str3[11] << endl;”输出字符串 str3 的第 11 个字符(从 0 计算索引号)，这里为 l。

第 19 行的语句“str3[11]='L';”将字符'L'赋给 str3[11]，即将其原来的“l”变为“L”。

第 20 行的语句“cout << str3 << "   " << str3.length() << endl;”输出字符串 str3 和它的长度(不计结束符'\0')。

第 21 行的语句“string str5;”定义字符串变量 str5。

第 22 行的语句“getline(cin,str5);”调用库函数(或称系统函数)从标准输入流对象 cin(这里为键盘)中读入一行字符串，并赋给变量 str5。这里没有使用“cin >> str5;”的原因在于：直接使用 cin 时遇到空格或回车换行符就认为本次输入结束，而 getline 可以将一行中输入的所有字符(包括空格)都作为字符串的输入，(默认)遇到回车换行符时结束输入。借助于 cin.get()方法可以读入一个从键盘上输入的任意字符，包含空格和回车换行符，例如，“char s=cin.get();”表示从键盘上读入一个字符。

第 23 行的语句“cout << str5.length() << endl;”输出字符串 str5 的长度。

程序段 2-6 的执行结果如图 2-6 所示。

Microsoft Visual Studio 调试控制台

```
Hello world! Welcome.
w
Hello World!   13
Master C++ language.
1
Master C++ Language.   20
Great Wall.
11
```

图 2-6　程序段 2-6 的执行结果

2.7　结构体

在 C++语言中，结构体与类的功能相似，即结构体也可以包含函数(或称方法)。这里将仅介绍结构体的基本功能，即用于组织不同类型的数据。例如，一个学生将同时具有不同类型的数据：姓名、性别、年龄、专业、各科成绩等。此时，可以借助结构体定义描述学生信息的变量，如程序段 2-7 所示。

视频讲解

程序段 2-7　结构体类型声明示例

```
1    struct Student
2    {
3        string name;
4        char gender = 'F';
5        int age = 0;
6        string speciality;
7        double score[3] = {0,0,0};
8    };
```

在程序段 2-7 中，第 1 行使用关键字 struct 定义了一个结构体类型，类型名称为 Student，结构体类型包含的内容如第 2～8 行所示，用花括号括起来，并以分号结尾(C 语言中所有语句均以分号结尾)。由第 3～7 行可知，结构体类型 Student 中包括了一个字符串变量 name、一个字符变量 gender、一个整型变量 age、一个字符串变量 speciality 和一个一维双精度浮点型数组 score，这些称为结构体的字段，将分别用于保存一个学生的姓名、性别、年龄、专业和 3 门课目的成绩。

在程序段 2-7 中定义 Student 类型时，其中的数值类型的字段，例如 age、gender 和 score 等需要赋初值。

在程序段 2-7 定义了结构体类型 Student 后，Student 可以像整型变量声明符 int 一样，用于定义 Student 类型的变量。下面的程序段 2-8 说明了结构体类型变量的定义和使用方法。

程序段 2-8　结构体类型变量的定义和使用

```
1    #include <iostream>
2    #include <string>
3    #include <iomanip>
4    using namespace std;
5
```

```
6    int main()
7    {
8      struct Student
9      {
10         string name;
11         char gender = 'F';
12         int age = 0;
13         string speciality;
14         double score[3] = {0,0,0};
15     };
16
17     Student st[10];
18     st[0] = { "Zhang Yong", 'M',21,"Maths",{93.5,95.5,98.2} };
19     st[1] = { "Jia Xiaotian", 'F',20,"Physics",{91.5,97.2,90.8} };
20     st[2] = { "Zhang Enhe", 'M',18,"Chinese",{97,99,100} };
21     st[3].name = "Pei Zhihua";
22     st[3].gender = 'F';
23     st[3].age = 23;
24     st[3].speciality = "English";
25     st[3].score[0] = 95;
26     st[3].score[1] = 98;
27     st[3].score[2] = 98.5;
28     int i;
29     for (i = 0; i < 4; i++)
30     {
31         cout << std::left << setw(16) << st[i].name <<
32           setw(4) << st[i].gender <<
33           setw(4) << st[i].age <<
34           setw(10) << st[i].speciality <<
35           setw(6) << st[i].score[0] <<
36           setw(6) << st[i].score[1] <<
37           setw(6) << st[i].score[2] << endl;
38     }
39   }
```

在程序段 2-8 中，第 2 行的预编译指令“#include <string>”包括了头文件 string，该头文件包含了 string 类的定义；第 3 行的预编译指令“#include <iomanip>”包括了头文件 iomanip，该头文件包含了输入输出控制方面的系统函数，例如第 31 行的 setw()函数等。

在 main()函数中，第 8～15 行定义了结构体类型 Student，具体含义可参考程序段 2-7 的说明。

第 17 行的语句“Student st[10];”定义了一个 Student 类型的一维数组 st，包含 10 个元素。

第 18 行的语句“st[0]={ "Zhang Yong",'M',21,"Maths",{93.5,95.5,98.2} };”使用列表给 st[0]赋值，此时，"Zhang Yong"赋给 st[0]的 name 字段，用 st[0].name 表示；'M'赋给 st[0]的 gender 字段，用 st[0].gender 表示；21 赋给 st[0]的 age 字段，用 st[0].age 表示；"Maths"赋给 st[0]的 speciality 字段，用 st[0].speciality 表示；{93.5,95.5,98.2}赋给 st[0]的 score 字段，这里可以支持将列表赋给数组，这 3 个值分别对应 st[0].score[0]、 st[0]. score[1]和 st[0]. score[2]。

第 19 行的语句“st[1]={ "Jia Xiaotian",'F',20,"Physics",{91. 5,97. 2,90. 8} };”使用列表给 st[1]赋值。

第 20 行的语句“st[2]={ "Zhang Enhe",'M',18,"Chinese",{97,99,100} };”使用列表给 st[2]赋值。

第 21～27 行的语句给 st[3]赋值，这是一种向 st[3]的各个字段逐个赋值的方式。

第 28 行的语句“int i;”定义整型变量 i。

第 29～38 为一个 for 循环结构，这里变量 i 从 0 按步长 1 递增到 3，对于每个 i，执行一次第 31～37 行。第 31～37 行为一条语句，其中的“std::left”为输出格式控制符，表示左对齐(而 std::right 表示右对齐，即默认的对齐方式)；“setw(16)”用于设定紧跟其后的一个输出的宽度为 16 个占位符(一个占位符为一个空格的宽度)。这样，第 31～37 行的含义为：使用左对齐的方式依次输出 st[i]. name(宽 16 个占位符)、st[i]. gender(宽 4 个占位符)、st[i]. age(宽 4 个占位符)、st[i]. speciality(宽 10 个占位符)、st[i]. score[0](宽 6 个占位符)、st[i]. score[1](宽 6 个占位符)和 st[i]. score[2](宽 6 个占位符)。

由程序段 2-8 可知，访问结构体变量的某个字段使用“. ”运算符，称为取成员运算符，例如，读 st[0]. age，将得到 st[0]的 age 字段的值。

程序段 2-8 的执行结果如图 2-7 所示。

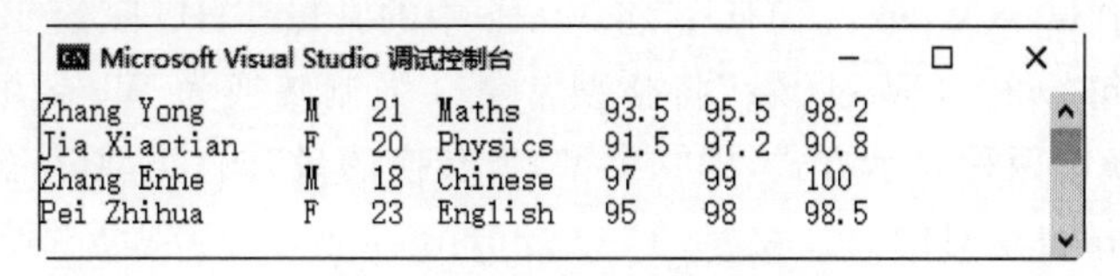

图 2-7　程序段 2-8 的输出结果

2.8　枚举

视频讲解

当某个变量的取值范围为有限的可列集合时，可以将该集合定义为枚举类型，而该变量定义为枚举类型的变量，例如，一个星期由星期一、星期二、……、星期日 7 天组成，可以定义为枚举类型，如程序段 2-9 所示。

程序段 2-9　枚举类型变量的定义与使用

```
1    #include < iostream >
2    using namespace std;
3
4    int main()
5    {
6      enum class Week{SUN = 0,MON,TUE,WED,THU,FRI,SAT};
7
8      Week w1,w2;
9      w1  =  Week::THU;
10     w2  =  (Week)3;
11     cout << int(w1) << endl;
```

```
12      cout << int(w2) << endl;
13      if(w2 == Week::WED)
14          cout << "Wednesday" << endl;
15  }
```

在程序段 2-9 的 main()函数中，第 6 行的语句“enum class Week{SUN＝0，MON，TUE，WED，THU，FRI，SAT}；”使用关键字“enum class”定义了一个新的枚举类型 Week，该类型只能取 7 个值，即“SUN，MON，TUE，WED，THU，FRI，SAT”，这些值均为常数。在计算机存储器中的默认值依次为 0、1、2、3、4、5、6、7。可以定义枚举类型时给列表中的各个常量赋初值，若一个常量被赋了初值，则后续的常量的值将自动累加 1，例如，

```
enum class Week{SUN = 7,MON,TUE,WED,THU,FRI,SAT};
```

在上述语句中，MON 的值为 8，TUE 的值将为 9，以此类推，SAT 的值为 13。对于下述语句：

```
enum class Week{SUN = 7,MON = 1,TUE,WED,THU,FRI,SAT};
```

在上述语句中，TUE 的值为 2，WED 的值为 3，以此类推，SAT 的值为 6。

第 8 行的语句“Week w1，w2；”使用枚举类型 Week 定义两个 Week 型枚举变量 w1 和 w2。

第 9 行的语句“w1＝Week：：THU；”将 Week 中的常量 THU 赋给变量 w1。

第 10 行的语句“w2＝(Week)3；”将整型常量 3 强制转换为 Week 型的常量赋给变量 w2。强制类型转换有两种表示方式，即“(类型)待转换的量”或“类型(待转换的量)”。故语句“w2＝Week(3)；”也是对的。

第 11 行的语句“cout << int(w1) << endl；”输出 w1 的整型值，这里使用强制类型转换将 w1 转换为整型值，因为没有办法输出枚举的常量表示，枚举的常量表示没有存储在计算机存储器中。

第 12 行的语句“cout << int(w2) << endl；”输出 w2 的整型值，这里使用强制类型转换将 w2 转换为整型值。

第 13 行和第 14 行为一个 if 结构，这类分支结构将在第 3 章中介绍。第 13 行表示如果 w2 等于 Week：：WED，则执行第 14 行，输出“Wednesday”。“等于”使用两个等号表示，即“＝＝”；单个“＝”号表示赋值。

程序段 2-9 的执行结果如图 2-8 所示。

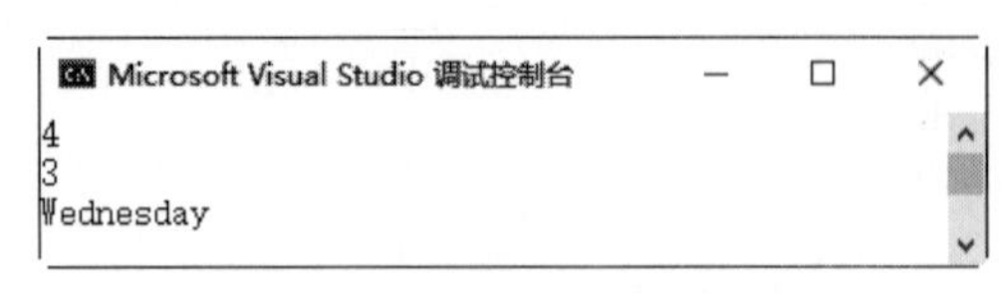

图 2-8　程序段 2-9 的执行结果

2.9 共用体

共用体又称为联合体。一个典型的共用体类型定义如程序段 2-10 所示。

程序段 2-10 共用体类型的声明

```
1    union Grade
2    {
3      bool pass;
4      char rank;
5      float score;
6    };
```

在程序段 2-10 中，使用关键字 union 声明了一个共同体类型 Grade。该 Grade 类型具有 3 个字段，即逻辑型变量 pass、字符型变量 rank 和单精度浮点型变量 score。共同体类型的特点在于其所有字段共享相同的存储空间，且将根据其中占有存储空间最大的字段开辟存储空间。对于 Grade 共用体类型而言，score 占 4 个字节，rank 占 1 个字节，pass 占 1 个字节，因此，Grade 共用体类型定义的变量将占 4 个字节。在 Grade 共同体类型的变量中，4 个字节的最低地址的字节可以存储 rank，也可以存放 pass，全部 4 个字节还可以存储 score，但是每个共用体变量只能保存一种字段，因为所有字段共享同一存储空间。

一个典型的应用在于：通常学生的成绩有百分制和等级制等情况。使用共用体类型，可以为学生的各科成绩定义一个统一的数组变量，如程序段 2-11 所示。

程序段 2-11 共用体类型的应用实例

```
1    struct Student
2    {
3      string name;
4      Grade grade[3] = {0,0,0};
5    };
```

在程序段 2-11 中，定义了一个结构体类型 Student，具有 2 个字段，即：

(1) 字符串变量 name，用于保存学生姓名；

(2) Grade 共同体类型定义的一维数组 grade，具有 3 个元素，用于保存学生的 3 门科目的成绩。

如果一个学生的 3 门科目的成绩记录方式不同，分别是百分制、五档等级制和两档等级制，若不使用共同体，则需要在结构体中，为记录学生的 3 门科目的成绩，而定义 3 个变量；但是借助共用体，可以定义成数组的形式。当有多门科目时，使用共用体类型的变量的优势更加明显。在第 4 行中，对 grade 数组进行了初始化。

下面的程序段 2-12 详细说明了共用体的定义和用法。

程序段 2-12 共用体类型变量的定义和用法

```
1    #include <iostream>
2    #include <iomanip>
3    using namespace std;
4
5    int main()
6    {
7      union Grade
8      {
9          bool pass;
```

```
10          char rank;
11          float score;
12      };
13
14      struct Student
15      {
16          string name;
17          Grade grade[3] = {0,0,0};
18      };
19
20      Student st[2];
21      st[0].name = "Zhang Yong";
22      st[0].grade[0].score = 98.5F;
23      st[0].grade[1].rank = 'A';
24      st[0].grade[2].pass = true;
25      st[1].name = "Jia Xiaotian";
26      st[1].grade[0].score = 99.2F;
27      st[1].grade[1].rank = 'A';
28      st[1].grade[2].pass = true;
29
30      cout << std::left << setw(16)<< st[0].name << setw(8) << st[0].grade[0].score
31          << setw(6)<< st[0].grade[1].rank << setw(6);
32      if(st[0].grade[2].pass)
33          cout << "Pass" << endl;
34
35      cout << setw(16) << st[1].name << setw(8) << st[1].grade[0].score
36          << setw(6) << st[1].grade[1].rank << setw(6);
37      if (st[1].grade[2].pass)
38          cout << "Pass" << endl;
39  }
```

在程序段 2-12 的 main()函数中，第 7～12 行声明了共用体类型 Grade，Grade 类型可以像整型 int 那样用于定义 Grade 类型的变量。第 14～18 行定义了结构体类型 Student，其中，使用了 Grade 类型定义了一维共用体数组 grade，其中包含 3 个元素。

第 20 行的语句"Student st[2];"定义了一个 Student 类型数组，其中包含 2 个元素。

第 21 行的语句"st[0]. name="Zhang Yong";"将字符串"Zhang Yong"赋给结构体数组 st 的第一个元素的 name 成员，即 st[0]. name。

第 22 行的语句"st[0]. grade[0]. score=98. 5F;"将 98. 5 赋给 st[0]. grade[0]. score，共用体变量的成员访问也使用". "运算符连接。这里的"st[0]. grade[0]. score"表示结构体数组元素 st[0]的成员 grade[0]共用体的 score 字段。

第 23 行的语句"st[0]. grade[1]. rank='A';"将字符'A'赋给 st[0]. grade[1]. rank。这里的"st[0]. grade[1]. rank"表示结构体数组元素 st[0]的成员 grade[1]共用体的 rank 字段。

第 24 行的语句"st[0]. grade[2]. pass=true;"将逻辑真 true 赋给 st[0]. grade[2]. pass。这里的"st[0]. grade[2]. pass"表示结构体数组元素 st[0]的成员 grade[2]共用体的 pass 字段。

类似于第 21～24 行，第 25～28 行对结构体数组元素 st[1]进行赋值。

第 30 行和第 31 行输出结构体数组元素 st[0]的学生姓名 name 和学生前两科的成绩 grade[0]. score 和 grade[1]. rank。语句中的“std::left”为全局控制符，其后的所有输出均采用左对齐方式，除非出现“std::right”，才使得后续输出为右对齐方式。

第 32 行和第 33 行为一个 if 结构，如果 st[0]. grade[2]. pass 为真，则执行第 33 行，输出“Pass”。

类似于第 30～33 行，第 35～38 行输出结构体数组元素 st[1]的信息。

程序段 2-12 的执行结果如图 2-9 所示。

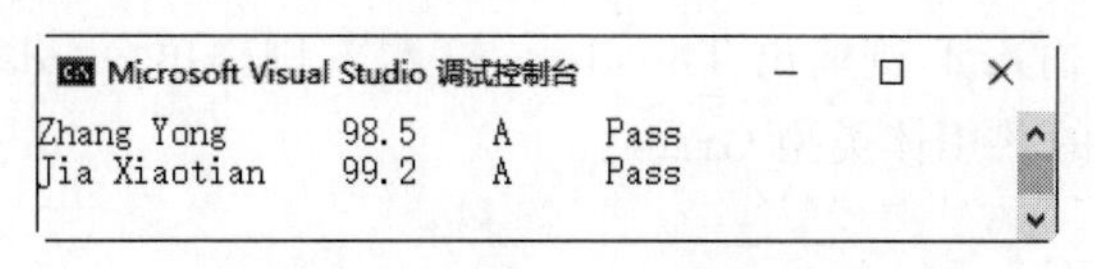

图 2-9 程序段 2-12 的执行结果

2.10 本章小结

本章详细介绍了 C++语言使用的数据类型及其语法表示。其中，基本数据类型有整型(包括 8 比特整型、短整型、标准整型和长整型)、布尔型(又称逻辑型)、浮点型(分为双精度和单精度两种)和字符型等；构造数据类型包括数组、字符串、结构体、枚举类型和共用体类型(又称联合体)。由于现在的计算机和操作系统均为 64 位，所以建议使用 64 位的长整型和 64 位的双精度浮点型进行数据处理，使用这类数据类型的程序的执行速度更快。

习题

1. 编写程序，实现基于短整型的算术运算。要求：输入两个短整数，输出这两个短整数的和、差、积和商。注意两个整数的商仍是一个整数，并分析两个整数的商如何取整。

2. 编写程序，实现对逻辑值的判断。要求：定义两个逻辑变量，输入 0 和 1 两个数给这两个逻辑变量，判断这两个逻辑变量的真假，若为真，则输出字符串"true"；若为假，则输出字符串"false"。

3. 编写程序，实现温度的转换。要求：输入华氏温度值，输出摄氏温度值。华氏温度 F 转换为摄氏温度 C 的公式为：$C=5\times(F-32)/9$。结果保留 2 位小数，使用函数 setprecision(3)，这里的 3 表示保留 3 位小数，该函数位于头文件 iomanip 中。

4. 编写程序，实现字符串的加密。要求，输入一行大写字母(即 A～Z)，输出该行字符串的密文。字符的加密方式为：当前字符后的第 3 个字符为其密文，例如，字符 A 的密文为 D，字符 B 的密文为 E，以此类推，字母表后面的 3 个字符 X、Y 和 Z 的密文为其(循环)后的 3 个字符，即 A、B 和 C。这就是有名的凯撒密码。

5. 编写程序，定义一个数组 a，将数组初始化为{－3，－2，－1，0，1，2，3}。然后，计算数组中每个元素的平方，最后求平方后的数组元素的和。当指定了全部数组元素时，可以使用如下方式定义数组：

```
int  a[] = { - 3, - 2, - 1,0,1,2,3};
```

即无须指定数据的长度,编译器将根据初始化列表中元素的个数设定数组的长度。

6. 编写程序,定义一个字符串,并初始化为"Hello C++Program!",然后,输出该字符串及其长度。

7. 编写程序,定义一个结构体类型 Student,包括学生姓名和 3 门科目的成绩以及平均成绩。输入 3 个学生的姓名和其各科目成绩,然后,计算每个学生的平均成绩,最后,输出学生姓名和其平均成绩。

8. 编写程序,定义一个表示星期的枚举类型。要求,输入 1～7 中的任意一个数字,输出对应的日期。例如,输入 4,则输出 Thusday;输入 7,则输出 Sunday。

9. 现在定义如下的共用体类型 Grade:

```
union Grade
{
    int num;
    char rank;
    float score;
};
```

若用上述 Grade 定义了一个变量 g,并做赋值运算 g. num＝65,然后读取 g. rank,则 g. rank 的值是多少?编程序验证所得的答案是否正确。

第3章

运算符、控制结构与指针

C++语言中集成了大量的运算符，运算符直接作用在数据上，与数据一起构成表达式。C++语言的语句由表达式构成，语句必须以分号结尾。C++语言的最小功能单元为函数，函数由语句组成。程序中语句或函数的组织方式由控制结构决定，程序有3种常见的控制结构，即顺序执行、分支执行和循环执行结构。指针是一种重要的数据类型，与第2章所介绍的各种数据类型不同的是，指针保存的是变量或函数的地址。本章将详细介绍C++的运算符、控制结构和指针。

本章的学习目标：

- 了解程序语句的3种控制方式
- 熟练掌握两种分支控制和4种循环控制方式
- 掌握指针的定义与调用方法
- 学习应用分支控制和循环控制进行程序设计

3.1 运算符

在C++语言中，运算符与数据结合在一起，构成表达式。在计算表达式的值时，按照运算符的优先级顺序计算，即先计算优先级高的运算符，再计算优先级低的运算符；当运算符的优先级相同时，按照规定的次序(又称结合次序)进行计算，一般按从左向右的顺序，但对于赋值运算符，则按照从右向左的顺序。

当表达式中运算符的优先级和结合性不确定时，可以将需要优先计算的部分用圆括号“()”括起来，此时将优先计算圆括号中的表达式。

C++语言的全部运算符及其优先级如表3-1所示。

表3-1 C++语言的运算符及其优先级

优先级	运算符	备注
1	( ),[ ],->,. ,::,!,～,＋＋,－－	后置＋＋和后置－－运算符的优先级高于前置＋＋和前置－－
2	－,＊,&,sizeof	－负号、＊取内容、& 取地址
3	(强制类型转换)	
4	->＊,.＊	
5	＊,/,%	＊乘、/除、%取模
6	＋,－	＋加、－减

续表

<table>
<tr><th>优 先 级</th><th>运 算 符</th><th>备 注</th></tr>
<tr><td>7</td><td><<,>></td><td></td></tr>
<tr><td>8</td><td><,<=,>,>=</td><td></td></tr>
<tr><td>9</td><td>==,! =</td><td></td></tr>
<tr><td>10</td><td>&</td><td>& 按位与</td></tr>
<tr><td>11</td><td>^</td><td></td></tr>
<tr><td>12</td><td>|</td><td></td></tr>
<tr><td>13</td><td>&&</td><td></td></tr>
<tr><td>14</td><td>||</td><td></td></tr>
<tr><td>15</td><td>? :</td><td>条件运算符,是唯一的三目运算符</td></tr>
<tr><td>16</td><td>=,+=,-=,*=,/=,%=,<<=,>>=,&=,^=,|=</td><td>赋值或复合赋值运算符</td></tr>
<tr><td>17</td><td>,</td><td>逗号运算符</td></tr>
</table>

下面讨论表 3-1 中常用的运算符的使用方法。

3.1.1 算术运算符

算术运算符包括加、减、乘、除和求余,依次用符号+、-、*、/和%表示。下面在程序段 3-1 中用整数演示了算术运算符的用法。

视频讲解

程序段 3-1 算术运算符的用法

```
1   #include < iostream >
2   #include < cmath >
3   using namespace std;
4
5   int main()
6   {
7     int a1 = 12, a2 = 83, a3 = 4;
8     cout << "a1 + a2 = " << a1 + a2 << endl;
9     cout << "a1 - a2 = " << a1 - a2 << endl;
10    cout << "a1 * a2 = " << a1 * a2 << endl;
11    cout << "a1 / a2 = " << a1 / a2 << endl;
12    cout << "a2 % a1 = " << a2 % a1 << endl;
13    cout << "a1 + a2 / a3 = " << a1 + a2 / a3 << endl;
14    cout << "(a1 + a2) / a3 = " << (a1 + a2) / a3 << endl;
15    cout << "pow(a1,a3) = " << pow(a1, a3) << endl;
16  }
```

在程序段 3-1 中,第 2 行的预编译指令"#include < cmath >"将头文件 cmath 包括到程序中,是因为第 15 行使用其中的函数 pow(),pow()函数用于求乘方运算。

在 main()函数中,第 7 行的语句"int a1=12,a2=83,a3=4;"定义了 3 个整型变量 a1、a2 和 a3,分别赋了初值 12、83 和 4。

第 8 行的语句"cout << "a1+a2=" << a1+a2 << endl;"输出字符串""a1+a2=""和 a1 加 a2 的和。

第 9 行的语句“cout << "a1－a2＝" << a1－a2 << endl;”输出字符串“"a1－a2＝"”和 a1 减去 a2 的差。

第 10 行的语句“cout << "a1 * a2＝" << a1 * a2 << endl;”输出字符串“"a1 * a2＝"”和 a1 乘以 a2 的积。

第 11 行的语句“cout << "a1 / a2＝" << a1 / a2 << endl;”输出字符串“"a1 / a2＝"”和 a1 除以 a2 的商。注意，两个整数的除法运算，其结果仍为整数。

第 12 行的语句“cout << "a2 % a1＝" << a2 % a1 << endl;”输出字符串“"a2 % a1＝"”和 a2 除以 a1 的余数。

第 13 行的语句“cout << "a1＋a2 / a3＝" << a1＋a2 / a3 << endl;”输出字符串“"a1＋a2 / a3＝"”以及 a2 除以 a3 的商加上 a1 的和。这里，先算除法再算加法。

第 14 行的语句“cout << "(a1＋a2) / a3＝" << (a1＋a2) / a3 << endl;”输出字符串“"(a1＋a2) / a3＝"”和(a1＋a2) / a3 的值。这时先算括号内的加法，再计算除法运算。

第 15 行的语句“cout << "pow(a1,a3)＝" << pow(a1,a3) << endl;”调用系统函数(或称库函数)pow 计算 $a1^{a3}$ 的值，并输出在计算机显示器上。函数 pow 为求乘方运算。系统函数 pow 位于头文件 cmath 中，故需要在第 2 行将头文件 cmath 包括到程序中。

算术运算符＋、－、*、/均可以应用于整数和浮点数；但是求余运算%只能应用于整数，而不能应用于浮点数。由于现有的计算机均为 64 位机器，并且 Windows 操作系统也为 64 位系统，因此，建议使用长整型 long long 和双精度浮点型 double 的数据进行算法运算，可避免数据类型的隐式转换，从而提高运算速度。如果使用了其他的类型，那么在计算中含有长整型的表达式将统一转化为 64 位进行运算，含有双精度浮点型的表达式统一转化为 64 位进行运算，运算结果再转换为所需要的数据类型存储。

程序段 3-1 的执行结果如图 3-1 所示。

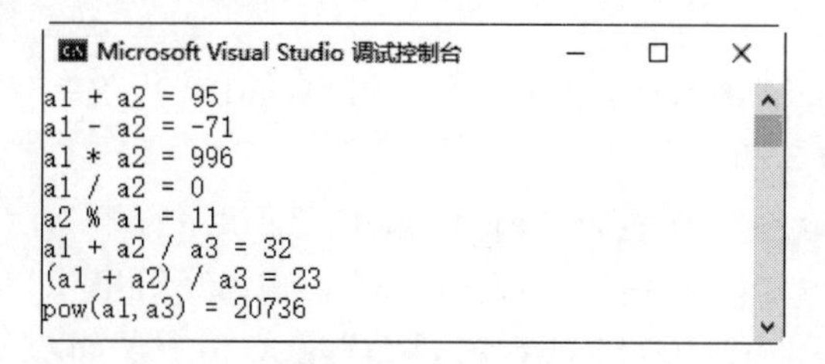

图 3-1 程序段 3-1 的执行结果

3.1.2 关系运算符

关系运算符连接的式子称为关系表达式，关系表达式的返回值为逻辑值(或称布尔值)。关系运算符包括大于、小于、等于、大于或等于、小于或等于和不等于，对应的算符依次为＞、＜、＝＝、＞＝、＜＝和!＝。注意，关系运算符的等于为“＝＝”(两个等号，中间无空格)，而“＝”在 C++语言中为赋值运算符。

关系运算符中，“大于”“小于”“大于或等于”“小于或等于”的优先级相同，其优先级比“等于”和“不等于”的优先级高，而“等于”和“不等于”的优先级相同。

下面程序段 3-2 详细说明各个关系运算符的用法。

视频讲解

程序段 3-2　关系运算符用法实例

```
1     #include < iostream >
2     using namespace std;
3
4     int main()
5     {
6       int a1 = 3, a2 = 5;
7       cout << "a1 = " << a1 << endl;
8       cout << "a2 = " << a2 << endl;
9       bool b1, b2, b3, b4, b5, b6;
10      b1 = a1 > a2;
11      b2 = a1 < a2;
12      b3 = a1 >= a2;
13      b4 = a1 <= a2;
14      b5 = a1 == a2;
15      b6 = a1 != a2;
16      if (b1)
17          cout << "a1 > a2" << endl;
18      if (b2)
19          cout << "a1 < a2" << endl;
20      if (b3)
21          cout << "a1 >= a2" << endl;
22      if (b4)
23          cout << "a1 <= a2" << endl;
24      if (b5)
25          cout << "a1 == a2" << endl;
26      if (b6)
27          cout << "a1!= a2" << endl;
28    }
```

在程序段 3-2 的 main 函数中，第 6 行的语句“int a1=3,a2=5;”定义了两个整型变量 a1 和 a2，分别赋初值为 3 和 5。

第 7 行的语句“cout << "a1=" << a1 << endl;”输出字符串"a1="和 a1 的值。

第 8 行的语句“cout << "a2=" << a2 << endl;”输出字符串"a2="和 a2 的值。

第 9 行的语句“bool b1,b2,b3,b4,b5,b6;”定义 6 个逻辑型变量 b1、b2、b3、b4、b5 和 b6。

第 10 行的语句“b1=a1 > a2;”将关系表达式“a1 > a2”的逻辑值赋给变量 b1。

第 11 行的语句“b2=a1 < a2;”将关系表达式“a1 < a2”的逻辑值赋给变量 b2。

第 12 行的语句“b3=a1 >=a2;”将关系表达式“a1 >=a2”的逻辑值赋给变量 b3。

第 13 行的语句“b4=a1 <=a2;”将关系表达式“a1 <=a2”的逻辑值赋给变量 b4。

第 14 行的语句“b5=a1 ==a2;”将关系表达式“a1 ==a2”的逻辑值赋给变量 b5。

第 15 行的语句“b6=a1 !=a2;”将关系表达式“a1 !=a2”的逻辑值赋给变量 b6。

第 16 行和第 17 行为一个 if 结构，第 16 行判断 b1 的值是否为真，如果为真，则执行第 17 行，输出字符串“a1>a2”。

第 18 行和第 19 行为一个 if 结构，第 18 行判断 b2 的值是否为真，如果为真，则执行第 19 行，输出字符串“a1<a2”。

第 20 行和第 21 行为一个 if 结构，第 20 行判断 b3 的值是否为真，如果为真，则执行第 21 行，输出字符串“a1＞＝a2”。

第 22 行和第 23 行为一个 if 结构，第 22 行判断 b4 的值是否为真，如果为真，则执行第 23 行，输出字符串“a1＜＝a2”。

第 24 行和第 25 行为一个 if 结构，第 24 行判断 b5 的值是否为真，如果为真，则执行第 25 行，输出字符串“a1＝＝a2”。

第 26 行和第 27 行为一个 if 结构，第 26 行判断 b6 的值是否为真，如果为真，则执行第 27 行，输出字符串“a1！＝a2”。

程序段 3-2 的执行结果如图 3-2 所示。

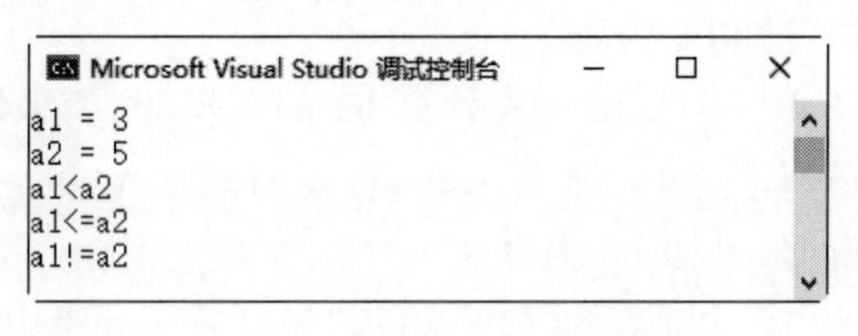

图 3-2　程序段 3-2 的执行结果

3.1.3　逻辑运算符

逻辑运算符只能对逻辑值 true 或 false 进行运算，由于关系表达式的值为逻辑值，所以，逻辑运算符可以连接关系表达式。逻辑运算符包括逻辑与 &&、逻辑或 || 和逻辑非!。其中，逻辑非的优先级最高，逻辑与的优先级次之，逻辑或的优先级最低。

当逻辑与连接多个关系表达式时，例如，(关系表达式 1) && (关系表达式 2) && (关系表达式 3) && (关系表达式 4)，若“关系表达式 1”的值为假，则后续的关系表达式不再计算，整个表达式直接返回逻辑值假。当逻辑或连接多个关系表达式时，例如，(关系表达式 1) || (关系表达式 2) || (关系表达式 3) || (关系表达式 4)，若“关系表达式 1”的值为真，则后续的关系表达式不再计算，整个表达式直接返回逻辑值真。

下面的程序段 3-3 介绍了逻辑运算符的用法。

程序段 3-3　逻辑运算符的用法

视频讲解

```
1   #include < iostream >
2   using namespace std;
3
4   int main()
5   {
6     bool b1 = false, b2 = false, b3 = true, b4 = true;
7     bool b5, b6, b7;
8     b5  =  !(b1 && b2) || !(b3 && b4);
9     b6  =  !b1 || !b2;
10    b7  =  (12 > 7) && (10 > 3);
11    if (b5)
12        cout << "b5  =  true" << endl;
13    if (b6)
14        cout << "b6  =  true" << endl;
15    if (b7)
```

```
16          cout << "b7 = true" << endl;
17    }
```

在程序段 3-3 的 main()函数中，第 6 行的语句“bool b1＝false，b2＝false，b3＝true，b4＝true;”定义了 4 个逻辑型变量 b1、b2、b3 和 b4，分别赋初值为 false、false、true、true。

第 7 行的语句“bool b5，b6，b7;”定义了 3 个逻辑型变量 b5、b6 和 b7。

第 8 行的语句“b5＝！(b1 && b2) || ！(b3 && b4);”计算 b1 和 b2 的逻辑与，然后，对这个结果取逻辑非，如果为真，则将逻辑真赋给 b5；如果“！(b1 && b2)”的逻辑值为假，则计算“！(b3 && b4)”的逻辑值，即将 b3 与 b4 进行逻辑与操作，再对其值取逻辑非。如果“！(b3 && b4)”的逻辑值为真，则将逻辑真赋给 b5；否则，将逻辑假赋给 b5。这里根据 b1～b4 的逻辑值，可知 b5 为真。

第 9 行的语句“b6＝！b1 || ！b2;”先计算 b1 的逻辑非，如果结果为真，则将逻辑真赋给 b6；否则，计算 b2 的逻辑非，如果结果为真，将逻辑真赋给 b6，否则，将逻辑假赋给 b6。这里根据 b1 和 b2 的逻辑值，可知 b6 为真。

第 10 行的语句“b7＝(12＞7) && (10＞3);”先计算关系表达式“(12＞7)”的值，如果该结果为假，则将逻辑假赋给 b7；这里，关系表达式“(12＞7)”的值为真，因此，需要继续计算关系表达式“(10＞3)”的值，由于“(10＞3)”的值为真，故整个表达式的返回值为真，即将逻辑真赋给 b7。

第 11 行和第 12 行的语句为一个 if 结构，第 11 行判断 b5 是否为真，如果为真，则执行第 12 行，输出“b5＝true”。

第 13 行和第 14 行的语句为一个 if 结构，第 13 行判断 b6 是否为真，如果为真，则执行第 14 行，输出“b6＝true”。

第 15 行和第 16 行的语句为一个 if 结构，第 15 行判断 b7 是否为真，如果为真，则执行第 16 行，输出“b7＝true”。

程序段 3-3 的执行结果如图 3-3 所示。

图 3-3 程序段 3-3 的执行结果

3.1.4 位运算符

支持位运算是 C++语言的特色，这使 C++语言广泛应用于微控制器的程序设计中。位运算符包括按位取反～、按位与 &、按位或 |、按位异或 ^、按位左移 << 和按位右移 >>。例如，设一个 16 比特的无符号整型变量 a 的值为 0x7755，即 0111 0111 0101 0101B，执行下面的位运算：

(1) ～a

将 a 的各位取值，原来的 0 变为 1，原来的 1 变为 0，则得到 0x88aa，即 1000 1000 1010 1010B。

(2) a & 0xFF

这里与 0xFF 相与，即保留 a 的低 8 位不变，其高 8 位清 0，得到 0x0055，即 0000 0000 0101 0101B。

(3) a | 0xFF

这里与 0xFF 相或，即保留 a 的高 8 位不变，其低 8 位全部置 1，得到 0x77FF，即 0111 0111 1111 1111B。

(4) a ^0xFF

将 a 与 0xFF 相异或，即保留 a 的高 8 位不变，其低 8 位中的 0 变为 1、1 变为 0，得到 0x77AA，即 0111 0111 1010 1010B。

(5) a >> 2

将 a 向右移动 2 位，相当于 a/4，得到 0x1DD5，即 0001 1101 1101 0101B。

(6) a << 2

将 a 向左移动 2 位，相当于 a 乘以 4，得到 0xDD54，即 1101 1101 0101 0100B。

上述位运算可通过下面的程序段 3-4 验证。

程序段 3-4　位运算符的用法示例

```
1    #include <iostream>
2    using namespace std;
3
4    #define Int16U unsigned short
5
6    int main()
7    {
8      Int16U a = 0x7755;
9      Int16U b1, b2, b3, b4, b5, b6;
10     b1 = ~a;
11     b2 = a & 0xFF;
12     b3 = a | 0xFF;
13     b4 = a ^ 0xFF;
14     b5 = a >> 2;
15     b6 = a << 2;
16     cout << hex << "b1 = 0x" << b1 << endl;
17     cout << "b2 = 0x" << b2 << endl;
18     cout << "b3 = 0x" << b3 << endl;
19     cout << "b4 = 0x" << b4 << endl;
20     cout << "b5 = 0x" << b5 << endl;
21     cout << "b6 = 0x" << b6 << endl;
22   }
```

在程序段 3-4 中，第 4 行的宏定义指令“#define Int16U unsigned short”将数据类型 unsigned short 宏定义为 Int16U，在程序中出现 Int16U 的地方，在编译时自动替换为 unsigned short。宏定义指令也是一种预编译指令，在程序的编译阶段进行解析，常用宏定义指令定义一些常量，例如“#define　PI　3.14159”，这样程序中可以使用 PI，相当于将 PI 视为常量。

在 main()函数中，第 8 行的语句“Int16U a=0x7755;”定义无符号短整型 a，并赋初值

0x7755,这里的 0x7755 表示这是一个十六进制数的形式。

第 9 行的语句“Int16U b1,b2,b3,b4,b5,b6;”定义 6 个无符号短整型变量 b1、b2、b3、b4、b5 和 b6。

第 10 行的语句“b1=～a;”将 a 按位取反,取反后的值赋给 b1。

第 11 行的语句“b2=a & 0xFF;”将 a 与 0xFF 取与,即保留 a 的低 8 位不变,将高 8 位清 0,之后的结果赋给 b2。

第 12 行的语句“b3=a | 0xFF;”将 a 与 0xFF 取或,即保留 a 的高 8 位不变,将其低 8 位全部置为 1,之后的结果赋给 b3。

第 13 行的语句“b4=a ^0xFF;”将 a 与 0xFF 取异或,即保留 a 的高 8 位不变,将其低 8 位中的 0 变成 1、1 变成 0,之后的结果赋给 b4。

第 14 行的语句“b5=a >> 2;”将 a 右移 2 位后的结果赋给 b5。

第 15 行的语句“b6=a << 2;”将 a 左移 2 位后的结果赋给 b6。

第 16 行的语句“cout << hex << "b1=0x" << b1 << endl;”中,“hex”表示以十六进制形式输出数值,这里输出字符串“b1=0x”和 b1 的十六进制值。“hex”是一个全局作用符,其后的所有数值输出都将采用十六进制形式,若需要改为十进制形式输出,则需要指示符“dec”。

第 17～21 行以十六进制形式输出 b2～b6 的值。

程序段 3-4 的执行结果如图 3-4 所示。

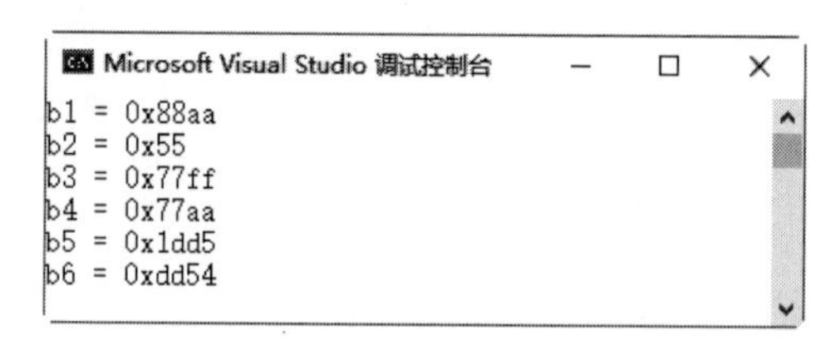

图 3-4　程序段 3-4 的执行结果

3.1.5　自增自减运算符

自增自减运算符为单目运算符,只有一个操作数。自增运算符表示为“++”(中间无空格),对于整型变量 i 而言,“i++”或“++i”都相当于 i=i+1。自减运算符表示为“--”(中间无空格),对于整型变量 i 而言,“i--”或“--i”都相当于 i=i-1。

如果将包含自增运算符或自减运算符的表达式用于赋值时,操作数位于自增自减运算符的前面和后面,其表达式的计算结果不相同。例如,对于整型变量 i=5 和 j 而言,执行表达式“j=i++”时,先取出 i 的值赋给 j,然后,i 自增 1,即执行后,i 的值为 6,而 j 的值为 5。同样地,对于整型变量 i=5 和 j 而言,执行表达式“j=++i”时,先将 i 的值自增 1,然后,将 i 的值赋给 j,即执行后,i 和 j 的值都为 6。对于自减运算符是同样的道理。

下面的程序段 3-5 详细说明了自增和自减运算符的用法。

视频讲解

程序段 3-5　自增与自减运算符的用法

```
1    #include <iostream>
2    using namespace std;
3
4    typedef unsigned int Int32U;
```

```
5
6      int main()
7      {
8        Int32U i, j, k, u, v;
9        i = 10;
10       cout << "i = " << i << endl;
11       j = i++;
12       cout << "i = " << i << ", j = " << j << endl;
13       k = ++i;
14       cout << "i = " << i << ", k = " << k << endl;
15       u = -- i;
16       cout << "i = " << i << ", u = " << u << endl;
17       v = i-- ;
18       cout << "i = " << i << ", v = " << v << endl;
19     }
```

在程序段 3-5 中，第 4 行的语句"typedef unsigned int Int32U;"借助于 typedef 关键字自定义变量类型，这里将已有的变量类型 unsigned int 自定义为一个新的变量类型 Int32U，这种自定义变量类型的作用类似于程序段 3-4 中的宏定义方式，可以把较长的变量类型缩短为新的变量类型名称，但是，这里的"typedef unsigned int Int32U;"是一条 C++语句，而不是预编译指令。自定义后的新类型 Int32U 和 unsigned int 完全相同。

在 main()函数中，第 8 行的语句"Int32U i,j,k,u,v;"定义了 5 个无符号整型变量 i、j、k、u、v。

第 9 行的代码"i=10;"将 i 赋为 10。

第 10 行的代码"cout << "i=" << i << endl;"输出字符串"i="和 i 的值。

第 11 行的语句"j=i++;"先将 i 的值赋给 j，然后，i 再自增 1。

第 12 行的语句"cout << "i=" << i << ",j=" << j << endl;"输出字符串"i="、i 的值和字符串"j="、j 的值。

第 13 行的语句"k=++i;"先将 i 自增 1，然后，将 i 的值赋给 k。

第 14 行的语句"cout << "i=" << i << ",k=" << k << endl;" 输出字符串"i="、i 的值和字符串"k="、k 的值。

第 15 行的语句"u=--i;"先将 i 的值自减 1，然后，将 i 的值赋给 u。

第 16 行的语句"cout << "i=" << i << ",u=" << u << endl;" 输出字符串"i="、i 的值和字符串"u="、u 的值。

第 17 行的语句"v=i--;"先将 i 的值赋给 v，然后，先将 i 的值自减 1。

第 18 行的语句"cout << "i=" << i << ",v=" << v << endl;" 输出字符串"i="、i 的值和字符串"v="、v 的值。

程序段 3-5 的执行结果如图 3-5 所示。

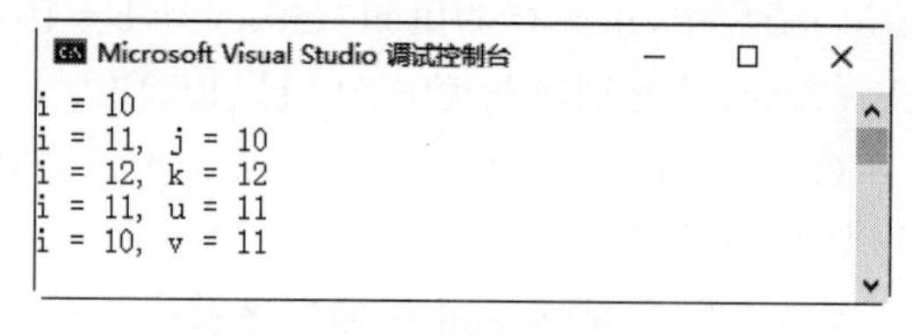

图 3-5　程序段 3-5 的执行结果

3.1.6 赋值运算符与 sizeof 运算符

赋值运算符形式为"="，其将赋值运算符右边的表达式的值赋给左边的变量。赋值运算符和算术运算符以及位运算符可以合并为复合赋值运算符，即+=、-=、*=、/=、%=、<<=、>>=、&=、|=、^=，复合运算符中的两个运算符间不能添加空格。

复合赋值运算符主要是为了书写方便，例如，对于两个整型变量 a 和 b，表达式 a +=b 等价于 a=a+b，b 也可以为一个表达式。同样地，a -=b 等价于 a=a - b；a *=b 等价于 a=a * b；a /=b 等价于 a=a / b；a %=b 等价于 a=a % b；a <<=b 等价于 a=a << b；a >>=b 等价于 a=a >> b；a &=b 等价于 a=a & b；a |=b 等价于 a=a | b；a ^=b 等价于 a=a ^ b。

sizeof 运算符用于统计变量或数据类型所占的存储空间大小，以字节为单位。例如，sizeof(int)返回 int 类型的长度，为 4(个字节)；若有双精度浮点型变量 d，则 sizeof(d)返回 d 在存储器中的长度，即 8(个字节)。

下面的程序段 3-6 说明了赋值运算符和 sizeof 运算符的用法。

视频讲解

程序段 3-6 赋值运算符和 sizeof 运算符的用法

```
1    #include < iostream >
2    using namespace std;
3
4    int main()
5    {
6      int a = 0, b = 10, c = 11, d = 12, e = 13;
7      a += (b -= (c * = (d /= (e % = 5))));
8      cout << "a = " << a << endl;
9      unsigned short u = 0xFFFF, v = 0x6033, w = 0x3AA, x = 0x3C, y = 5;
10     u &= (v |= (w ^= (x <<= (y >>= 1))));
11     cout << hex << "u = 0x" << u << dec << endl;
12     double score[10] = {0.1,0.2};
13     int n = sizeof(score);
14     cout << "Size of double:" << sizeof(double) << ", n = " << n << endl;
15     struct Student
16     {
17         char name[20];
18         char gender;
19         double score[10];
20     }st[10];
21     cout << "Size of st[0]:" << sizeof(st[0]) <<
22         ", Size of st:" << sizeof(st) << endl;
23   }
```

在程序段 3-6 的 main()函数中，第 6 行的语句"int a=0,b=10,c=11,d=12,e=13;"定义了 5 个整型变量 a、b、c、d、e，并分别赋初值 0、10、11、12、13。

第 7 行的语句"a +=(b -=(c *=(d /=(e %=5))));"先算最里面括号的表达式，再依次向外层计算，最后得到 a 的值为-34。

第 8 行的语句"cout << "a=" << a << endl;"输出字符串"a="和 a 的值。

第 9 行的语句“unsigned short u＝0xFFFF，v＝0x6033，w＝0x3AA，x＝0x3C，y＝5；”定义无符号短整型 u、v、w、x 和 y，并分别赋值为 0xFFFF、0x6033、0x3AA、0x3C、5。

第 10 行的语句“u &＝(v |＝(w ^＝(x <<＝(y >>＝1))))；”先计算最里层括号的表达式，再依次向外层计算，最后得到 u 的值为 0x637B。

第 11 行的语句“cout << hex << "u＝0x" << u << dec << endl；”以十六进制形式输出 u 的值，然后恢复十进制输出格式。

第 12 行的语句“double score[10]＝{0.1，0.2}；”定义双精度浮点型数组 score，包含 10 个元素，前两个元素分别初始化为 0.1 和 0.2，其余元素初始化为 0。

第 13 行的语句“int n＝sizeof(score)；”使用 sizeof 运算符得到 score 数组的长度(即在存储器中占有的字节数)，将其赋给变量 n。

第 14 行的语句“cout << "Size of double：" << sizeof(double) << "，n＝" << n << endl；”输出 double 类型的长度和数组 score 的长度(即 n 的大小)(均为字节为单位)。

第 15～20 行声明了结构体类型 Student，并定义了 Student 类型的数组 st，长度为 10。

第 21 行和第 22 行为一条语句，输出了结构体数组的一个元素 st[0]的长度以及结构体数组 st 的长度。这里，需要注意，直观上 Student 类型占 101 个字节(因为 char 占 1 个字节、double 占 8 个字节)，但是存储 Student 类型的字段 name 和 gender 将使用 21 个字节，这里，存储后续的 score 将从第 22 个字节开始存储，然后，score 是 double 型(占 8 字节)，它的存储首地址的低 3 位必须为 0，所以，将空出 3 个字节，从第 25 个字节开始存储。所以，一个 Student 结构体将占据 104 个字节的空间。为不失一般性，设 name[0]的首地址为 0x1000 0000 0000，则 gender 的存储地址将为 0x1000 0000 0014，此时，score 的存储首地址必须为 0x1000 0000 0018。故第 21 行和第 22 行输出的 st[0]的长度为 104 字节，而 st 的长度为 1040 字节。

程序段 3-6 的执行结果如图 3-6 所示。

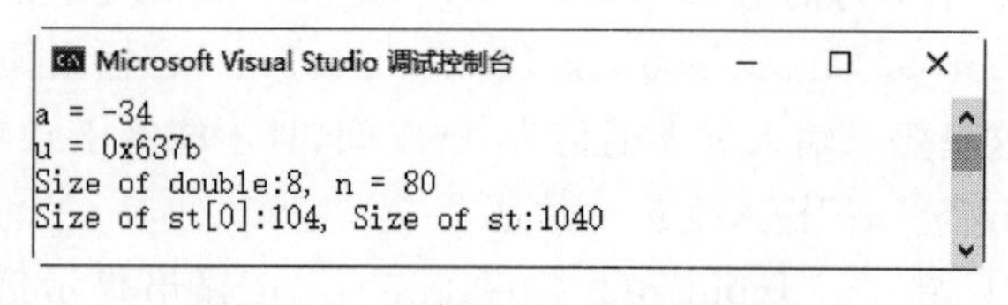

图 3-6　程序段 3-6 的执行结果

3.1.7　条件运算符

大部分运算符具有两个操作数，称为双目运算符；一少部分运算符具有一个操作数，称为单目运算符；C++语言中存在一个唯一一个三目运算符，具有 3 个操作数，称为条件运算符，用符号“？：”表示。

设条件运算符连接操作数得到的表达式为“(关系表达式或逻辑表达式)？(表达式 1)：(表达式 2)”，则其执行的操作为：首先判断“关系表达式或逻辑表达式”的值，如果该值为真，则计算“表达式 1”并返回其结果；否则，计算“表达式 2”并返回其结果。

下面程序段 3-7 借助于条件运算符实现下面的分段线性映射：

$$F(x)=\begin{cases}\dfrac{x}{p}, & x\in[0,p]\\ \dfrac{x-p}{0.5-p}, & x\in(p,0.5]\\ F(1-x,p), & x\in(0.5,1]\end{cases}$$

视频讲解

程序段 3-7 条件运算符的用法

```
1   #include <iostream>
2   #include <iomanip>
3   using namespace std;
4
5   int main()
6   {
7       double x, p;
8       cout << "Input x(0 < x < 1,x!= 0.5):";
9       cin >> x;
10      cout << "Input p(0 < p < 0.5):";
11      cin >> p;
12      double y;
13      x = (x > 0.5) ? 1 - x : x;
14      y = (x < p) ? x / p : (x - p) / (0.5 - p);
15      cout << "y = " << setprecision(3)<< y << endl;
16  }
```

在程序段 3-7 中，第 2 行的预编译指令“#include <iomanip>”将头文件 iomanip 包括在程序中，这是因为程序中使用了库函数 setprecision()，其中的“setprecision(3)”表示设定小数位数为 3 位。

在 main()函数中，第 7 行的语句“double x,p;”定义了双精度浮点型变量 x 和 p。

第 8 行的语句“cout << "Input x(0<x<1,x! =0.5)："；”输出提示信息“Input x(0<x<1,x! =0.5)：”，这里要求输入 x，x 的值为 0～1 间，且不能等于 0.5。

第 9 行的语句“cin >> x;”输入变量 x 的值。

第 10 行的语句“cout << "Input p(0<p<0.5)："；”输出提示信息“Input p(0<p<0.5)：”，这里要求输入 p，且要求 p 的值为 0～0.5。

第 11 行的语句“cin >> p;”输入变量 p 的值。

第 12 行的语句“double y;”定义双精度浮点型变量 y。

第 13 行的语句“x=(x > 0.5) ? 1－x : x;”使用条件运算符，首先判断 x 的值是否大于 0.5，如果是，则返回 1－x 的值(覆盖原来的 x)；如果 x 的值不大于 0.5，则返回 x 的值。

第 14 行的语句“y=(x < p) ? x / p : (x－p) / (0.5－p);”使用条件运算符，首先判断 x 的值是否大于 p，如果是，则返回 x/p 的值给 y；如果 x 的值不大于 p，则返回(x－p)/(0.5－p)的值给 y。

第 15 行的语句“cout << "y=" << setprecision(3)<< y << endl;”输出字符串"y="和 y 的值，其中，y 的值保留 3 位小数。

程序段 3-7 的运行结果如图 3-7 所示。

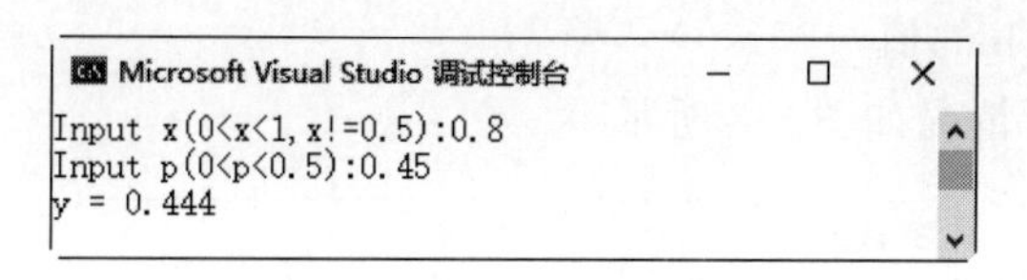

图 3-7　程序段 3-7 的运算结果

3.1.8　逗号运算符

逗号运算符是优先级最低的运算符，比赋值运算符还低一级。在定义多个变量时，例如“int　a,b,c;”中出现的逗号，并非逗号运算符，这里的逗号只起到分隔符的作用。在可执行语句中出现的逗号，则是逗号运算符。逗号运算符可以出现多个，例如，“a=(3 * 5,5 * 6,7 * 8,8 * 9);”中，出现了 3 个逗号运算符，按照从左向右的次序依次计算各个表达式，最后一个表达式的值为整个括号中的逗号表达式的值，即这里的 a 的值为 72。

程序段 3-8 演示了逗号运算符的用法。

程序段 3-8　逗号运算符的用法

视频讲解

```
1    #include < iostream >
2    using namespace std;
3
4    int main()
5    {
6        int a, b = 3;
7        a = (b * 4, 6 * 9);
8        cout << "a = " << a << endl;
9        a = b * 4, 6 * 9;
10       cout << "a = " << a << endl;
11       a = b * 4, b = 6 * 9;
12       cout << "a = " << a << ", b = " << b << endl;
13   }
```

在程序段 3-8 的 main()函数中，第 6 行的语句“int a,b=3;”定义了变量 a 和 b，并将 b 赋初值 3。

第 7 行的语句“a=(b * 4,6 * 9);”中使用了逗号运算符，由于使用括号，先算括号里面的，逗号运算符的结合性为自左向右，即先计算“b * 4”，再计算“6 * 9”，并将后者的结果作为逗号运算符连接的表达式的值，故 a 的值为 54。

第 8 行的语句“cout << "a=" << a << endl;”输出字符串"a="和 a 的值。

第 9 行的语句“a=b * 4,6 * 9;”使用了逗号运算符，由于逗号运算符的优先级比赋值运算符低，所以，先计算“a=b * 4”，再计算“6 * 9”，即得到 a 为 12(b 的值为 4)，而“6 * 9”的结果没有保存。

第 10 行的语句“cout << "a=" << a << endl;” 输出字符串"a="和 a 的值。

第 11 行的语句“a=b * 4,b=6 * 9;”使用了逗号表达式，由于逗号运算符的优先级比赋值运算符低，所以，先计算“a=b * 4”，再计算“b=6 * 9”，得到 a 的值为 12,b 的值为 54。

第 12 行的语句“cout << "a=" << a << ",b=" << b << endl;”输出字符串"a="和 a 的

值以及字符串"b="和 b 的值。

程序段 3-8 的执行情况如图 3-8 所示。

图 3-8 程序段 3-8 的执行结果

3.2 分支控制

程序的执行方式只有 3 种，即顺序执行、分支执行和循环执行。顺序执行是总的执行方式，是指语句按照先后顺序依次执行。循环执行是指一组语句在特定的条件下反复执行，直到该条件不再满足为止。而分支执行表示在某种情况下将执行这一组语句，而另一种情况下，将执行另一组语句。本节将介绍 C++语言的分支控制方法，主要有两种控制结构，即 if-else 结构和 switch-case 结构。

3.2.1 if-else 结构

if-else 结构具有以下 3 种情况：

(1) 若条件 cond 为真，则执行一条语句或一组语句

```
if(cond)
    一条语句;
```

或者

```
if(cond)
{
    一组语句;
}
```

在上述情况下，若 cond 为真，则执行“一条语句”或“一组语句”，“一组语句”可以为空、空语句、一条语句或多条语句，每条语句均以分号“;”结尾。这里的“空”表示没有语句；“空语句”表示只有分号“;”的语句。在这种情况下，当只有“一条语句”时，可以省略花括号。

这种情况如程序段 3-9 和程序段 3-10 所示。

视频讲解

程序段 3-9 if-else 结构的第一种情况(if 结构中只有一条语句)

```
1    int x = 3;
2    if (x > 0)
3      cout << "x is positive." << endl;
```

在程序段 3-9 中，第 1 行语句定义了变量 x，并赋初值 3。第 2 行语句使用关键字 if 判断 x>0 是否为真，如果为真，则执行第 3 行，输出“x is positive”；如果为假，无操作。

程序段 3-10 if-else 结构的第一种情况(if 结构中有一组语句)

```
1    int x = 3;
```

```
2    if (x > 0)
3    {
4      cout << x;
5      cout << " is positive." << endl;
6    }
```

在程序段 3-10 中，第 1 行语句定义了变量 x，并赋初值 3。第 2 行语句使用关键字 if 判断 x>0 是否为真，如果为真，则执行第 3～6 行的语句组；如果 x>0 为假，则无操作。

(2) 若条件 cond 为真，则无操作；如果 cond 为假，则执行一条语句或一组语句

```
if(cond)
    ;
else
    一条语句;
```

或者

```
if(cond)
{
}
else
{
    一组语句;
}
```

上述情况的示例如程序段 3-11 和程序段 3-12 所示。

程序段 3-11　if-else 结构的第二种情况(单条语句)

```
1    int x =  - 3;
2    if (x > 0)
3      ;
4    else
5      cout << "x is negative." << endl;
```

在程序段 3-11 中，第 1 行定义了变量 x，并赋初值－3。第 2 行判断 x>0 是否为真，如果为真，则执行第 3 行的空语句；如果 x>0 为假，则执行第 5 行，输出“x is negative.”。

程序段 3-12　if-else 结构的第二种情况(多条语句)

```
1    int x =  - 3;
2    if (x > 0)
3    {
4    }
5    else
6    {
7      cout << x;
8      cout << " is negative." << endl;
9    }
```

在程序段 3-12 中，第 2 行判断 x>0 是否为真，如果为真，则执行第 3～4 行的空语句；如果 x>0 为假，则执行第 5 行，输出“x is negative.”。

(3) 若条件 cond 为真,则执行一组语句;否则执行另一组语句

```
if(cond)
{
    一组语句
}
else
{
    另一组语句;
}
```

这里的语句组可以为空、空语句、一条语句或多条语句,这是 if-else 结构的标准形式。下面的程序段 3-13 说明了这种情况。

程序段 3-13　if-else 结构的第三种情况

```
1    int x = -3;
2    if (x > 0)
3    {
4      cout << x;
5      cout << " is positive." << endl;
6    }
7    else
8    {
9      cout << x;
10     cout << " is negative." << endl;
11   }
```

在程序段 3-13 中,第 2 行判断 x>0 是否为真,若为真,则执行第 3～6 行的语句组;若 x>0 为假,则执行第 8～11 行的语句组。

上述 3 种 if-else 的情况均只有两种分支情况,if-else 结构可以实现多分支情况,称为 if-else 结构的扩展形式。下面是一种四分支的 if-else 扩展结构:

```
if(条件 1)
{
    语句组 1;
}
else if(条件 2)
{
    语句组 2;
}
else if(条件 3)
{
    语句组 3;
}
else
{
    语句组 4;
}
```

在上述结构中,如果"条件 k"(k=1,2,3)成立,则执行相应的"语句组 k",否则,当所有

条件都不成立时，执行“语句组 4”。上述结构中可以添加更多的 else if 语句，如

```
else if(条件 n)
{
    语句组 n;
}
```

实现多分支的 if-else 结构。在多分支结构中，若某一个分支判断为真（而得到执行），则不再判断（和执行）其余的分支了。

下面的程序段 3-14 说明了这种多分支 if-else 结构的用法。

程序段 3-14　多分支 if-else 结构的用法

视频讲解

```
1    #include <iostream>
2    using namespace std;
3
4    int main()
5    {
6      cout << "Input the income x(x>0):";
7      int x = 0;
8      cin >> x;
9      double tax;
10     if (x > 10000)
11     {
12         tax = x * 0.3;
13         cout << "tax = " << tax << endl;
14     }
15     else if (x > 8000)
16     {
17         tax = x * 0.25;
18         cout << "tax = " << tax << endl;
19     }
20     else if (x > 6000)
21     {
22         tax = x * 0.2;
23         cout << "tax = " << tax << endl;
24     }
25     else if (x > 4000)
26     {
27         tax = x * 0.15;
28         cout << "tax = " << tax << endl;
29     }
30     else if (x > 2000)
31     {
32         tax = x * 0.1;
33         cout << "tax = " << tax << endl;
34     }
35     else
36     {
37         tax = x * 0.05;
38         cout << "tax = " << tax << endl;
```

```
39        }
40    }
```

在程序段 3-14 的 main()函数中，第 6 行的语句“cout << "Input the income x(x>0):";”输出提示信息“Input the income x(x>0):”。

第 7 行的语句“int x=0;”定义整型变量 x，并赋初值 0。

第 8 行的语句“cin >> x;”输入变量 x 的值。

第 9 行的语句“double tax;”定义双精度浮点型的变量 tax。

第 10～39 行为一个六分支的 if-else 扩展结构。第 10 行判断 x>1000 是否为真，如果为真，则执行第 11～14 行的语句组，即“tax=x * 0.3; cout << "tax=" << tax << endl;”（x 乘以 0.3 的积赋给 tax，并输出 tax 的值）。当第 10 行判断结果为假时，第 15 行判断 x>8000 是否为真，若为真，则执行第 16～19 行的语句组。若第 15 行判断为假时，第 20 行判断 x>6000 是否为真，若为真，则执行第 21～24 行的语句组。若第 20 行判断为假时，第 25 行判断 x>4000 是否为真，若为真，则执行第 26～29 行的语句组。若第 25 行判断为假时，第 30 行判断 x>2000 是否为真，若为真，则执行第 31～34 行的语句组。若第 30 判断为假，则执行第 36～39 行的语句组。注意，当 6 个分支中某一个分支判断为真时，就不再去判断（和执行）剩余的分支了。

程序段 3-14 的执行结果如图 3-9 所示。

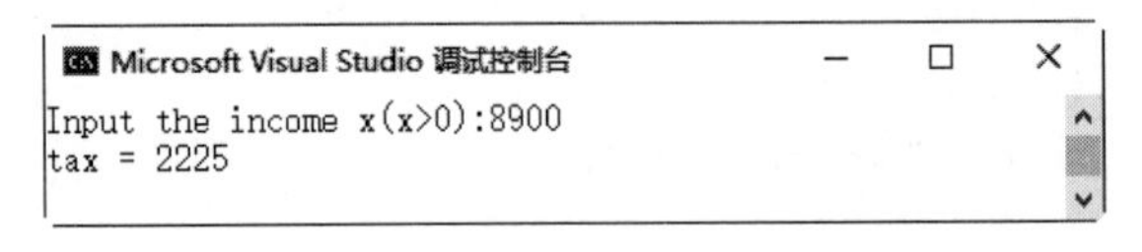

图 3-9 程序段 3-14 的执行结果

此外，if-else 结构可以嵌套使用。if 部分可以嵌套新的 if-else 结构，else 部分也可以嵌套新的 if-else 结构。下面给出了标准形式的二级嵌套的情况，图 3-10 为这一结构的流程图。

```
if(条件 1)
{
    语句组 1;
    if(条件 2)
    {
        语句组 2;
    }
    else
    {
        语句组 3;
    }
    语句组 4;
}
else
{
    语句组 5;
    if(条件 3)
    {
```

```
        语句组 6;
    }
    else
    {
        语句组 7;
    }
    语句组 8;
}
```

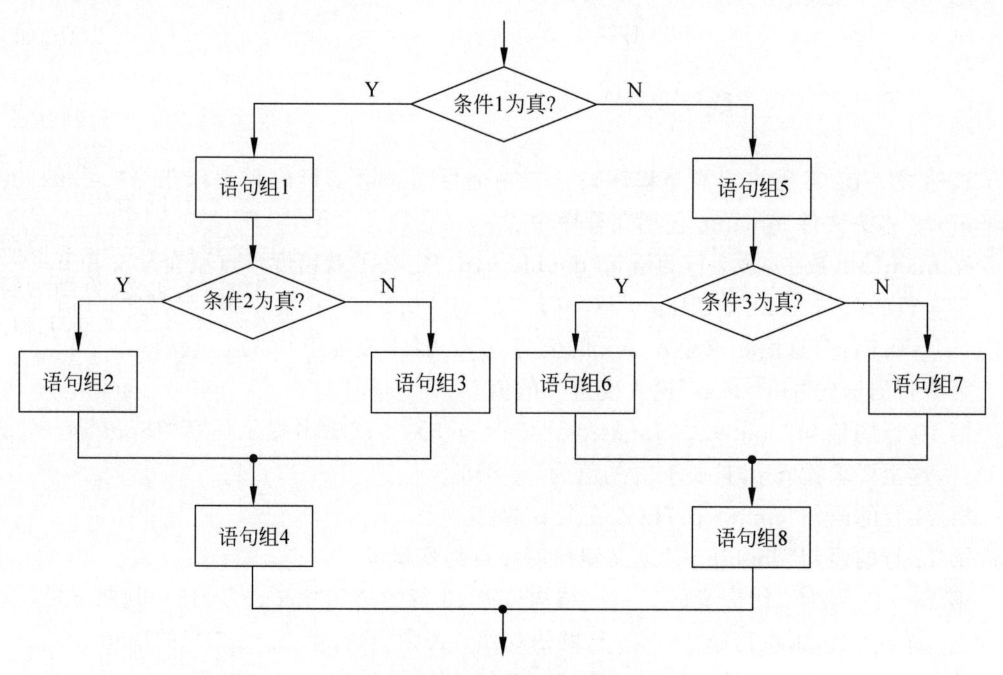

图 3-10 标准二级嵌套的流程图

程序段 3-15 给出了一种 if-else 结构的嵌套用法实例。

程序段 3-15 if-else 结构的一种嵌套用法实例

```
1   #include <iostream>
2   #include <iomanip>
3   using namespace std;
4
5   int main()
6   {
7     double x, p;
8     cout << "Input x(0 < x < 1,x!= 0.5):";
9     cin >> x;
10    cout << "Input p(0 < p < 0.5):";
11    cin >> p;
12    double y;
13    if (x < 0.5)
14    {
15        if (x < p)
16            y = x / p;
```

```
17          else
18              y = (x - p) / (0.5 - p);
19      }
20      else
21      {
22          x = 1 - x;
23          if (x < p)
24              y = x / p;
25          else
26              y = (x - p) / (0.5 - p);
27      }
28      cout << "y = " << setprecision(3) << y << endl;
29  }
```

程序段3-15实现的功能与程序段3-7完全相同。第2行的预编译指令“#include <iomanip>”将头文件iomanip包括在程序中。

在main()函数中，第7行的语句“double x,p;”定义了双精度浮点型变量x和p。

第8行的语句“cout << "Input x(0<x<1,x!=0.5): ";”输出提示信息“Input x(0<x<1,x!=0.5):”，这里要求输入x，x的值为0～1，且不能等于0.5。

第9行的语句“cin >> x;”输入变量x的值。

第10行的语句“cout << "Input p(0<p<0.5): ";”输出提示信息“Input p(0<p<0.5):”，这里要求输入p，且要求p的值为0～0.5。

第11行的语句“cin >> p;”输入变量p的值。

第12行的语句“double y;”定义双精度浮点型变量y。

第13～27行为二级嵌套的if-else结构。第13行的语句“if (x < 0.5)”判断x<0.5是否为真，如果为真，则执行第14～19行的语句组；否则，执行第21～27行的语句组。

第15～18行为内层的if-else结构，第15行的语句“if (x < p)”判断x<p是否为真，如果为真，则执行第16行的语句“y=x / p;”；否则，执行第18行的语句“y=(x−p) / (0.5−p);”。

第23～26行的if-else结构与第15～18行的if-else结构完全相同。

第28行的语句“cout << "y=" << setprecision(3) << y << endl;”输出字符串“y=”和y的值，其中，y的值保留3位小数。

程序段3-15的执行结果如图3-11所示。

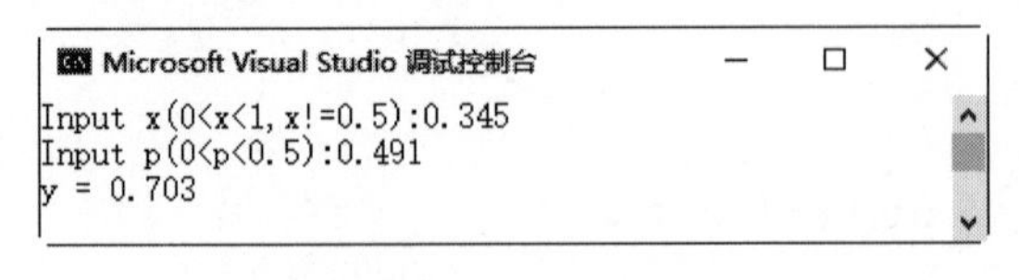

图3-11　程序段3-15的执行结果

3.2.2 switch-case结构

switch-case结构是典型的多分支结构，其形式如下：

```
switch(表达式)
```

```
{
    case 值 1:
            语句组 1;
            break;
    case 值 2:
            语句组 2;
            break;
    case 值 3:
            语句组 3;
            break;
    …
    case 值 n:
          语句组 n;
          break;
    default:
          语句组 n + 1;
}
```

这里,“表达式”的值必须为整型或枚举类型,当“表达式”的值与某一个“值 k”(k 为 1～n 的值)时,将执行相应的“语句组 k”,然后执行“break;”语句跳出 switch-case 结构;如果“表达式”的值与所有的“值 k”(k 为 1～n)均不同,则执行“default:”部分的“语句组 n+1”。注意,如果某个 case 部分的“break;”被省略,那么当执行完该 case 部分的“语句组”后将不会跳转,而是顺序执行下面的 case 部分。每个“语句组”均可以为空、空语句、一条语句或多条语句。default 部分可以省略。

下面的程序段 3-16 说明了 switch-case 结构的用法。

程序段 3-16　switch-case 结构用法实例

视频讲解

```
1    #include <iostream>
2    #include <iomanip>
3    using namespace std;
4
5    int main()
6    {
7      cout << "Input the income x(x >= 0):";
8      double x;
9      cin >> x;
10     int y;
11     y = int(x / 1000);
12     double tax;
13     switch (y)
14     {
15     case 1:
16     case 2:
17     case 3:
18         tax = x * 0.05;
19         break;
20     case 4:
21     case 5:
22         tax = x * 0.1;
```

```
23          break;
24      case 6:
25      case 7:
26          tax = x * 0.15;
27          break;
28      case 8:
29      case 9:
30      case 10:
31          tax = x * 0.2;
32          break;
33      default:
34          tax = x * 0.3;
35      }
36      cout << "tax = " << fixed << setprecision(2) << tax << endl;
37  }
```

在程序段 3-16 的 main()函数中，第 7 行的语句“cout << "Input the income x(x>=0)：";”输出提示信息“Input the income x(x>=0)：”，即要求输入一个非负实数。

第 8 行的语句“double x;”定义双精度浮点型变量 x。

第 9 行的语句“cin >> x;”输入变量 x 的值。

第 10 行的语句“int y;”定义整型变量 y。

第 11 行的语句“y=int(x / 1000);”使用强制类型转换将 x/1000 的值转换为整数赋给变量 y。

第 12 行的语句“double tax;”定义双精度浮点型变量 tax。

第 13～35 行为 switch-case 结构，第 13 行判断 y 的值，当 y 为 1、2 或 3 时(第 15～17 行)，执行第 18 行“tax=x * 0.05;”得到 tax 的值，然后执行第 19 行“break;”跳出 switch-case 结构；当 y 为 4 或 5 时(第 20～21 行)，执行第 22～23 行，然后跳出 switch-case 结构；当 y 为 6 或 7 时(第 24～25 行)，执行第 26～27 行，然后跳出 switch-case 结构；当 y 为 8、9 或 10 时(第 28～30 行)，执行第 31～32 行，然后跳出 switch-case 结构；如果上述 case 情况都不成立，则执行第 33～34 行，然后，跳出 switch-case 结构。

第 36 行的语句“cout << "tax=" << fixed << setprecision(2) << tax << endl;”输出字符串"tax="和 tax 的值。这里的 fixed 为数据输出格式控制符，表示不使用科学计数法输出；setprecision(2)表示保留 2 位小数。

程序段 3-16 的输出结果如图 3-12 所示。

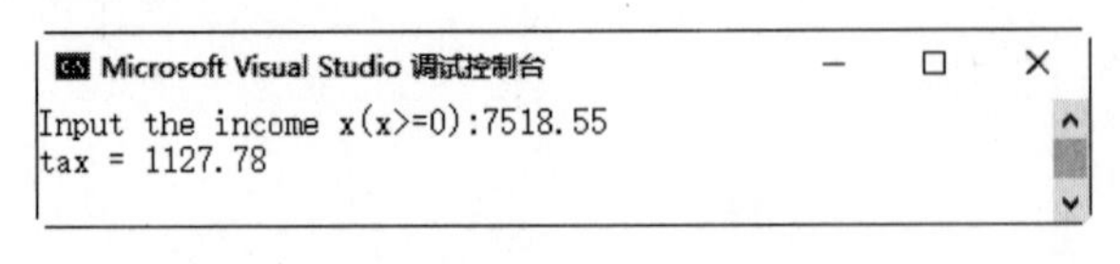

图 3-12　程序段 3-16 的执行结果

3.3　循环控制

循环控制是高效率编写程序的主要手段。例如，实现 1+2+…+100 的简单运算，借助于循环控制将变成一件轻松的工作。循环控制主要有 4 种结构，即 for 结构、while 结构、

do-while 结构和 foreach 结构。其中，foreach 结构是一种专门用来遍历数组（或序列）元素的循环结构，其余 3 种结构都是通用循环结构。

3.3.1　for 结构

for 结构的基本形式为：

```
for(设定循环变量初始值; 循环条件; 调整循环变量)
{
    循环执行的语句组;
}
```

在上述 for 结构中，"设定循环变量初始值"部分用于给循环变量赋初始值，这部分在整个 for 循环中只被执行一次，所以，也可以把一些初始化工作放在此处；"循环条件"是每次执行"循环执行的语句组"前，都要判断的条件，如果"循环条件"为真，则执行这一次循环操作，如果"循环条件"为假，则跳出循环体；"调整循环变量"部分从第二次循环开始，每次都要执行一次"调整循环变量"。

由此可见，for 循环的执行过程为：

(1) 执行"设定循环变量初始值"，即给循环控制变量赋初值；

(2) 判断"循环条件"是否为真，若为真，则执行第(3)步；否则，跳出循环体，执行第(5)步；

(3) 执行"循环执行的语句组"；

(4) 执行"调整循环变量"，回到第(2)步；

(5) 执行循环体后续的语句。

for 结构有如下注意事项：

(1) 有可能 for 循环中"循环执行的语句组"一次也得不到执行。当循环变量的初始值不满足"循环条件"时，将直接跳过循环体而执行后续的语句。

(2) for 循环头部"设定循环变量初始值""循环条件""调整循环变量"均可以为空，或部分为空，但是分号不能少。"for(;;)"这种形式表示无限循环（俗称死循环），对于无限循环，需要在其中设定跳出循环的语句。

(3) 语句"break;"可以跳出它所在的循环。当有循环嵌套时，语句"break;"仅能跳出它所在的那一层循环，执行循环体后续的语句。

(4) 语句"continue;"用于结束本次循次，回到循环头部继续下一次循环，即"continue;"语句后续的循环体部分不再被执行，而是回到循环开始处执行下一次循环，对于 for 结构而言，回到"调整循环变量"处执行。

(5) 若 for 结构的循环体只有一条语句，可以省略花括号。

下面的程序段 3-17 给出了计算 1＋2＋…＋100 的几种 for 结构。

程序段 3-17　for 结构的用法实例

视频讲解

```
1    #include <iostream>
2    using namespace std;
3
4    int main()
```

```
5    {
6      int i, sum;
7      sum = 0;
8      for (i = 1; i <= 100; i++)
9      {
10        sum += i;
11     }
12     cout << "1 + 2 + ... + 100 = " << sum << endl;
13
14     for (sum = 0, i = 1; i <= 100; sum += i, i++)
15     {
16     }
17     cout << "1 + 2 + ... + 100 = " << sum << endl;
18
19     i = 1;
20     sum = 0;
21     for (; i <= 100;)
22     {
23         sum += i;
24         i++;
25     }
26     cout << "1 + 2 + ... + 100 = " << sum << endl;
27
28     i = 1;
29     sum = 0;
30     for (;;)
31     {
32         sum += i;
33         i++;
34         if (i > 100)
35             break;
36     }
37     cout << "1 + 2 + ... + 100 = " << sum << endl;
38   }
```

程序段3-17列举了for结构的4种工作方式。在main函数中,第6行的语句“int i, sum;”定义了整型变量i和sum。

第7行的语句“sum=0;”将0赋给变量sum。

第8~11行为一个for结构,表示i从1按步长1累加到100,对于每个i,循环执行一次第10行的语句“sum +=i;”,即将sum与i的和赋给sum。

第12行的语句“cout << "1+2+...+100=" << sum << endl;”输出字符串“1+2+...+100=”和sum的值。

第14~16行为一个for结构,其中,循环体为空,在for结构的初始化部分执行“sum=0, i=1”,在for结构的调整循环变量部分执行“sum +=i,i++”,这样实现了i从1按步长1累加到100,对每个i,循环执行“sum +=i”的目的。

第17行输出字符串“1+2+...+100=”和sum的值。

第19行的语句“i=1;”将1赋给i。

第 20 行的语句“sum＝0;”将 0 赋给 sum。

第 21～25 行为一个 for 结构，其中，只有“终止循环条件”部分“i <＝100”，表示当 i 小于等于 100 时，继续执行循环体。第 19～20 行为该 for 结构作了初始化工作，第 23 行的语句“sum ＋＝i;”为每次循环执行的操作，第 24 行的语句“i＋＋;”相当于该 for 结构的“调整循环变量部分”。

第 26 行输出字符串“1＋2＋...＋100＝”和 sum 的值。

第 28 行的语句“i＝1;”将 1 赋给 i。

第 29 行的语句“sum＝0;”将 0 赋给 sum。

第 30～36 行为一个 for 结构，该 for 结构为一个无限循环结构。每次循环执行第 31～36 行。其中第 32 行的语句“sum ＋＝i;”将 sum 与 i 的和赋给 sum；第 33 行的语句“i++;”将 i 加 1 的值赋给 i；第 34～35 行为循环终止语句，当 i 大于 100 时，执行语句“break;”跳出该无限循环体。

第 37 行输出字符串"1＋2＋...＋100＝"和 sum 的值。

程序段 3-17 的执行结果如图 3-13 所示。

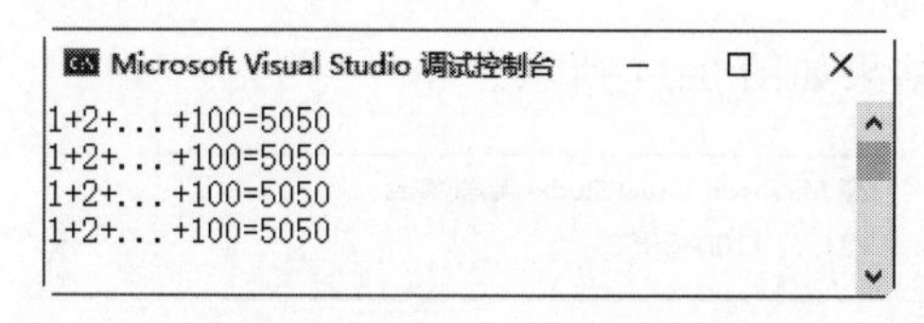

图 3-13　程序段 3-17 的执行结果

for 结构可以多级嵌套使用，并且 for 结构中可以嵌套使用其他的循环结构。

3.3.2　while 结构

类似于程序段 3-17 的第 21～25 行的这种 for 结构，当条件满足时，执行循环体；当条件不满足时，跳出循环体，while 结构的语法如下：

```
while(条件)
{
    语句组;
}
```

在上述 while 结构中，当“条件”为真时，循环执行“语句组”；当“条件”为假时，跳出 while 结构，继续执行后续的语句。

while 结构有时称为“当型”循环结构，即当“条件”为真时，循环执行“语句组”，且每次循环前都需要判断“条件”的真假。一旦发现“条件”为假，则跳出循环。

程序段 3-18 说明了 while 结构的用法。

程序段 3-18　while 结构的用法实例

视频讲解

```
1     #include <iostream>
2     using namespace std;
3
4     int main()
5     {
```

```
6       int i = 1, sum = 0;
7       while (i <= 100)
8       {
9           sum += i;
10          i++;
11      }
12      cout << "1 + 2 + ... + 100 = " << sum << endl;
13  }
```

在程序段3-18的main()函数中，第6行的语句“int i=1，sum=0;”定义整型变量i和sum，并分别初始化为1和0。

第7~11行为while结构，第7行判定i<=100是否为真，若为真，则执行第8~11行的语句组；若为假，跳转到第12行执行。第9行的语句“sum +=i;”将sum与i的和赋给sum，第10行的语句“i++;”将i自增1。这个while循环体执行了1+2+…+100的操作。

第12行的语句“cout << "1+2+...+100=" << sum << endl;”输出字符串"1+2+...+100="和sum的值。

程序段3-18的执行结果如图3-14所示。

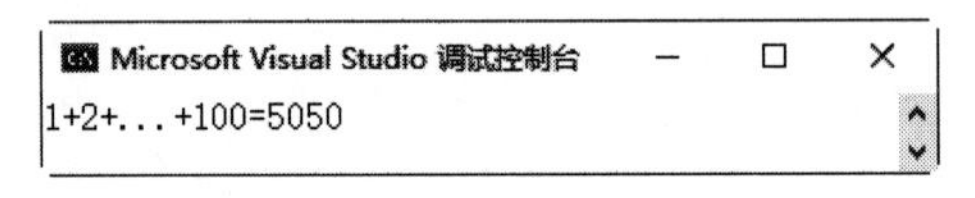

图3-14 程序段3-18的执行结果

3.3.3 do-while结构

在while结构中，有可能循环体一次也得不到执行。在do-while结构中，循环体先执行一次，再判断循环条件是否满足，如果满足，则继续执行循环体；如果不满意，则跳出循环体。do-while结构如下所示：

```
do
{
    语句组;
}while(条件);
```

在do-while结构中，先执行“语句组”一次，然后再判断“条件”是否为真，如果为真，则循环执行“语句组”，直到“条件”为假后，跳出循环体。do-while循环也称“直到型”循环，即循环执行“语句组”，直接“条件”为假。与while循环不同的是，do-while循环至少会执行一次“语句组”。

程序段3-19说明了do-while结构的用法。

视频讲解

程序段3-19 do-while结构的用法实例

```
1   #include <iostream>
2   using namespace std;
3
4   int main()
5   {
```

```
6      int i = 1, sum = 0;
7      do
8      {
9          sum += i;
10         i++;
11     } while (i <= 100);
12     cout << "1 + 2 + ... + 100 = " << sum << endl;
13 }
```

在程序段 3-19 的 main()函数中，第 6 行的语句“int i=1,sum=0;”定义整型变量 i 和 sum，并分别初始化为 1 和 0。

第 7～11 行为一个 do-while 结构，循环执行第 9～10 行直到“i<=100”为假。

第 12 行输出字符串"1+2+...+100="和 sum 的值。

程序段 3-19 的执行情况与程序段 3-18 相同，执行结果也如图 3-14 所示。

do-while 结构、while 结构和 for 结构均可互相嵌套使用。

3.3.4　foreach 结构

foreach 结构用于遍历数组这类数据序列的元素，典型结构如下所示：

```
for(数组元素类型 变量名: 数组名)
{
    语句组;
}
```

在上述 foreach 结构中，“变量名”对应的变量将依次取遍“数组名”表示的数组的各个元素(按索引号递增顺序)，可以在“语句组”中使用“变量名”对应的变量。

程序段 3-20 介绍了 foreach 结构的用法。

程序段 3-20　foreach 结构的用法实例

视频讲解

```
1   #include <iostream>
2   using namespace std;
3
4   int main()
5   {
6     int a[10] = { 1,2,3,4,5,6,7,8,9,10 };
7     int sum = 0;
8     for (int e : a)
9     {
10        sum += e * e;
11    }
12    cout << "Square sum of 1 to 10 is: " << sum << endl;
13  }
```

在程序段 3-20 的 main()函数中，第 6 行的语句“int a[10]={ 1,2,3,4,5,6,7,8,9,10 };”定义了一维整型数组 a，具有 10 个元素，并用列表{1,2,3,4,5,6,7,8,9,10}中的元素依次初始化每个元素。

第 7 行的语句“int sum=0;”定义整型变量 sum，并赋初值 0。

第 8～11 行为一个 foreach 结构，对于数组 a 的每个元素（用 e 表示），循环执行第 10 行语句“sum +=e * e;”将每个元素的平方值加到 sum 上。这个 foreach 结构实现了 1～10 的平方和计算。

第 12 行的语句“cout << "Square sum of 1 to 10 is: " << sum << endl;”输出字符串 "Square sum of 1 to 10 is: "和 sum 的值。

程序段 3-20 的执行结果如图 3-15 所示。

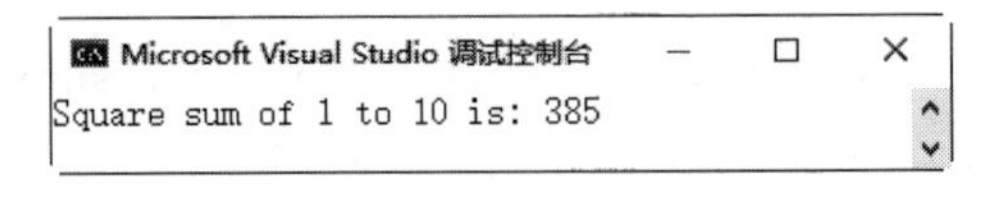

图 3-15　程序段 3-20 的执行结果

程序段 3-20 的第 8 行，常写作“for (auto e : a)”，这里的 auto 类型根据变量的值自动变换为相应的类型，例如，“auto x=3;”，auto 相当于 int。在“for (auto e : a)”中，auto 将根据 a 的类型设定 e 的类型。

在使用 foreach 结构时，必须使用 foreach 结构专用的局部变量，例如，下面这种方式是错误的：

```
int e;
for(e : a)
{
    语句组;
}
```

3.4　指针

指针是一种特殊的数据类型，可以借助于指针直接访问物理存储器，指针的值为存储器的地址。指针是 C++语言优于其他高级语言的主要体现。计算机操作系统或硬件设备的驱动程序，都需要直接访问硬件接口，因此这类软件（或程序）只能借助 C++语言实现。

3.4.1　常量、变量与指针

在 C++语言中，数值、字符和字符串，例如，3、4.5e2、8.07、'd'、"Hello"等均为常量。而下述的语句定义的均为变量，例如：

```
int x = 0;
double y;
char c;
```

这里的 x、y 和 c 为变量，是因为 x、y 和 c 的值可以改变。x、y 和 c 称为变量名，本质上是这些变量在存储器中的地址。通过取地址符“&”可以得到这些变量的地址值，例如，“&x”将得到变量 x 的地址值，“&y”将得到变量 y 的地址值，“&c”将得到变量 c 的地址值。

可以像定义变量一样定义常量，例如：

```
const int k = 100;
const double pi = 3.14159;
```

```
const char ch = 'Z';
```

上述 3 条语句通过添加 const 限定符将 k、pi 和 ch 定义为常量，定义常量时必须给这些量赋初值，因为后续不能再改变这些量的值，即后续无法再对这些量进行赋值操作。

指针用于保存变量的地址，定义指针的方式为：

```
变量类型声明符 * 指针名 = & 变量;
```

例如：

```
int a = 30;
int* p = &a;
int b;
b = *p;
```

上述代码定义了整型变量 a，并赋初始值 30；然后，定义了指向整型变量的指针 p，指向变量 a；接着，定义了整型变量 b；最后，将 * p 赋给变量 b。这里的“ * ”表示取指针指向的地址中的值，“ * p”表示取 p 指向的地址中的值，这里，* p 为 30。于是，语句“ * p=10;”将 10 赋给指针 p 指向的地址，这里赋值后，a 的值也为 10。

一般地，在定义指针时给指针赋初始地址。一个指针在被赋值前，称为悬浮指针，这类指针不能使用。例如：

```
int* q;
*q = 20;
```

上述语句中“int * q;”定义了指向整数类型的指针 q，有时简称整型指针；“ * q=20;”向 q 指向的地址赋值 20。由于 q 没有指向任何地址，故 q 为悬浮指针，所以“ * q=20;”是错误的。为了避免出现悬浮指针，一般在定义指针时给指针初始化。空指针用 NULL 表示。

下面为正确的指针用法：

```
int* q = NULL;
int d;
q = &d;
*q = 20;
```

在上述语句中，“int * q=NULL;”定义整型指针 q 为空指针；“int d;”定义整型变量 d；“q=&d;”使指针 q 指向整型变量 d，即指针 q 的值为变量 d 的地址；“ * q=20;”将 20 赋给指针 q 指向的地址，赋值后变量 d 的值也为 20。

程序段 3-21 说明了指针变量与变量地址的关系。

程序段 3-21　指针的定义与用法实例

视频讲解

```
1    #include <iostream>
2    using namespace std;
3
4    int main()
5    {
6      int a = 30;
7      int* p = &a;
```

```
8        cout << "a = " << a << endl;
9        cout << "Address of a: " << &a << endl;
10       cout << "Value of p:" << p << endl;
11       cout << " * p = " << * p << endl;
12        * p = 100;
13       cout << " * p = " << * p << endl;
14       cout << "a = " << a << endl;
15   }
```

在程序段 3-21 的 main()函数中，第 6 行的语句“int a＝30;”定义整型变量 a，并赋初值 30。

第 7 行的语句“int * p＝&a;”定义指向整型变量的指针 p，p 指向变量 a 的地址。

第 8 行的语句“cout << "a＝" << a << endl;”输出字符串"a＝"和 a 的值。

第 9 行的语句“cout << "Address of a：" << &a << endl;”输出字符串"Address of a："和变量 a 的地址。

第 10 行的语句“cout << "Value of p：" << p << endl;”输出字符串"Value of p："和 p 的值。

第 11 行的语句“cout << " * p＝" << * p << endl;”输出字符串" * p＝"和 * p 的值。

第 12 行的语句“ * p＝100;”将 100 赋给指针 p 指向的地址。

第 13 行的语句“cout << " * p＝" << * p << endl;”输出字符串" * p＝"和 * p 的值。

第 14 行的语句“cout << "a＝" << a << endl;”输出字符串"a＝"和 a 的值。

程序段 3-21 的执行结果如图 3-16 所示。

图 3-16　程序段 3-21 的执行结果

由图 3-16 可知，地址的长度为 64 位，即指针的存储长度为 8 个字节，可以在程序段 3-21 中添加一条语句“cout << sizeof(p) << endl;”显示指针 p 的存储长度。

3.4.2 动态数组

在对指针进行赋值时，一般不使用固定的地址，而是将变量的地址赋给指针。然而，在微控制器编程时，将会出现大量使用地址直接赋给指针的用法，例如，“int * p＝(int *)0x0E0000000000”，表示指针 p 的值为 0x0E0000000000，即指针 p 指向地址 0x0E0000000000。这种直接将地址赋给指针的方式在面向计算机的 C++语言中一般不用。

有时只想定义一个指针，并为指针开辟一块存储空间，而不想定义变量。这时需要用到动态内存分配技术，相关的两个操作符为 new 和 delete。new 用于开辟存储空间，delete 用于释放 new 开辟的空间，以避免空间浪费而造成内存的碎片化。

程序段 3-22 说明了 new 和 delete 的用法。

程序段 3-22　动态内存配置的用法实例

```
1    #include <iostream>
2    #include <iomanip>
3    using namespace std;
4
5    int main()
6    {
7      int * p = new int;
8      *p = 10;
9      cout << " *p = " << *p << endl;
10     delete p;
11
12     int * q = new int(100);
13     cout << " *q = " << *q << endl;
14     delete q;
15
16     int * w = new int[10];
17     for (int i = 0; i < 10; i++)
18         *(w + i) = i + 1;
19     for (int i = 0; i < 10; i++)
20         cout << *(w + i) << " ";
21     cout << endl;
22     for (int i = 0; i < 10; i++)
23         cout << w[i] << " ";
24     cout << endl;
25     delete[ ] w;
26
27     int * v = new int[10]{ 11,12,13,14,15,16,17,18,19,20 };
28     for (int i = 0; i < 10; i++)
29         cout << *(v + i) << " ";
30     cout << endl;
31     delete[ ] v;
32
33     int(*u)[3] = new int[2][3]{ {9,7,5},{10,12,14} };
34     for (int i = 0; i < 2; i++)
35     {
36         for (int j = 0; j < 3; j++)
37         {
38             cout << left << setw(8) << u[i][j];
39         }
40         cout << endl;
41     }
42     int * s = u[0];
43     for (int i = 0; i < 2; i++)
44     {
45         for (int j = 0; j < 3; j++)
46         {
47             cout << left << setw(8) << *(s + 3 * i + j);
48         }
49         cout << endl;
```

```
50      }
51      delete[ ] u;
52   }
```

在程序段 3-22 的 main()函数中,第 7 行的语句“int * p=new int;”使用 new 开辟一个整型存储空间(即 4 个字节的存储空间),并将该空间的地址赋给新定义的指针 p。这里的“new int”为动态开辟一个整型存储空间,与第 10 行的语句“delete p;”相对应,“delete p;”用于释放 new 开辟的空间。

第 8 行的语句“ * p=10;”将 10 赋给指针 p 指向的空间。

第 9 行的语句“cout << " * p=" << * p << endl;”输出字符串" * p="和 * p 的值。

第 12 行的语句“int * q=new int(100);”使用 new 开辟一个整型存储空间(即 4 个字节的存储空间),并赋初值 100,然后,将新定义的指针 q 指向该存储空间。这一行与第 14 行对应,第 14 行的语句“delete q;”用于释放该存储空间。

第 13 行的语句“cout << " * q=" << * q << endl;”输出字符串" * q="和 * q 的值。

上述为使用 new 开辟一个存储空间的方法。下面为使用 new 开辟一块连续存储空间的方法。

第 16 的语句“int * w=new int[10];”使用 new 开辟一个长度为 10 个整数的连续的存储空间,使新定义的指针 w 指向该空间的首地址。这里的 w 相当于指向一个长度为 10 的整型数组, * w 或 * (w+0)表示第 1 个元素, * (w+1)表示第 2 个元,以此类推, * (w+9)表示第 10 个元素。事实上,指针与一维数组近似等价,也可以用 w[0]表示第 1 个元素,w[1]表示第 2 个元素,以此类推,w[9]表示第 10 个元素。

第 16 行与第 25 行对应,第 25 行的语句“delete[] w;”释放 new 开辟的空间。

第 17 行和第 18 行为一个 for 结构,向 w 指向的各个元素赋值,这里使用 * (w+i)表示第 i+1 个元素。

第 19 行和第 20 行为一个 for 结构,将 w 指向的各个元素输出,这里使用 * (w+i)表示第 i+1 个元素。

第 21 行的语句“cout << endl;”输出一个回车换行符。

第 22 行和第 23 行为一个 for 结构,将 w 指向的各个元素输出,这里使用 w[i]表示第 i+1 个元素。

第 24 行的语句“cout << endl;”输出一个回车换行符。

第 27 行的语句“int * v=new int[10]{ 11,12,13,14,15,16,17,18,19,20 };”使用 new 开辟一个可存储 10 个整数的连续的存储空间,并使用列表“{11,12,13,14,15,16,17,18,19,20}”对其赋初值,将新定义的指针 v 指向该存储空间的首地址。

第 27 行与第 31 行对应,第 31 行的语句“delete[] v;”释放 v 指向的连续空间。

第 28 行和第 29 行为一个 for 结构,输出指针 v 指向的空间中的所有元素,这里使用 * (v+i)表示第 i+1 个元素。

第 30 行的语句“cout << endl;”输出一个回车换行。

第 33 行的语句“int(* u)[3]=new int[2][3]{ {9,7,5},{10,12,14} };”使用 new 开辟一个二维的整型存储空间,即 2 行 3 列的存储空间,以整型数据为存储单位,并用列表“{ {9,7,5},{10,12,14} }”对该存储空间初始化。二维空间与二维数组类似,将其每行视为一个一维数组，对于 2 行 3 列的存储空间可视为两个一维数组，每个一维数组有 3 个元素，因此，需要使用“int(* u)[3]”这种形式定义指向这个二维存储空间的指针。不建议使用 new 开辟二维及二维以上的空间，参考第 42～50 行的解释。这里访问二维空间的元素的方法为：使用 u[i][j]或 * (* (u+i)+j)表示第 i+1 行和第 j+1 列的元素，即指向二维存储空间的指针与二维数组是近似等价的。

注意：定义“int(* u)[3]”和定义“int * u[3]”完全不同；后者“int * u[3]”表示数组 u 的每个元素为“int * ”类型，因此，可以称之为指针的数组。前者“int(* u)[3]”是一种指向二维数组的指针，且数组的第二维必须有 3 个元素。

第 34～41 行一个二级嵌套的 for 结构，输出指针 u 指向的二维空间的各个元素，先输出第一行元素，再输出一个回车换行符，接着，输出第二行元素。

第 42 行的语句“int * s=u[0];”定义一个指针 s，指向 u 指针指向的二维空间的首地址。这里的“u[0]”是 u 指针指向的二维空间的第一行(即一维行向量)的首地址。由于二维空间中各个元素的地址是顺序排列的，可以使用指针按一维向量的形式访问，因此，不建议定义指向二维或二维以上的指针。

第 43～50 为二级嵌套的 for 结构，借助于指针 s 依次输出 u 指针指向的二维空间的各个元素，这里第 47 行的“ * (s+3 * i+j)”表示第 i+1 行和第 j+1 列的元素。

第 51 行的语句“delete[] u;”释放 u 指针指向的空间。

程序段 3-22 的执行结果如图 3-17 所示。

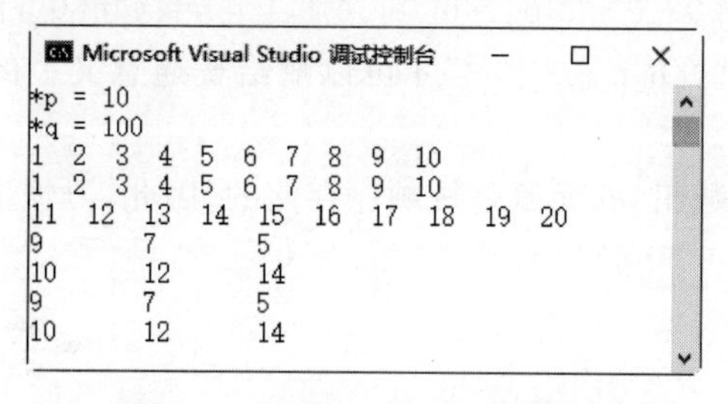

图 3-17　程序段 3-22 的执行结果

由程序段 3-22 可知，指针支持加上(或减去)一个整数的运算，例如，设：

```
int * v = new int[10]{ 11,12,13,14,15,16,17,18,19,20 };
```

则 v 指向 new 开辟的空间的首地址，即指针“11”所在的地址，不妨设为 0x2000 0000 0000；则 v+1 指向“12”所在的地址，即 0x2000 0000 0004，v+1 是 v 所指的地址加上 4 个字节；v+2 指向“13”所在的地址，即 0x2000 0000 0008；v+3 指向“14”所在的地址，即 0x2000 0000 000C；以此类推，v+9 指向“20”所在的地址，即 0x2000 0000 0000+9 * 4。指针的步进 1 相当于地址步进 4 个字节，这是因为指针指向的变量类型(int)占 4 个字节。

3.4.3　数组与指针

一维数组和指针近似等价，例如，定义如下一维数组

```
inta[10] = { 3,5,7,9,11,13,15,17,19,21 };
```

可以使用类似指针的方法访问数组元素，例如，* (a+3)将访问数组的第 4 个元素，即元素

“9”。这说明,对于一维数组而言,数组名就是数组的首地址,也可视为指向数组首地址的指针。因此对于上述的一维数组“int a[10]={ 3,5,7,9,11,13,15,17,19,21 };”,定义指向该数组的指针时,使用如下语句:

```
int* p=a;
```

或

```
int* p =&a[0];
```

上述指针 p 和 a 的唯一区别在于,p 是变量,可以指向新的地址,或者说可以赋给它新的地址,而 a 是数组名,a 是固定的地址,不能改变 a 的值,可以视 a 为一个地址常量。

对于二维数组或二维以上的高维数组而言,和一维数组的情况稍有不同。这里以三维数组为例进行讨论。设有如下三维数组:

```
int b[2][3][4] = { 1,2,3,4,5,6,7,8,9,10,11,12,13,14,15,16,17,18,19,20,21,22,23,24 };
```

这里数组名 b 是数组 b 的首地址,但是数组名 b 本身是一种指向三维数组的指针,而不是一般意义上的指针,下面的 w 指针指向了数组 b:

```
int( *q)[3][4] = b;
```

这里三维数组 b 可以视为 2 个二维数组,而每个二维数组又可以按行划分视为 3 个一维数组,这样,“b、b[0]、b[0][0]、&b、&b[0]、&b[0][0]、&b[0][0][0]”都相同,即都指向同一个地址。但是,只有“&b[0][0][0]”才可以赋给普通意义上的指针;其他的地址均为指向数组的指针形式。

由于数组(包括高维数组)的元素是按顺序存储的,因此,习惯上使用普通指针访问高维数组元素,例如定义:

```
int* w=&b[0][0][0];
```

可以使用 w 指针访问三维数组 b 的各个元素,其中,*(w+i * 12+j * 4+k)即为 b[i][j][k]。

下面的程序段 3-23 说明了数组与指针的关系。

视频讲解

程序段 3-23　借助指针访问数组元素的实例

```
1     #include <iostream>
2     #include <iomanip>
3     using namespace std;
4
5     int main()
6     {
7       int a[10] = { 3,5,7,9,11,13,15,17,19,21 };
8       for (int i = 0; i < 10; i++)
9           cout << left << setw(5) << *(a + i);
10       cout << endl;
11      int* p = a;
12      for (int i = 0; i < 10; i++)
13          cout << left << setw(5) << *(p + i);
```

```
14      cout << endl;
15
16      int b[2][3][4] = { 1,2,3,4,5,6,7,8,9,10,11,12,13,
17          14,15,16,17,18,19,20,21,22,23,24 };
18      int( * q)[3][4] = b;
19      cout << b << " " << b[0] << " " << b[0][0] << endl;
20      cout << &b << " " << &b[0] << " " << &b[0][0] << endl;
21      cout << &b[0][0][0] << endl;
22      for (int i = 0; i < 2; i++)
23      {
24          for (int j = 0; j < 3; j++)
25          {
26              for (int k = 0; k < 4; k++)
27              {
28                  cout << left << setw(6) << * ( * ( * (q + i) + j) + k);
29              }
30              cout << endl;
31          }
32          cout << endl;
33      }
34      int * w = &b[0][0][0];
35      for (int i = 0; i < 2; i++)
36      {
37          for (int j = 0; j < 3; j++)
38          {
39              for (int k = 0; k < 4; k++)
40              {
41                  cout << left << setw(6) << * (w + i * 12 + j * 4 + k);
42              }
43              cout << endl;
44          }
45          cout << endl;
46      }
47  }
```

在程序段 3-23 的 main()函数中，第 7 行的语句“int a[10]={ 3,5,7,9,11,13,15,17,19,21 };”定义一维整型数组 a，具有 10 个元素，并使用列表“{ 3,5,7,9,11,13,15,17,19,21 }”初始化数组 a。

第 8 行和第 9 行为一个 for 结构，用“ * (a+i)”这种方式输出数组 a 的各个元素。

第 10 行的语句“cout << endl;”输出一个回车换行。

第 11 行的语句“int * p=a;”定义整型指针 p，指向数组 a 的首地址。

第 12 行和第 13 行为一个 for 结构，用“p[i]”这种方式输出数组 a 的各个元素。

第 14 行的语句“cout << endl;”输出一个回车换行。

第 16 行和第 17 行的语句“int b[2][3][4]={ 1,2,3,4,5,6,7,8,9,10,11,12,13,14,15,16,17,18,19,20,21,22,23,24 };”定义一个三维数组 b 并作了初始化，这种初始化方式中，根据三维数组 b 的元素存储顺序依次实始化各个元素。

第 18 行的语句“int(* q)[3][4]=b;”定义一个指向三维数组的指针 q，并初始化为 b，即 q 指向三维数组 b 的首地址。

第 19 行的语句“cout << b << " " << b[0] << " " << b[0][0] << endl;”输出 b、b[0] 和 b[0][0]的内容，这 3 个值相同，都是三维数组 b 的首地址。

第 20 行的语句“cout << &b << " " << &b[0] << " " << &b[0][0] << endl;”输出 &b、&b[0]、&b[0][0]的内容，这 3 个值相同，都是三维数组 b 的首地址。

第 21 行的语句“cout << &b[0][0][0] << endl;”输出 b[0][0][0]的地址，该地址为三维数组 b 的首地址。

第 22～33 行为一个三级嵌套的 for 结构，使用指向三维数组的指针“*(*(*(q+i)+j)+k)”的形式输出三维数组 b 的各个元素，这里的“*(*(*(q+i)+j)+k)”就是 b[i][j][k]。

第 34 行的语句“int* w=&b[0][0][0];”定义整型指针 w，该指针指向三维数组 b 的首元素的地址。

第 35～46 行为一个三级嵌套的 for 结构，这里使用了普通指针“*(w+i * 12+j * 4+k)”的形式输出三维数组 b 的各个元素，这里的“*(w+i * 12+j * 4+k)”就是 b[i][j][k]。

推荐使用第 34～46 行这种方式访问高维数组。

程序段 3-23 的执行结果如图 3-18 所示。

```
Microsoft Visual Studio 调试控制台
3    5    7    9     11   13   15   17   19   21
3    5    7    9     11   13   15   17   19   21
000000026679F9C0  000000026679F9C0  000000026679F9C0
000000026679F9C0  000000026679F9C0  000000026679F9C0
000000026679F9C0
1       2       3       4
5       6       7       8
9       10      11      12

13      14      15      16
17      18      19      20
21      22      23      24

1       2       3       4
5       6       7       8
9       10      11      12

13      14      15      16
17      18      19      20
21      22      23      24
```

图 3-18 程序段 3-23 的执行结果

3.5 引用

一个变量的引用定义为该变量的别名，引用不占用新的存储空间。引用仅针对单个变量。定义引用时必须初始化，因为引用是作为变量的别名存在的，必须有它的载体变量。引用的两个重要作用在于：

（1）作为函数的返回值；

（2）作为函数的形参变量。

由于函数在定义时不会为形参分配空间（在函数调用时为形参指定实参），故引用作为函数形参时无须初始化。这部分内容将在第 4 章详细介绍。

程序段 3-24 说明了引用的用法。

程序段 3-24　引用的用法实例

视频讲解

```
1    #include <iostream>
2    using namespace std;
3
4    int main()
5    {
6      int a = 5;
7      int& r1 = a;
8      cout << "a = " << a << endl;
9      cout << "r1 = " << r1 << endl;
10     cout << "Addr of a: " << &a << endl;
11     cout << "Addr of r1: " << &r1 << endl;
12
13     int& r2 = r1;
14     cout << "r2 = " << r2 << endl;
15     cout << "Addr of r2: " << &r2 << endl;
16
17     int b[5] = { 3,5,7,9,11 };
18     int& r3 = b[4];
19     cout << "r3 = " << r3 << endl;
20
21     int * p = b;
22     int& r4 = p[3];
23     cout << "r4 = " << r4 << endl;
24   }
```

在程序段 3-24 的 main()函数中，第 6 行的语句“int a=5;”定义整型变量 a，并赋初值 5。

第 7 行的语句“int& r1=a;”定义引用 r1，r1 作为变量 a 的引用。定义引用用符号“&”表示。

第 8 行的语句“cout << "a=" << a << endl;”输出字符串"a="和 a 的值。

第 9 行的语句“cout << "r1=" << r1 << endl;”输出字符串"r1="和 r1 的值。r1 为 a 的引用，r1 的值等于 a 的值。

第 10 行的语句“cout << "Addr of a: " << &a << endl;”输出字符串"Addr of a: "和 a 的地址。

第 11 行的语句“cout << "Addr of r1: " << &r1 << endl;”输出字符串"Addr of r1: "和 r1 的地址，r1 的地址和 a 的地址相同。

第 13 行的语句“int& r2=r1;”定义引用 r2 作为 r1 的引用，即可以定义引用的引用。

第 14 行的语句“cout << "r2=" << r2 << endl;” 输出字符串"r2="和 r2 的值。r2 为 r1 的引用，r1 为 a 的引用，所以，r2 的值等于 a 的值。

第 15 行的语句“cout << "Addr of r2: " << &r2 << endl;”输出字符串"Addr of r2: "和 r2 的地址，r2 的地址和 r1 与 a 的地址相同。

第 17 行的语句“int b[5]={ 3,5,7,9,11 };”定义一维整型数组 b，并对 b 进行初始化。

第 18 行的语句“int& r3=b[4];”定义引用 r3 作为 b[4]的引用，即可以定义对数组元素的引用。

第 19 行的语句“cout << "r3=" << r3 << endl;”输出字符串"r3="和 r3 的值。

第 21 行的语句“int * p=b;”定义指针 p,指向数组 b 的首地址。

第 22 行的语句“int& r4=p[3];”定义引用 r4 作为 p[3]的引用。

第 23 行的语句“cout << "r4=" << r4 << endl;”输出字符串"r4="和 r4 的值。

程序段 3-24 的执行结果如图 3-19 所示。

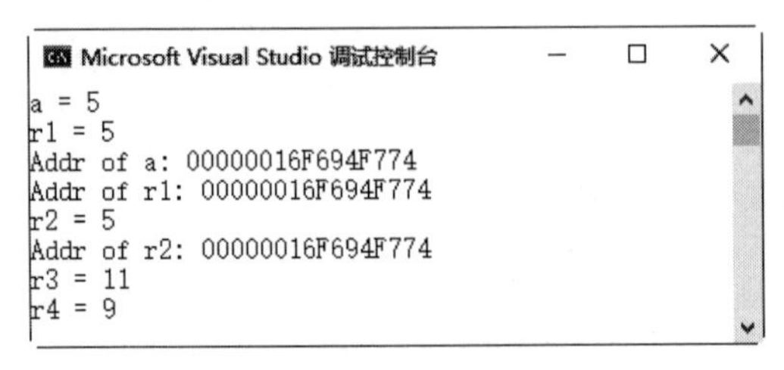

图 3-19　程序段 3-24 的执行结果

3.6　排序实例

数组中的数据排序是常见的一种操作,常用的排序方法有冒泡法和选择法。

不妨设有整型数组 a[n],数组名为 a,具有 n 个元素{a[0], a[1], …, a[n-1]}。下面依次介绍冒泡法排序和选择法排序。

1. 冒泡法排序

冒泡法排序(按升序排列)的工作原理为:

(1) 令循环变量 i 从 0 按步长 1 递增到 n-2,依次比较 a[i]与 a[i+1],如果 a[i]大于 a[i+1],则将 a[i]与 a[i+1]对换。这一步将数组 a 中最大的元素保存在 a[n-1]中。

(2) 令循环变量 i 从 0 按步长 1 递增到 n-3,依次比较 a[i]与 a[i+1],如果 a[i]大于 a[i+1],则将 a[i]与 a[i+1]对换。这一步将数组 a 中次大的元素保存在 a[n-2]中。

(3) 令 j 从 n-3 按步长 1 递减到 1,令循环变量 i 从 0 按步长 1 递增到 j-1,按照上述方法,依次将 a[0]至 a[j]中最大的元素保存在 a[j]中。

可见,冒泡法排序的每一步均找出数组中没有排序的元素中的值最大的元素,并将所有比该元素小的元素“冒泡”到该元素的左边。

2. 选择法排序

选择法排序(按升序排列)的工作原理为:

(1) 令变量 i 为 0,令变量 k 为 0,令循环变量 j 从 1 按步长 1 递增到 n-1,依次比较 a[k]与 a[j]的值,如果 a[k]大于 a[j],则将 j 赋给 k。循环结束后,如果 k 不为 0,则将 a[k]与 a[0]对换。这一步将数组 a 中最小的值保存在 a[0]中。

(2) 令变量 i 为 1,令变量 k 为 1,令循环变量 j 从 2 按步长 1 递增到 n-1,依次比较 a[k]与 a[j]的值,如果 a[k]大于 a[j],则将 j 赋给 k。循环结束后,如果 k 不为 1,则将 a[k]与 a[1]对换。这一步将数组 a 中次小的值保存在 a[1]中。

(3) 令变量 i 从 2 按步长 1 递增到 n-2,令 k=i,令循环变量 j 从 i+1 按步长 1 递增到 n-1,依次比较 a[k]和 a[j]的值,如果 a[k]大于 a[j],则将 j 赋给 k。每次循环结束后,如果 k 不等于 i,则将 a[k]与 a[i]对换。

可见，选择法排序的每一步都将选出数组中没有排序的元素中的最小元素的下标，将所有比它大的元素保存在该元素的右侧。

程序段3-25给出了冒泡法和选择法排序的实现代码。

程序段 3-25　冒泡法和选择法排序实例

视频讲解

```
1   #include <iostream>
2   using namespace std;
3
4   int main()
5   {
6     int a[10] = { 45,23,90,18,56,71,15,39,61,80 };
7     cout << "Original a:" << endl;
8     for (int i = 0; i < 10; i++)
9       cout << a[i] << " ";
10    cout << endl;
11
12    int n = 10;
13    for (int j = n - 1; j > 0; j-- )
14    {
15      for (int i = 0; i <= j - 1; i++)
16      {
17        if (a[i] > a[i + 1])
18        {
19          int t = a[i];
20          a[i] = a[i + 1];
21          a[i + 1] = t;
22        }
23      }
24    }
25    cout << "Sorted a:" << endl;
26    for (int i = 0; i < 10; i++)
27      cout << a[i] << " ";
28    cout << endl << endl;
29
30    int b[10] = { 45,23,90,18,56,71,15,39,61,80 };
31    cout << "Original b:" << endl;
32    for (int i = 0; i < 10; i++)
33      cout << b[i] << " ";
34    cout << endl;
35
36    n = 10;
37    int k;
38    for (int i = 0; i <= n - 2; i++)
39    {
40      k = i;
41      for (int j = i + 1; j <= n - 1; j++)
42      {
43        if (b[k] > b[j])
44        {
45          k = j;
46        }
47      }
48      if (k != i)
```

```
49        {
50          int t = b[i];
51          b[i] = b[k];
52          b[k] = t;
53        }
54      }
55      cout << "Sorted b:" << endl;
56      for (int i = 0; i < 10; i++)
57        cout << b[i] << " ";
58      cout << endl << endl;
59  }
```

在程序段 3-25 的 main()函数中，第 6 行的语句“int a[10] = { 45,23,90,18,56,71,15,39,61,80 };”定义整型一维数组 a，并初始化为列表“{45,23,90,18,56,71,15,39,61,80}”。

第 7 行的语句“cout << "Original a：" << endl;”输出提示信息“Original a：”。

第 8 行和第 9 行为一个 for 结构，输出数组 a 的全部元素。

第 12 行的语句“int n = 10;”定义整型变量 n，并赋初值 10。这里的 n 为数组 a 的长度。

第 13～24 行为一个嵌套的 for 结构，实现了冒泡法排序，将数组 a 的元素按升序排列。

第 25 行的语句“cout << "Sorted a：" << endl;”输出提示信息“Sorted a：”。

第 26 行和第 27 行为一个 for 结构，输出升序排列好的数组 a 的全部元素。

第 30 行的语句定义数组 b，这里数组 b 和原始的数组 a 相同。

第 32 行和第 33 行为一个 for 结构，输出数组 b 的全部元素。

第 37 行的语句“int k;”定义整型变量 k。

第 38～54 行为一个嵌套的 for 结构，实现了选择排序，将数组 b 中的元素按升序排列。

第 55 行的语句“cout << "Sorted b：" << endl;”输出提示信息“Sorted b：”。

第 56 行和第 57 行为一个 for 结构，输出升序排列后的数组 b 的全部元素。

程序 3-25 的执行结果如图 3-20 所示。

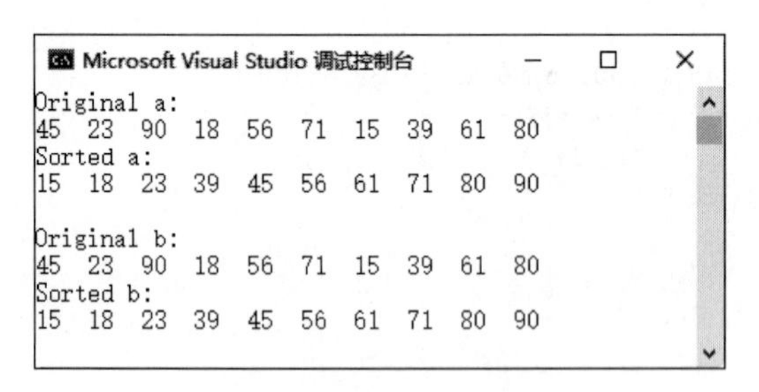

图 3-20 程序段 3-25 的执行结果

3.7 本章小结

本章详细介绍了 C++语言常用的 9 类运算符，即算术运算符、关系运算符、逻辑运算符、位运算符、自增自减运算符、赋值运算符、sizeof 运算符、条件运算符和逗号运算符。C++语言的运算符大多需要连接两个操作数，这类运算符称为双目运算符；少数运算符只需要一个操作数，称为单目运算符；只有条件运算符是唯一的三目运算符。然后，本章讨论了 C++语言程序的控制结构。只有 3 种程序控制方式，即顺序方式、分支(或称选择)方式和循环方式，这里重点阐述了 if-else 和 switch-case 两种分支结构以及 for、while、do-while、foreach 四种循环结构。接着，讨论了指针的用法和动态创建数组的方法。最后，分析了引用及其用法。

习题

1. 编写程序，输入两个整数及一个双目算术运算符，计算这两个整数经该运算符处理后的结果。

2. 编写程序，输入两个实数，输出这两个实数及其大小关系。

3. 编写程序证明德・摩根定律，即 !(P&&Q)=!P||!Q；!(P||Q)=!P&&!Q。

4. 使用位运算符实现 16 位无符号整数 0x389A 的循环右移 5 位和循环左移 12 位。

5. 使用位运算符实现 16 位无符号整数 0xA3D8 的第 3、5、7、9 位置位，第 4、8、12、16 清零，且同时第 1、6、10 位由原来的 0 变为 1 或由原来的 1 变为 0，输出变换后的整数。

6. 使用 if-else 结构编写程序，输入 x 和 p 的值，输出长度为 100 的状态序列，使用的公式为：

$$F(x)=\begin{cases}\dfrac{x}{p}, & x\in[0,p]\\ \dfrac{x-p}{0.5-p}, & x\in(p,0.5]\\ F(1-x,p), & x\in(0.5,1]\end{cases}$$

7. 已知 Fibonacci 序列满足下式：

$$\begin{cases}F_0=0\\ F_1=1\\ F_n=F_{n-1}+F_{n-2}, & n\geqslant 2\end{cases}$$

计算 $n=10$、20、30 时的 Fibonacci 数(使用 long 整型)。

8. 借助于 for 结构生成高为 5 行的杨辉三角形，即

```
                1
             1     1
          1     2     1
       1     3     3     1
    1     4     6     4     1
 1     5    10    10     5     1
```

9. 编写程序，分别使用 for 结构、while 结构和 do-while 结构生成九九乘法口诀表。

10. 设有二维数组 a[3][4]={1,2,3,4,5,6,7,8,9,10,11,12}，使用普通指针和指向二维数组的指针实现对数组 a 元素的输出，要求输出为 3 行 4 列的矩阵形式。

第4章

函　　数

函数是C++语言程序的基本功能单位，也是类的重要组成部分。一般地，认为C++语言的类是由数据和方法构成的，这里的"方法"即为函数。请注意，普通函数一般具有形式参数，而类的方法一般不具有形式参数(构造函数除外)，因为类的方法将使用类的数据成员，这样技术称为"封装"。本章将介绍普通函数的定义与实现方法。C++语言程序的执行入口main()函数就是一个普通函数，在main()函数中可调用其他函数，这些其他函数还可进一步调用更多的函数，从而实现所需的功能。与变量一样，函数也是先定义后使用。但习惯上，把main()函数放在程序的开头，所以，将函数的头部(添加分号)放在main()函数前(或放在main()函数内部中调用该函数的语句前)作为函数的声明；或者将函数的定义放入一个独立的头文件中。

本章的学习目标：

- 了解函数在程序设计中的作用
- 掌握函数的定义与调用方法
- 熟练掌握递归函数的应用与设计方法
- 学会借助函数指针调用函数

4.1　函数定义与调用

函数的定义形式如下：

```
返回值类型声明符　函数名(函数形式参数列表)
{
    函数体;
}
```

其中，"返回值类型声明符"可以为void(即无返回值)、int、double、char、结构体类型、指针类型和引用类型等；"函数名"和变量名的定义规则相同，必须是以字母或下画线开头、可包含字母、数字和下画线的字符串；"函数形式参数列表"为形如"int a,int b"之类的参数列表，这里"int a,int b"表示有两个整型参数。

函数的调用形式为：函数名(函数实际参数)。这里的"函数实际参数"(也称为实参)的个数必须与函数形式参数(也称为形参)的个数相同，且变量类型要对应相同(或通过类型转换为相同的类型)。

4.1.1　函数用法

函数对应结构化编程的功能模块。下面编写输出圆的面积和周长的函数，如程序段 4-1 所示。

程序段 4-1　函数的基本用法实例

视频讲解

```
1    #include <iostream>
2    using namespace std;
3    auto Area(double r)
4    {
5      double res;
6      res = 3.14 * r * r;
7      return res;
8    }
9
10   double Perimeter(double r = 1.0);
11
12   int main()
13   {
14     double r;
15     cout << "Input the radius: ";
16     cin >> r;
17     double a, p;
18     a = Area(r);
19     p = Perimeter();
20     cout << "Area: " << a << ", Perimeter: " << p << endl;
21   }
22
23   double Perimeter(double r)
24   {
25     double res;
26     res = 2.0 * 3.14 * r;
27     return res;
28   }
```

在程序段 4-1 中，第 3～8 行定义了函数 Area()，具有一个形式参数“double r”和一个 auto 类型的返回值。当函数使用 auto 类型的返回值时，函数将根据函数内部的 return 语句自动设定返回值的类型。但是函数返回值使用了 auto 类型，必须将函数的定义放在调用它的函数前。第 5 行的语句“double res;”定义双精度浮点型变量 res；第 6 行的语句“res=3.14 * r * r;”由半径 r(形式参数 r)计算圆的面积，结构保存在 res 变量中；第 7 行的语句“return res;”退出函数 Area()并将 res 作为函数的值返回。如果函数的返回值类型为 void，可以使用语句“return;”或不使用 return 语句。

第 10 行的语句“double Perimeter(double r=1.0);”为函数 Perimeter()的声明，函数的声明可认为是函数头部添加分号组成，其中，参数名称可省略。这里，为形式参数 r 赋予了默认值 1。在函数声明中给函数形式参数赋予了默认值后，函数定义中不能再赋默认值。

第 12～21 行为 main()函数，第 14 行的语句“double r;”定义双精度浮点型变量 r，这里变量 r 的作用域为自第 14 行开始至第 21 行结束，称为 main()函数的局部变量，和 Area()

函数以及 Perimeter()函数中的形参 r 无关。第 15 行的语句“cout << "Input the radius: ";”输出提示信息“Input the radius:”。第 16 行的语句“cin >> r;”输入变量 r 的值。第 17 行的语句“double a,p;”定义双精度浮点型变量 a 和 p。第 18 行的语句“a=Area(r);”调用函数 Area(),赋给实参 r,Area 函数的返回值赋给 a。第 19 行的语句“p=Perimeter();”调用函数 Perimeter(),参数表为空,表示使用默认的参数值 1.0,函数 Perimeter()的返回值赋给 p。第 20 行的语句“cout << "Area: " << a << ",Perimeter: " << p << endl;”输出字符串"Area: "、a 的值、字符串",Perimeter: "、p 的值。

第 23～28 行为函数 Perimeter(),具有一个形式参数,表示为“double r”;返回值为 double。第 24～28 行为函数 Perimeter()的实现部分(或称函数体),第 25 行的语句“double res;”定义双精度浮点型变量 res,这个变量 res 的作用域为自第 25 行开始至第 28 行结束,是函数 Perimeter()的局部变量,与函数 Area()中的 res 无关。第 26 行的语句“res=2.0 * 3.14 * r;”根据半径 r(形参 r)计算圆的周长,结果赋给 res。第 27 行的语句“return res;”退出函数 Perimeter(),并将 res 的值作为函数值返回给调用 Perimeter()的函数(中的变量)。

程序段 4-1 的执行结果如图 4-1 所示。

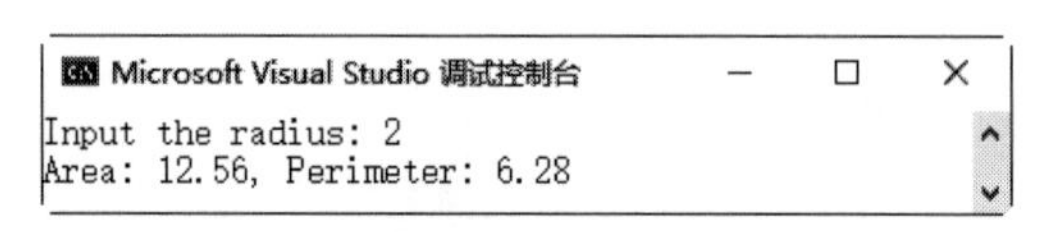

图 4-1　程序段 4-1 的执行结果

在为函数形式参数赋默认值时,需要注意,若形式参数有多个,则赋予了默认值的参数必须为参数列表中没有默认值的参数右边的参数,例如,“int　Function(int i,int j=3,int k)”是错误的,赋予了默认值的参数 j 右边还有一个没有默认值的参数 k,故是错误的。

习惯上,将函数的定义(包括函数体)放在一个单独的头文件中,在主程序文件中使用“#include "自定义头文件"”的方式将函数的定义包括到主程序中,可以在 main()函数中使用这个“自定义头文件”中定义的各个函数。

此外,函数在定义时,并不为其形式参数分配存储空间。只是在函数被调用时,才为“形式参数”分配存储空间。这里的“形式参数”和“实际参数”各占有独立的存储空间,因此,函数的参数是“传值型”的,即“实际参数”将值传递给“形式参数”,“形式参数”(无论是否与实际参数同名,形式参数与实际参数是互相独立的)参与到函数运算中。一般地,函数的返回值只能是一个。使函数返回多个值的方法有 3 种:

(1) 可以通过返回指针的方式,返回一个存储多个计算结果的首地址;

(2) 用指针作为形式参数,因为作为“实际参数”的指针传递给“形式参数”时,“形式参数”的指针将与“实际参数”的指针指向同一地址,这样在函数中,对“形式参数”指向的地址所存储的变量的改变,可以使用函数外部的“实际参数”的指针访问;

(3) 使用引用作为形式参数,这样的形式参数只是实际参数的别名,本质上是同一个参数,故而函数内部形式参数的值的变化,将会直接反映为实际参数的变化。

程序段 4-2 进一步介绍了函数的用法。在程序段 4-2 中,有两个文件 main.cpp 和 main.h,这两个文件必须位于同一个项目中,可参考 1.2.1 节介绍的方法进行调试执行。

程序段 4-2　函数的用法实例

(1) 主程序文件 main. cpp

```
1    #include <iostream>
2    #include "main.h"
3    using namespace std;
4
5    int main()
6    {
7      double r = 3.0;
8      double area, perimeter;
9      circle(area, perimeter, 3.0);
10     cout << "Area = " << area << ", Perimeter = " << perimeter << endl;
11
12     int a = 3, b = 8;
13     cout << "a = " << a << ", b = " << b << endl;
14     swap1(a, b);
15     cout << "a = " << a << ", b = " << b << endl;
16     swap2(&a, &b);
17     cout << "a = " << a << ", b = " << b << endl;
18     swap3(a, b);
19     cout << "a = " << a << ", b = " << b << endl;
20   }
```

(2)头文件 main. h

```
21    #pragma once
22    void circle(double& area, double& peri, double r = 1.0)
23    {
24     area = 3.14 * r * r;
25     peri = 2.0 * 3.14 * r;
26   }
27
28   void swap1(int a, int b)
29   {
30     int t;
31     t = a;
32     a = b;
33     b = t;
34   }
35
36   void swap2(int * a, int * b)
37   {
38     int t;
39     t = *a;
40     *a = *b;
41     *b = t;
42   }
43
44   void swap3(int& a, int& b)
45   {
```

```
46      int t;
47      t = a;
48      a = b;
49      b = t;
50    }
```

在主程序文件 main. cpp 中,第 2 行的预编译指令"#include "main. h""将自定义的头文件 main. h 包括到主程序中,该头文件中定义的函数可以被主程序中的程序调用。

在 main()函数中,第 7 行的语句"double r=3.0;"定义了一个双精度浮点型变量 r,并赋初值 3.0。

第 8 行的语句"double area, perimeter;"定义了两个双精度浮点型变量 area 和 perimeter,分别用于保存圆的面积和周长。

第 9 行的语句"circle(area,perimeter,3.0);"调用函数 circle,将实参 area、perimeter 和 3.0 传送给该函数,由于 circle()函数中前两个参数使用了引用,故这里的实参 area 与 perimeter 分别和它们对应的形参是同一个变量,最后的计算结果保存在 area 与 perimeter 中,即 area 和 perimeter 分别保存了函数 circle()中计算得到的圆的面积和周长。

第 10 行的语句"cout << "Area=" << area << ",Perimeter=" << perimeter << endl;"输出字符串"Area="、area 的值、字符串",Perimeter="和 perimeter 的值。

第 12 行的语句"int a=3,b=8;"定义了两个整型变量 a 和 b,并分别赋初值 3 和 8。

第 13 行的语句"cout << "a=" << a << ",b=" << b << endl;"输出字符串"a="、a 的值、字符串",b="和 b 的值。

第 14 行的语句"swap1(a,b);"调用 swap1 函数,将 a 和 b 作为函数的实参。

第 15 行的语句"cout << "a=" << a << ",b=" << b << endl;"输出字符串"a="、a 的值、字符串",b="和 b 的值。

第 16 行的语句"swap2(&a,&b);"调用函数 swap2,将 a 的地址和 b 的地址作为实参。

第 17 行的语句"cout << "a=" << a << ",b=" << b << endl;"输出字符串"a="、a 的值、字符串",b="和 b 的值。

第 18 行的语句"swap3(a,b);"调用函数 swap3,将 a 和 b 作为函数的实参。

第 19 行的语句"cout << "a=" << a << ",b=" << b << endl;"输出字符串"a="、a 的值、字符串",b="和 b 的值。

在头文件 main. h 中,第 21 行的预编译指令"#pragma once"表示该头文件仅被包括一次,这条预编译指令避免了一个头文件被同一个工程中的多个源文件使用时多次包括。

第 22~26 行为函数 circle(),其返回值为空(void),具有 3 个双精度浮点型的参数 area、peri 和 r,其中,area 和 peri 被定义为引用类型,即作为实际参数的引用(别名),通过这两个引用参数,两个实参可以"穿透"到函数内部参与运算,同时,还可从函数内部"穿透"出来至调用该函数的函数中。这种方式实现了从被用的函数中"返回"多个计算结果的能力。第 24 行的语句"area=3.14 * r * r;"由半径 r 计算圆的面积,赋给变量 area;第 25 行的语句"peri=2.0 * 3.14 * r;"由半径 r 计算圆的周长,赋给变量 peri。

第 28~34 行为 swap1()函数;第 36~42 行为 swap2()函数;第 44~50 行为 swap3()函数。这 3 个函数均拟实现两个整数变量的数值交换操作。由第 14 行、第 16 行和第 18 行以及图 4-2 的输出结果可知,函数 swap1 不起作用,而函数 swap2()和 swap3()均可实现两个整型变量的数值交换。

对于第 28～34 行的 swap1()函数，在第 14 行调用函数 swap1()时，将实参 a 和 b 的值赋给形参 a 和 b，此时，swap1()函数将临时创建两个存储空间保存形式参数 a 和 b，尽管形参 a、b 与实参 a、b 是同名的，但是占有不同的存储空间。在 swap1()函数内部，即第 30～33 行的确实现了形参 a 和 b 的数值互换，但是这不影响实参 a 和 b 的值。因此，主函数 main()中的变量 a 和 b 没有受到 swap1()中同名的局部变量(形参)a 和 b 的影响，故第 15 行输出 a 和 b 的值时，与第 13 行的输出结果相同，即 a 和 b 的值均保持不变。

第 36～42 行的 swap2()函数，使用指针作为函数参数，在 main()函数第 16 行调用 swap2()时，将实参 a 和 b 的地址传递给 swap2()函数的形参，这时，形参(函数 swap2()被调用时临时开辟的独立的存储空间上的)指针指向实参的地址，在 swap2()函数内部，第 39～41 行中，*a 为形参指针 a 指向的地址中的值，对于本程序而言，为 main()函数中的局部变量 a(与指针同名而已)的值；而 *b 为形参指针 b 指向的地址中的值，对于本程序而言，为 main()函数中的局部变量 b(与指针同名而已)的值。从而第 38～41 行实现了 main()函数中的两个局部变量 a 和 b 的值的交换。

第 44～50 行的 swap3()函数，形式参数使用了引用，在 main()函数的第 18 行调用 swap3()时，由于使用了引用，故 swap3()函数不会为形式开辟临时的存储空间，而是直接使用实参参与 swap3 函数的运算。这样第 46～49 行就实现了 main()函数中局部变量 a 和 b 的数值交换。

程序段 4-2 的执行结果如图 4-2 所示。

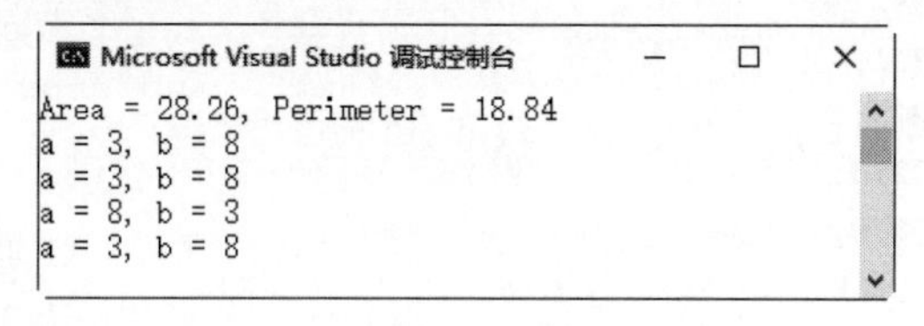

图 4-2 程序段 4-2 的执行结果

4.1.2 函数重载

C++语言允许同名不同参的函数共存，这些函数称为重载的函数，具有以下特点：

(1) 函数的名称完全相同；

(2) 函数的参数个数不同，或者函数的参数类型不同。

程序段 4-3 给出了函数重载的典型实例，实现了不同类型数据的加法运算。

程序段 4-3 函数重载典型实例

视频讲解

(1) 头文件 main. h

```
1     #pragma once
2     int add(int a, int b)
3     {
4       return a + b;
5     }
6     double add(double a, double b)
7     {
```

```
8       return a + b;
9     }
10    struct complex
11    {
12      double real;
13      double imag;
14    };
15    complex add(complex a, complex b)
16    {
17      complex c;
18      c.real = a.real + b.real;
19      c.imag = a.imag + b.imag;
20      return c;
21    }
```

(2)主程序文件 main. cpp

```
22    #include <iostream>
23    #include "main.h"
24    using namespace std;
25
26    int main()
27    {
28      int a1 = 3, b1 = 5, c1;
29      double a2 = 10.1, b2 = 29.3, c2;
30      complex a3, b3, c3;
31      a3.real = 19.1;
32      a3.imag = 22.5;
33      b3.real = 192.3;
34      b3.imag = 206.8;
35      c1 = add(a1, b1);
36      c2 = add(a2, b2);
37      c3 = add(a3, b3);
38      cout << a1 << " + " << b1 << " = " << c1 << endl;
39      cout << a2 << " + " << b2 << " = " << c2 << endl;
40      cout << "(" << a3.real << "," << a3.imag << ") + (" <<
41          b3.real << "," << b3.imag << ") = (" <<
42          c3.real << "," << c3.imag << ")" << endl;
43    }
```

在头文件 main. h 中,定义了 3 个 add()函数,这 3 个函数具有相同的函数名,但是具有不同的参数类型。

第 2~5 行为实现两个整数相加的 add()函数,具有两个整型参数 a 和 b。第 4 行的语句“return a+b;”返回 a 与 b 的和。

第 6~9 行为实现两个双精度浮点数相加的 add()函数,具有两个双精度浮点型变量 a 和 b。第 8 行的语句“return a+b;”返回 a 与 b 的和。

第 10~14 行定义结构体类型 complex,用于表示复数类型,具有两个双精度浮点型成员 real 和 imag。

第 15~21 行为实现两个复数相加的 add()函数,具有两个 complex 结构体类型的变量

a和b。第17行的语句“complex c;”定义complex类型的局部变量c；第18行的语句“c.real=a.real+b.real;”将复数变量a的“实部”和b的“实部”的和赋给c的“实部”；第19行的语句“c.imag=a.imag+b.imag;”将复数变量a的“虚部”和b的“虚部”的和赋给c的“虚部”；第20行的语句“return c;”退出函数并返回复数c。

在主程序文件main.c的main()函数中，第28行的语句“int a1=3,b1=5,c1;”定义整型变量a1、b1、c1，并给a1赋初值3，给b1赋初值5。

第29行的语句“double a2=10.1,b2=29.3,c2;”定义双精度浮点型变量a2、b2、c2，并给a2赋初值10.1，给b2赋初值29.3。

第30行的语句“complex a3,b3,c3”定义complex型变量a3、b3、c3。第31～32行给a3的“实部”和“虚部”分别赋值；第33～34行给b3的“实部”和“虚部”分别赋值。

第35行的语句“c1=add(a1,b1);”调用add()函数实现a1与b1的加法运算，函数的返回值赋给c1。

第36行的语句“c2=add(a2,b2);”调用add()函数实现a2与b2的加法运算，函数的返回值赋给c2。

第37行的语句“c3=add(a3,b3);”调用add()函数实现a3与b3的加法运算，函数的返回值赋给c3。

上述第35～37行的3个add()函数互不相同，按照参数的类型自动选择(或称适配)相应的函数，这3个函数因为函数相同但参数不同(这里是参数类型不同)被称为重载的函数。

第38～42行的语句用于输出上述3个加法运算的结果，如图4-3所示。

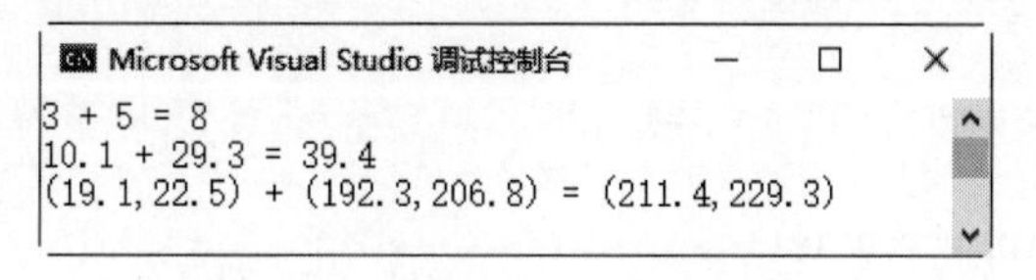

图4-3　程序段4-3的执行结果

需要注意，重载的函数必须参数个数不同，或者参数类型不同，或者参数个数和类型均不同；参数相同但返回值不同的同名函数不能构成重载，在C++语言中是不合法的。

4.2　函数与指针

指针可作为函数的参数，用于传递变量的地址，这种工作方式称为实际参数向形式参数的传址方式，这时形式参数和实际参数指向相同的地址。指针还可以指向函数的地址，借助指向函数地址的指针可实现函数的调用。

4.2.1　指针作为函数的参数

指针作为函数的参数，将向函数的形式参数传递一个地址，从而形式参数和实际参数指向相同的地址，这样，在函数内部对形式参数所指向的地址空间的内容的改变，可通过实际参数在被调用函数的外部使用。

下面通过一维数组的排序和二维矩阵的转置两个实例介绍指针作为函数参数的用法。其中，程序段4-4实现了一维数组元素的升序排列；程序段4-5实现了二维矩阵的转置处理，即矩阵原来的行变为新矩阵的列，例如，矩阵原来的第一行变为新矩阵的第一列，原矩阵的第二行变为新矩阵的第二列，以此类推，原矩阵的最后一行变为新矩阵的最后一列。

视频讲解

程序段 4-4　一维数组的排序实例

```
1    #include <iostream>
2    using namespace std;
3
4    void sort(int * p, int len);
5    int main()
6    {
7      int a[10] = { 31,10,2,9,12,83,101,36,28,18 };
8      cout << "Original array a: " << endl;
9      for (auto e : a)
10         cout << e << " ";
11     cout << endl;
12     sort(a, 10);
13     cout << "Sorted array: " << endl;
14     for (auto e : a)
15         cout << e << " ";
16     cout << endl;
17   }
18
19   void sort(int * p, int len)
20 {
21     for (int i = 0; i < len - 1; i++)
22     {
23         for (int j = i + 1; j < len; j++)
24         {
25             if (p[i] > p[j])
26             {
27                 int t = p[i];
28                 p[i] = p[j];
29                 p[j] = t;
30             }
31         }
32     }
33   }
```

在程序段 4-4 中，第 4 行的语句“void sort(int * p,int len);”为函数 sort()的声明，在声明中函数的参数名可以省略，即这里的函数声明可以写作“void sort(int * ,int);”。

在 main()函数中，第 7 行的语句“int a[10]={ 31,10,2,9,12,83,101,36,28,18 };”定义一维整型数组 a，并用列表“{ 31,10,2,9,12,83,101,36,28,18 }”初始化数组 a。

第 8 行的语句“cout << "Original array a: " << endl;”输出提示信息“Original array a:”。

第 9 行和第 10 行为 foreach 结构，输出数组 a 的各个元素。

第 11 行的语句“cout << endl;”输出一个回车换行。

第 12 行的语句“sort(a,10);”调用 sort()函数，两个实参分别为数组 a 和数组长度 10。由于 a 为一维数组，这里的实参 a 传递的是数组 a 的首地址。该语句也可以写为“sort(&a[0],10);”。

第 13 行的语句“cout << "Sorted array：" << endl;”输出提示信息“Sorted array：”。

第 14 行和第 15 行为一个 foreach 结构，输出数组 a 的各个元素，这里输出的是排好序的数组 a 的各个元素。

第 16 行的语句“cout << endl;”输出一个回车换行。

第 19～33 行为函数 sort()的定义和实现部分。第 19 行的语句“void sort(int * p,int len)”为函数头，函数名为 sort，返回值为空(即 void)或称无返回值，形式参数有两个，其一为指向整型变量的指针 p，其二为表示 p 指向的地址空间中包含整型数据的个数 len。

第 21～32 行为一个两级嵌套 for 结构，用于对 p 指向的空间的整型数据进行排序，这里使用了形式“p[i]”表示第 i 个整型数据，也可以写作“ *(p+i)”。这个嵌套 for 结构排序的思想为：先找到最小的数并放在第 0 个位置，然后，找剩下的数据中最小的值并放入第 1 个位置，以此类推，直到完成所有的查找和排序。

程序段 4-4 的执行结果如图 4-4 所示，由图 4-4 可知，实现了对数组 a 中元素从小到大的排序。

图 4-4 程序段 4-4 的执行结果

程序段 4-5 二维矩阵的转置实例

视频讲解

```
1    #include <iostream>
2    #include <iomanip>
3    using namespace std;
4
5    void transpose(int * p, int m, int n, int * q);
6    int main()
7    {
8      int a[3][4] = { 1,2,3,4,5,6,7,8,9,10,11,12 };
9      int b[4][3];
10     cout << "Original matrix a: " << endl;
11     for (int i = 0; i < 3; i++)
12     {
13         for (int j = 0; j < 4; j++)
14             cout << setw(7) << a[i][j];
15         cout << endl;
16     }
17     cout << endl;
18     transpose(&a[0][0], 3, 4, &b[0][0]);
19     cout << "Transposed matrix: " << endl;
20     for (int i = 0; i < 4; i++)
21     {
22         for (int j = 0; j < 3; j++)
23             cout << setw(7) << b[i][j];
```

```
24          cout << endl;
25      }
26  }
27
28  void transpose(int * p, int m, int n, int * q)
29  {
30      for (int i = 0; i < m; i++)
31      {
32          for (int j = 0; j < n; j++)
33          {
34              q[j * m + i] = p[i * n + j];
35          }
36      }
37  }
```

在程序段 4-5 中,第 5 行的代码"void transpose(int * p,int m,int n,int * q);"为函数 transpose 的声明,各个形式的含义依次为:指向矩阵首地址的指针 p、原矩阵的行数 m、原矩阵的列数 n、指向转置后的矩阵的首地址的指针 q。

在 main()函数中,第 8 行的语句"int a[3][4]={ 1,2,3,4,5,6,7,8,9,10,11,12 };"定义一个二维整型数组 a,并用列表"{ 1,2,3,4,5,6,7,8,9,10,11,12 }"初始化 a,数组 a 为一个 3 行 4 列的矩阵。

第 9 行的语句"int b[4][3];"定义一个二维整型数组 b,为具有 4 行 3 列的矩阵。

第 10 行的语句"cout << "Original matrix a: " << endl;"输出提示信息"Original matrix a:"。

第 11~16 行为一个两级嵌套 for 结构,按行输出矩阵 a 的各个元素。

第 17 行的语句"cout << endl;"输出一个回车换行。

第 18 行的语句"transpose(&a[0][0],3,4,&b[0][0]);"调用 transpose 函数,四个实参依次为二维数组 a 的首地址(这里使用了 a[0][0]的地址)、数组 a 的行数 3、数组 a 的列数 4、二维数组 b 的首地址(这里使用了 b[0][0]的地址)。

第 19 行的语句"cout << "Transposed matrix: " << endl;"输出提示信息"Transposed matrix:"。

第 20~26 行为一个两级嵌套 for 结构,按行输出二维数组 b 的各个元素。

第 28~37 行为函数 transpose 的定义和实现部分。第 28 行的"void transpose(int * p, int m,int n,int * q)"为函数头部,函数无返回值,4 个形参依次表示指向二维数组首地址的指针 p、二维数组的行数 m、二维数组的列数 n 和指向二维数组首地址的指针 q。由于二维数组名是一种指针二维数组的(指针)地址形式,当将二维数组的首地址传递给 p 时,不能直接使用二维数组名,而是使用二维数组的第一个元素的地址,如第 18 行所示。

第 30~36 行为两级嵌套 for 结构,将 m 行 n 列的矩阵 p 转置后赋给 n 行 m 列的矩阵 q,即将矩阵 p 的第 i 行第 j 列的元素赋给矩阵 q 的第 j 行第 i 列。这里矩阵 p 的第 i 行第 j 列的元素使用了形式"p[i * n+j]"表示,也可以使用" * (p+i * n+j)"表示。

程序段 4-5 的执行结果如图 4-5 所示。

```
Microsoft Visual Studio 调试控制台
Original matrix a:
      1       2       3       4
      5       6       7       8
      9      10      11      12

Transposed matrix:
      1       5       9
      2       6      10
      3       7      11
      4       8      12
```

图 4-5　程序段 4-5 的执行结果

在程序段 4-5 的函数 transpose 中，之所以可以将二维数组转化为一维数组进行处理(使用 int * 类型的指针 p 来处理)，是因为二维数组(乃至高维数组)在 C++语言中均使用连续的存储空间保存，存储的规律可理解为：先将高维数组展开为一维数组，再存储这个一维数组。这里以三维数组 array[3][4][5]为例介绍三维数组 array 展开为一维数组 bray[60]的方法为：bray[i * 20+j * 5+k]=array[i][j][k]，i 为 0～2，j 为 0～3，k 为 0～4。

4.2.2　指向函数的指针

函数的声明方式为：变量类型声明符　函数名(函数参数列表)。只需要把函数的声明方式中的"函数名"改为"(* 指针名)"，就得到一个指向这种类型函数的指针。例如，设函数的声明为：int max(int a,int b)，则"int (* fun)(int,int)"为可指向这个函数的指针，同时，该指针可指向返回值为整型且具有两个整型参数的一类函数。此时，令"fun=max;"，则可以借助 fun()调用 max()函数，即"fun(x,y)"和"max(x,y)"等价(这里，x 和 y 均为整数)。此外，指向函数的指针可以作为函数的参数。

下面的程序段 4-6 介绍了指向函数的指针的用法。

视频讲解

程序段 4-6　指向函数的指针的实例

```
1    #include < iostream >
2    using namespace std;
3
4    int max(int a, int b);
5    int min(int a, int b);
6    int maxmin(int ( * fn)(int, int), int a, int b);
7
8    int main()
9    {
10       int ( * fun)(int, int);
11       int x = 19, y = 23;
12       fun = max;
13       cout << "The larger value is: " << fun(x, y) << endl;
14       fun = min;
15       cout << "The smaller value is: " << fun(x, y) << endl;
16       cout << endl;
17       cout << "The larger value is: " << maxmin(max, x, y) << endl;
18       cout << "The smaller value is: " << maxmin(min, x, y) << endl;
19   }
```

```
20
21  int max(int a, int b)
22  {
23    return (a > b) ? a : b;
24  }
25
26  int min(int a, int b)
27  {
28    return (a < b) ? a : b;
29  }
30
31  int maxmin(int ( * fn)(int, int), int a, int b)
32  {
33    int c;
34    c = fn(a, b);
35    return c;
36  }
```

在程序段 4-6 中，第 4～6 行依次为函数 max()、min()和 maxmin()的声明。

在 main()函数中，第 10 行的语句"int (* fun)(int,int);"定义了一个指向函数的指针 fun，该指针可指向返回值为整型且具有两个整型参数的一类函数。

第 11 行的语句"int x=19,y=23;"定义两个整型变量 x 和 y，分别赋初值 19 和 23。

第 12 行的语句"fun=max;"将指针 fun 指向函数 max()。

第 13 行的语句"cout << "The larger value is: " << fun(x,y) << endl;"输出提示信息"The larger value is: "并借助指针 fun 调用函数 fun(x,y)得到 x 和 y 中的较大者。

第 14 行的语句"fun=min;"将指针 fun 指向函数 min()。

第 15 行的语句"cout << " The smaller value is: " << fun(x,y) << endl;"输出提示信息"The smaller value is:"并借助指针 fun 调用函数 fun(x,y)得到 x 和 y 中的较小者。

第 16 行的语句"cout << endl;"输出一个回车换行。

第 17 行的语句"cout << "The larger value is: " << maxmin(max,x,y) << endl;" 输出提示信息"The larger value is: "并调用函数 maxmin()得到 x 和 y 中的较大者。

第 18 行的语句"cout << "The smaller value is: " << maxmin(min,x,y) << endl;" 输出提示信息"The smaller value is:"并调用函数 maxmin()得到 x 和 y 中的较小者。

第 21～24 行为 max()函数，具有两个整型形式参数 a 和 b，第 23 行的语句"return (a > b) ? a : b;"退出函数并返回 a 与 b 中的较大者。

第 26～29 行为 min()函数，具有两个整型形式参数 a 和 b，第 28 行的语句"return (a < b) ? a : b;"退出函数并返回 a 与 b 中的较小者。

第 31～36 行为 maxmin()函数，该函数具有 3 个形式参数：第一个形式参数为函数指针 fn，可指向返回值为整型且具有两个整型参数的一类函数；第二和第三个形式参数依次为整型变量 a 和 b。第 33 行的语句"int c;"定义整型变量 c。第 34 行的语句"c=fn(a,b);"借助指向函数的指针调用函数 fn()，函数的返回值赋给变量 c。第 35 行的语句"return c;"退出函数 maxmin()并将 c 作为返回值。

程序段 4-6 的执行结果如图 4-6 所示。

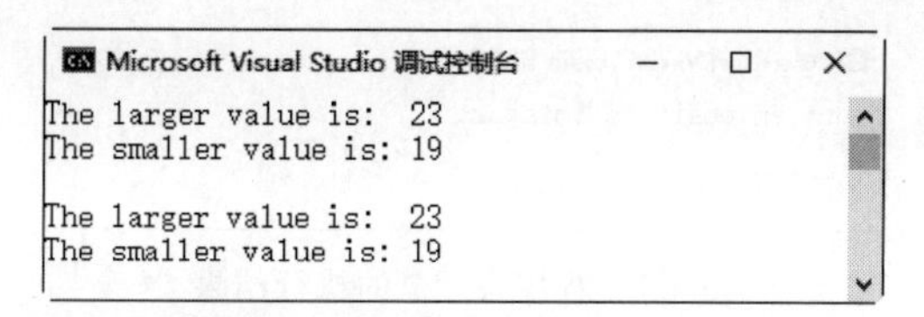

图 4-6　程序段 4-6 的执行结果

4.3　递归函数

C++语言支持递归函数。所谓递归函数是指可以调用自身的函数。下面以求阶乘的程序为例介绍递归函数的用法，阶乘的定义为：n! =n×(n−1) ×…×2×1=n × (n−1)!。

程序段 4-7　实现阶乘的递归函数

视频讲解

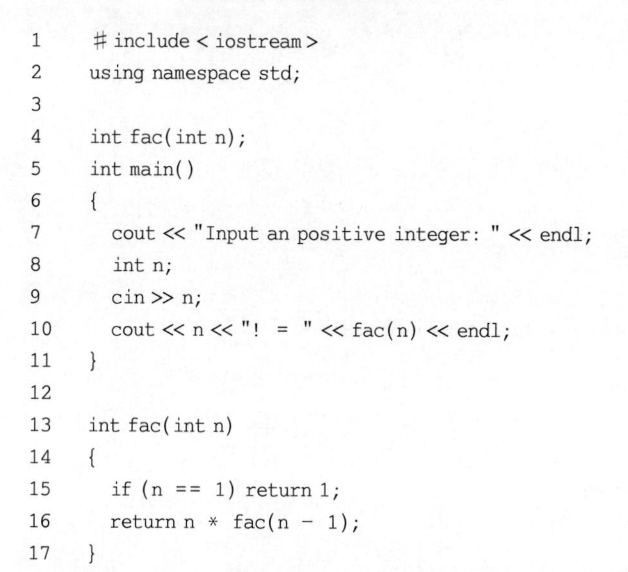

```
1   #include <iostream>
2   using namespace std;
3
4   int fac(int n);
5   int main()
6   {
7     cout << "Input an positive integer: " << endl;
8     int n;
9     cin >> n;
10    cout << n << "! = " << fac(n) << endl;
11  }
12
13  int fac(int n)
14  {
15    if (n == 1) return 1;
16    return n * fac(n - 1);
17  }
```

在程序段 4-7 中，第 4 行的语句“int fac(int n);”为函数 fac()的声明。

在 main()函数中，第 7 行的语句“cout << "Input an positive integer: " << endl;”输出提示信息“Input an positive integer:”。

第 8 行的语句“int n;”定义整型变量 n。

第 9 行的语句“cin >> n;”输入整型变量 n 的值。

第 10 行的语句“cout << n << "! =" << fac(n) << endl;”输出 n! 的值。

第 13～17 行为 fac()函数，具有一个整型形式参数 n，返回整型值。第 15 行的语句“if (n ==1) return 1;”表示如果 n 等于 1，则返回 1。第 16 行的语句“return n * fac(n−1);”返回 n 乘以 fac(n−1)的值。这里的 fac()函数中调用了 fac()函数本身，这种方式称为递归调用，fac()函数称为递归函数。

程序段 4-7 的执行结果如图 4-7 所示。

递归函数的设计要点如下：

(1) 设计终止条件。例如，程序段 4-7 中的求阶乘函数 fac()，其终止条件为 n 等于 1

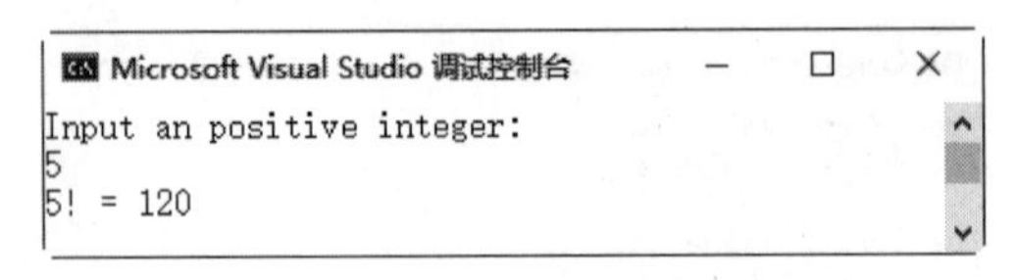

图 4-7　程序段 4-7 的执行结果

时，返回 1，表达成 C++语句为“if (n ==1) return 1;”。

(2) 设计递归调用。例如，在程序段 4-7 中，求阶乘的递归调用为“return n * fac(n−1);”，即返回递归调用后的值。

下面的程序段 4-8 使用递归函数实现求 Fibonacci 数。Fibonacci 数的规律为：

$$\begin{cases} F_1 = F_2 = 1 \\ F_n = F_{n-1} + F_{n-2}, \quad n > 2 \end{cases}$$

视频讲解

程序段 4-8　利用递归函数求 Fibonacci 数的第 n 项

```
1    #include <iostream>
2    using namespace std;
3
4    int fib(int n);
5    int main()
6    {
7      cout << "Input the number of item: ";
8      int n;
9      cin >> n;
10     cout << "Fibonacci(" << n << ") = " << fib(n) << endl;
11   }
12
13   int fib(int n)
14   {
15     if (n == 1 || n == 2) return 1;
16     return fib(n - 1) + fib(n - 2);
17   }
```

在程序段 4-8 中，第 4 行的语句“int fib(int n);”为函数 fib 的声明。

在 main 函数中，第 7 行的语句“cout << "Input the number of item: ";”输出提示信息“Input the number of item:”。

第 8 行的语句“int n;”定义整型变量 n。

第 9 行的语句“cin >> n;”输入整型变量 n 的值。

第 10 行的语句“cout << "Fibonacci(" << n << ")=" << fib(n) << endl;”输出 Fibonacci 数第 n 项的值 fib(n)。

第 13～17 行为递归函数 fib，具有一个整型形式参数 n，返回一个整型值。第 15 行的语句“if (n ==1 || n ==2) return 1;”为终止条件，当 n 等于 1 或 2 时返回 1。第 16 行的语句“return fib(n−1)+fib(n−2);”为递归调用，返回 fib(n−1)与 fib(n−2)的和。

程序段 4-8 的执行结果如图 4-8 所示。

递归函数可以求解排列组合问题。例如，从 n 个人中随机选取 k 个人的组合数为

$$C_n^k = C_{n-1}^{k-1} + C_{n-1}^k$$

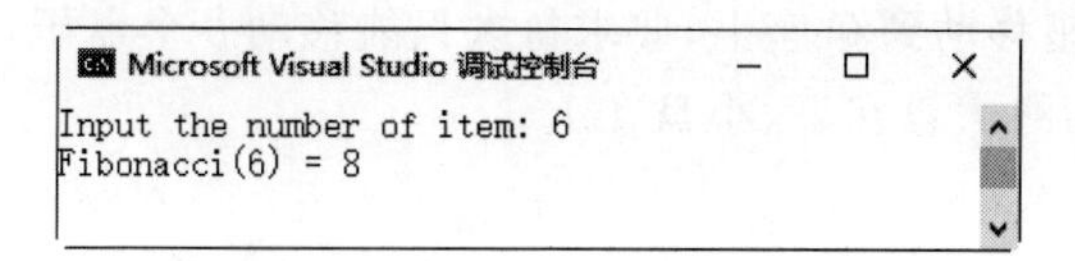

图 4-8　程序段 4-8 的执行结果

用递归函数实现时,其终止条件为:当 $k=0$ 或 $k=n$ 时,返回 1。下面的程序段 4-9 实现了上述求组合数问题。

程序段 4-9　求组合数的递归函数实例

视频讲解

```
1    #include <iostream>
2    using namespace std;
3
4    int com(int n, int k);
5    int main()
6    {
7      cout << "Input n and k(0<=k<=n): ";
8      int n, k;
9      cin >> n >> k;
10     cout << "C(" << n << "," << k << ") = " << com(n, k) << endl;
11   }
12
13   int com(int n, int k)
14   {
15     if (k == 0 || k == n) return 1;
16     return com(n - 1, k) + com(n - 1, k - 1);
17   }
```

在程序段 4-9 中,第 4 行的语句“int com(int n,int k);”为 com()函数的声明。

在 main()函数中,第 7 行的语句“cout << "Input n and k(0<=k<=n): ";”输出提示信息“Input n and k(0<=k<=n):”。

第 8 行的语句“int n,k;”定义整型变量 n 和 k。

第 9 行的语句“cin >> n >> k;”输入整型变量 n 和 k 的值。

第 10 行的语句“cout << "C(" << n << "," << k << ")=" << com(n,k) << endl;”输出组合数 com(n,k)的值。

第 13～17 行为函数 com()的定义与实现部分。第 15 行的语句“if (k ==0 || k ==n) return 1;”表示当 k 为 0 或 n 时,返回 1。第 16 行的语句“return com(n−1,k)+com(n−1,k−1);”返回 com(n−1,k)与 com(n−1,k−1)的和。

程序段 4-9 的执行结果如图 4-9 所示。

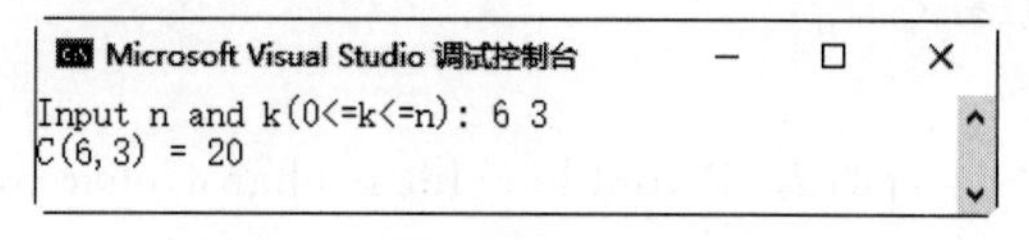

图 4-9　程序段 4-9 的执行结果

递归函数的经典实例为汉诺塔问题。如图 4-10 所示,有 A、B、C 三个台座,A 座上放置了 n 个盘子,这 n 个盘子大小互不相同,且从大至小向上依次堆叠。欲将 A 座上的这 n 个盘子从A座借助于B座移动到C座上，要求每次只能移动一个盘子，且移动过程中，A、B、C三个座上的盘子必须始终大盘在下、小盘在上。

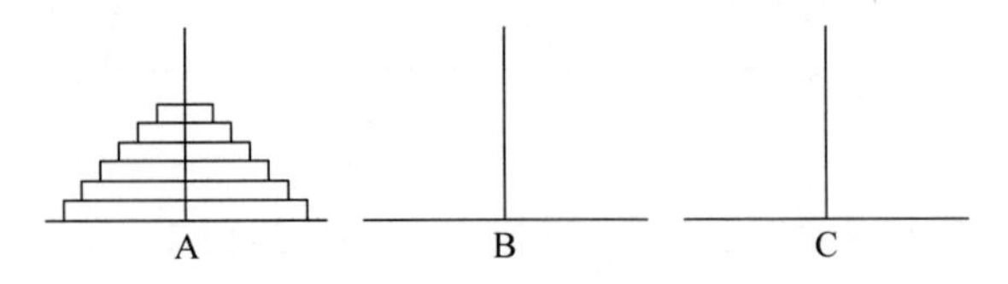

图 4-10 汉诺塔问题

汉诺塔问题的终止条件为：当A座上只有一个盘子时，将该盘从A座移动到C座。

汉诺塔问题的递归调用为：将A座上的n－1个盘借助于C座移动到B座；将A座上的第n个盘(最大的盘)从A座直接移动到C座；将B座上的n－1个盘借助于A座移到C座上。这样将具有n个盘的汉诺塔问题，转化为两个具有n－1个盘的汉诺塔问题，从而实现了递归调用。

下面的程序段4-10解决了汉诺塔问题。

程序段 4-10 递归函数实现汉诺塔问题

```
1    #include <iostream>
2    using namespace std;
3
4    void han(int n, char a, char b, char c);
5    int main()
6    {
7      cout << "Input the number of disks: ";
8      int n;
9      cin >> n;
10     han(n, 'A', 'B', 'C');
11   }
12
13   void han(int n,char a,char b, char c)
14   {
15     if (n == 1)
16     {
17         cout << a << " --> " << c << endl;
18         return;
19     }
20     han(n - 1, a, c, b);
21     cout << a << " --> " << c << endl;
22     han(n - 1, b, a, c);
23   }
```

在程序段4-10中，第4行的语句“void han(int n,char a,char b,char c);”为函数han()的声明。

在main()函数中，第7行的语句“cout << "Input the number of disks: ";”输出提示信息“Input the number of disks:”。

第8行的语句“int n;”定义整型变量n。

第 9 行的语句“cin >> n;”输入整型变量 n 的值，这里的 n 表示汉诺塔中盘子的个数。

第 10 行的语句“han(n,'A','B','C');”调用函数 han()解决汉诺塔问题。

第 13～23 行为函数“void han(int n,char a,char b,char c)”，返回值为空，4 个形式参数的含义依次为：n 对应汉诺塔中盘子的个数；变量 a、b、c 分别对应于图 4-10 中的 A、B、C。函数 han 表示将 n 个盘子从 A 座借助于 B 座移动到 C 座。

第 15～19 行为终止条件，当 n 为 1 时，将 A 座上的盘子移动到 C 座上。

第 20～22 行为递归调用，第 20 行的语句“han(n－1,a,c,b);”将 n－1 个盘子从 A 座借助于 C 座移动到 B 座上；第 21 行的语句“cout << a << " --> " << c << endl;”将 A 座上的盘子移动到 C 座上；第 22 行的语句“han(n－1,b,a,c);”将 n－1 个盘子从 B 座借助于 A 座移动到 C 座上。

程序段 4-10 的执行结果如图 4-11 所示。

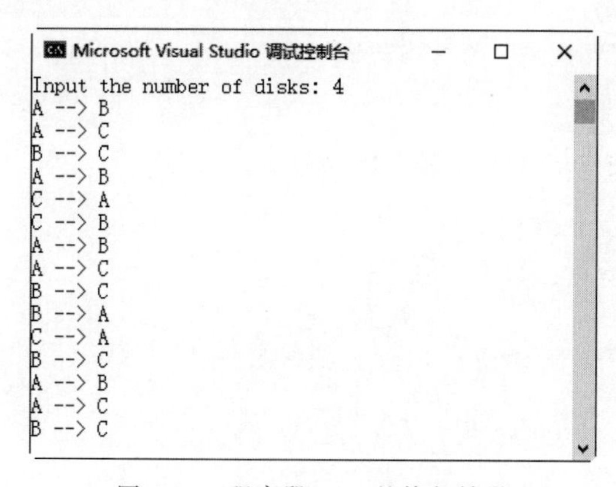

图 4-11　程序段 4-10 的执行结果

4.4　vector 动态数组

定义数组时需要指定长度的数组，称为静态数组，例如“int a[10];”中的数组 a，数组长度只能由常量指定。使用 new(和 delete)可以定义动态数组，即数组的长度可以由变量指定，但是数组一旦定义了，其长度也固定了，例如，“int n=3; int * p=new int[n];”。若想定义长度可变的动态数组，在 C++ 语言中，可以使用类模板 vector，其定义如下：

```
vector <元素类型>  数组名(数组长度)
```

这里的“数组长度”为初始数组长度，可以借助 push_back()方法向数组末尾添加新的元素，借助于 pop_back()方法从数组末尾删除一个元素，借助于 size()方法返回数组中元素的个数。

程序段 4-11 展示了 vector 数组的用法，并且 vector 数组可作为函数参数。

程序段 4-11　vector 动态数组的用法实例

视频讲解

```
1    # include < iostream >
2    # include < vector >
3    using namespace std;
```

```
4
5    int sum(vector < int > a);
6    int main()
7    {
8      int n = 3;
9      vector < int > a(n);
10     a[0] = 1;
11     a[1] = 2;
12     a[2] = 3;
13     a.push_back(4);
14     a.push_back(5);
15     cout << "The last element of a: " << a[a.size() - 1] << endl;
16     a.pop_back();
17     cout << "The last element of a: " << a[a.size() - 1] << endl;
18     int s = sum(a);
19     cout << "The sum of a: "<< s << endl;
20   }
21
22   int sum(vector < int > a)
23   {
24     int sum = 0;
25     for (auto e : a)
26     {
27         sum += e;
28     }
29     return sum;
30   }
```

在程序段4-11中，第2行“#include <vector>”将头文件vector包括到程序中，是因为vector动态数组需要该头文件。

第5行的语句“int sum(vector < int > a);”为函数sum()的声明，该函数具有一个vector < int >类型的参数。

在main函数中，第8行的语句“int n=3;”定义整型变量n，并赋初值3。

第9行的语句“vector < int > a(n);”定义vector < int >类型的变量a，具有n个元素。

第10～12行依次将数组a的元素a[0]、a[1]、a[2]赋值为1、2、3。

第13行的语句“a.push_back(4);”在数组a的末尾添加一个新元素4。

第14行的语句“a.push_back(5);”在数组a的末尾添加一个新元素5。

第15行的语句“cout << "The last element of a: " << a[a.size()−1] << endl;”输出提示信息“The last element of a:”和数组a的最后一个元素。其中，“a.size()”返回动态数组a中元素的个数(即动态数组a的长度)。

第16行的语句“a.pop_back();”将数组a的末尾一个元素删除。

第17行的语句“cout << "The last element of a: " << a[a.size()−1] << endl;”输出提示信息“The last element of a:”和数组a的最后一个元素。

第18行的语句“int s=sum(a);”定义整型变量s，并调用sum()函数，将sum()函数的返回值赋给变量s。sum()函数用于计算其实际参数a中元素的和。

第19行的语句“cout << "The sum of a: "<< s << endl;”输出提示信息“The sum of a:”和 s 的值。

第 22～30 行为 sum()函数。第 22 行的代码“int sum(vector<int> a)”为函数头部,函数 sum()返回值为整型,具有一个 vector <int>类型的形式参数 a。第 24 行的语句“int sum=0;”定义整型变量 sum 并赋初值 0。第 25～28 行为一个 foreach 结构,用于计算数组 a 中全部元素的和,和保存在 sum 中。第 29 行的语句“return sum;”返回 sum 的值。

4.5　本章小结

本章详细讨论了函数的定义与调用方法,阐述了函数的重载方法。然后,论述了指针作为函数的参数的用法,并分析了指向函数的指针的用法。接着,介绍了递归函数的设计方法。最后,讨论了 vector 动态数组及其作为函数参数的情况。函数是结构化程序设计的功能模块,在面向过程设计方法中起到了举足轻重的作用。

在面向对象的程序设计中,类封装了数据(即变量)和方法(即函数)。函数一般依附于对象,体现了对象特定的功能。类中的函数(即方法)不同于普通函数之处在于,类中的函数一般没有形式参数,而是直接使用类的数据成员(类在定义时,不为这些数据成员分配空间,故这些数据成员类似于形式参数)。第 5 章将深入介绍类与象。

习题

1. 定义一个函数 rect(),形式参数为长方形的宽 width 与高 height,返回长方形的面积 area。编写主程序,输入长方形的宽和高,然后调用 rect()函数,计算并输出长方形的面积。

2. 借助于引用类型的形式参数,定义一个函数 rect(),形式参数为长方形的宽、高、面积和周长(后两者使用引用类型),函数 rect()将计算长方形的面积和周长,其返回值为空。编写程序,输入长方形的宽和高,调用 rect()函数得到长方形的面积和周长,并输出长方形的面积与周长。

3. 借助于指针类型的形式参数,定义一个函数 rect(),形式参数为长方形的宽、高、面积和周长(后两者使用指针类型),函数 rect()将计算长方形的面积和周长,其返回值为空。编写程序,输入长方形的宽和高,调用 rect()函数得到长方形的面积和周长,并输出长方形的面积与周长。

4. 借助于函数编写程序,输入两个正整数,求这两个正整数的最大公约数和最小公倍数。

5. 使用函数重载技术,编写实现两个整数、两个双精度浮点数和两个复数的乘法运算的程序。

6. 编写程序,从键盘上输入 10 个整数,然后对输入的整数序列进行降序排列,并输出排列好的整数序列。

7. 编写函数,实现两个二维整型数组的乘法运算,函数的形式参数为 int * p、int m、int n、int * q、int n、int k、int * r,分别表示指向第一个二维数组的第一个元素的地址的指针 p、第一个二维数组的行数 m 和列数 n、指向第二个二维数组的第一个元素的地址的指针 q、第二个二维数组的行数 n 和列数 k、指向乘积矩阵的第一个元素的地址的指针 r。函数的返回值为空。一个 m 行 n 列的矩阵 $\boldsymbol{A}$ 乘以一个 n 行 k 列的矩阵 $\boldsymbol{B}$ 的积为一个 m 行 k 列的矩

阵 $\boldsymbol{R}$：

$$R_{i,j}=\sum_{t=1}^{n}A_{i,t}B_{t,j},\quad i=1,2,\cdots,m;\ j=1,2,\cdots,k$$

其中，$R_{i,j}$ 表示 $\boldsymbol{R}$ 矩阵的第 i 行第 j 列的元素。

8. 编写递归函数计算 x^n，其中 n 为整数，x 为实数。

9. 编写递归函数求一个整型动态数组的和，动态数组使用 vector < int >定义。在主程序中，输入动态数组的长度和动态数组的各个元素，输出动态数组的全部元素的和。提示：在创建动态数组时，“vector < int > a”表示创建一个动态数组，数组长度为 0，然后，使用 push_back()方法将 a 中添加元素。

10. 使用与程序段 4-10 不同的递归方法计算汉诺塔问题。

提示：可将汉诺塔问题分解为两个部分。

(1) 终止条件：当 A 座上只有一个盘子时，将该盘从 A 座移动到 C 座。

(2) 递归调用：将 A 座上的 n－1 个盘借助于 C 座移动到 B 座；将 A 座上的第 n 个盘(最大的盘)从 A 座直接移动到 C 座；将 B 座上的 n－1 个盘借助于 C 座移到 A 座上。这样将 A 座中最大的盘子转移到 C 座了，并且 A 座上剩下 n－1 个盘子。

注意：该方法得到的结果会比程序段 4－10 得到的结果复杂一些，因为这种方法实际上将 n 个盘子的汉诺塔问题转化为 3 个 n－1 个盘子的汉诺塔问题。

第5章

类与对象

经典的编程方法称为面向过程的程序设计方法。在面向过程的程序设计中，使用函数实现各个功能模块，这些函数往往具有大量的形式参数，并且其中还调用了大量其他的函数。这需要程序设计人员花费大量的时间管理和分类这些函数。一种对这些函数分类的好办法为把这些函数按其处理的客观对象进行分类，例如，计算圆的周长的函数和计算圆的面积的函数，因为它们处理的客观对象都是圆，所以，将它们归为一类，同时，把它们的形式参数，即这些函数要处理的数据，也归到这一类中。通过这种方法，实现了对客观对象的属性（即数据）和方法（即函数）的封装。对于圆这个类而言，其属性就是它的半径，方法就是计算它的周长和计算它的面积，而且方法（即函数）不再需要形式参数，只需要对圆的属性进行操作。这样，就从面向过程的程序设计方法过渡到了面向对象的程序设计方法。

面向对象的程序设计方法具有三大特点：封装、继承和多态。本章将介绍类与对象的概念与程序设计方法，体现了其封装特点；第6章将介绍继承和多态。

自本章开始，类内部定义的变量将被称为属性或数据成员；类内部定义的函数将被称为方法或方法成员。

本章的学习目标：

- 了解类在程序设计中的重大意义
- 掌握类的设计方法
- 熟练应用类与对象进行程序设计
- 掌握借助于指针对对象成员进行操作的方法

5.1 结构体与类

C++语言设计者最初拓展C语言的结构体实现了封装特性，由于结构体实现了属性（即数据）的“封装”，只需要将方法（即函数）添加到结构体中，就可实现“封装”特性。但是，结构体中默认定义的属性和方法均是“公有”的，这里的“公有”的含义表示在结构体的外部，通过结构体定义的变量可以直接访问结构体中的全部属性和方法。

“封装”的真正含义在于客观对象的属性（或部分属性）是“私有”的，这里的“私有”的含义表示这些属性只能在结构体内部被其方法（或函数）访问，在结构体的外部无法访问。为了实现结构体的“封装”特性，引入了访问控制符 private 和 public，分别表示私有访问属性和公有访问属性。

程序段 6-1 展示了结构体的封装特性。

视频讲解

程序段 5-1　结构体的用法实例

(1) 头文件 main. h

```
1   #pragma once
2   struct Rectangle
3   {
4   private:
5     double w, h;
6   public:
7     Rectangle()
8     {
9         w = 0;
10        h = 0;
11    }
12    void setW(double a)
13    {
14        w = a;
15    }
16    void setH(double b)
17    {
18        h = b;
19    }
20    double area()
21    {
22        return w * h;
23    }
24    double perimeter()
25    {
26        return 2.0 * (w + h);
27    }
28  };
```

(2)主程序文件 main. cpp

```
29  #include <iostream>
30  #include "main.h"
31  using namespace std;
32
33  int main()
34  {
35    cout << "Input two numbers:";
36    double a, b;
37    cin >> a >> b;
38    Rectangle rect;
39    rect.setW(a);
40    rect.setH(b);
41    cout << "Area = " << rect.area() << endl;
42    cout << "Perimeter = " << rect.perimeter() << endl;
43  }
```

在程序段 5-1 的头文件 main.h 中，第 2～28 行定义一个结构体类型 Rectangle，用于抽象表示客观事物——矩形。其中，第 4 行的代码“private:”表示其后的语句(直到遇到第 6 行的 public)均为私有访问属性，即第 5 行的语句“double w,h;”定义的双精度浮点型变量 w 和 h 均为私有属性，分别表示矩阵的宽和高。

第 6 行的代码“public:”表示其后的语句(直到遇到新的访问属性控制符或结构体的末尾)均具有公有访问属性。这里表示第 7～27 行的方法均为公有访问属性，即在结构体外部(通过结构体定义的变量)可以直接访问这些方法。

第 7～11 行的方法为 Rectangle()，该方法与结构体同名，称为“构造”方法，一般用于初始化结构体的属性(即数据)成员。这里的第 9 行和第 10 行将数据成员 w 和 h 赋值为 0。

第 12～15 行的方法属于 set 方法，这类方法具有参数，用于给结构体的数据成员赋值。第 14 行的语句“w=a;”将 a 赋给数据成员 w。

第 16～19 行的方法也属于 set 方法，具有一个双精度浮点型参数 b，第 18 行的语句“h=b;”将 b 赋给数据成员 h。

第 20～23 行的方法 area()方法用于计算长方形面积，第 22 行的语句“return w * h;”使用数据成员 w 和 h 计算长方形的面积，并返回这个面积。

第 24～27 行的方法 perimeter()用于计算长方形的周长，第 26 行的语句“return 2.0 * (w+h);”使用数据成员 w 和 h 计算长方形的周长，并返回这个周长值。

在主程序文件 main.cpp 中，第 30 行的预编译指令“#include "main.h"”将头文件 main.h 包括在程序中。

在 main()函数中，第 35 行的语句“cout << "Input two numbers: ";”输出提示信息“Input two numbers:”。

第 36 行的语句“double a,b;”定义两个双精度浮点型变量 a 和 b。

第 37 行的语句“cin >> a >> b;”输入变量 a 和 b 的值。

第 38 行的语句“Rectangle rect;”定义结构体 Rectangle 类型变量 rect。

第 39 行的语句“rect.setW(a);”调用公有方法 setW()给私有数据成员(宽)赋值。

第 40 行的语句“rect.setH(b);”调用公有方法 setH()给私有数据成员(高)赋值。

第 41 行的语句“cout << "Area=" << rect.area() << endl;”输出字符串"Area="和调用公有方法 area()得到的矩形的面积。

第 42 行的语句“cout << "Perimeter=" << rect.perimeter() << endl;”输出字符串"Perimeter="和调用公有方法 perimeter()得到的矩形的周长。

程序段 5-1 的执行结果如图 5-1 所示。

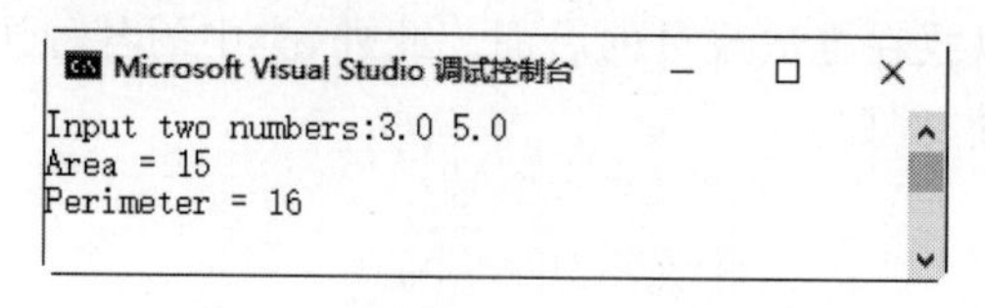

图 5-1　程序段 5-1 的执行结果

上述程序段 5-1 中的结构体封装了数据成员和方法成员，这种做法比传统基于过程的模块化编程有很多优势：

(1) 数据成员为私有成员，只能在结构体内部使用其方法访问这些成员，有效地保护了数据成员，避免了其被非法访问和修改；

(2) 方法成员仅限于操作结构体的数据成员，方法的执行不受外部数据的干扰，更容易维护且更加健壮；

(3) “封装”形式的程序更易于实现团队的协作和程序代码的拼装与移植，可大大加速软件的设计进程，大幅度缩短软件的开发周期。

这些优势也是面向对象编程优于面向过程编程的地方。

5.1.1 类

为了与C语言的结构体兼容，除了拓展C语言结构体的定义外，C++语言定义了一种全新的数据类型——类，用class关键字定义。类是一种封装了数据成员和方法成员的数据类型。与结构体不同的是，类中默认定义的成员均为私有成员。在本书中，出于对严谨性的考虑，所有程序实例均使用了访问控制符(private、public和protected)显式地表示访问控制属性，其中，protected访问控制符在第6章介绍。

类类型的一般定义形式如下：

```
class 类名
{
private:
    私有数据成员;
    私有方法成员;
protected:
    保护型数据成员;
    保护型方法成员;
public:
    公有数据成员;
    公有方法成员;
};
```

在本书中，类名使用大写首字母的“大骆驼表示法”，即首字母大写且类名中完整的英文单词的首字母也大写，如“MyRectangle”；类定义的变量(即对象或实例)使用全小写字母或首字母小写的“小骆驼表示法”，即首字母小写但变量名中完整的英文单词的首字母大写，如“myRectangle”。

类是一种数据类型，类似于整型int，在定义类类型时，并不为类分配存储空间。因此，类中的数据成员和方法成员的顺序可随意排列，即方法成员可以放在前面，而数据成员(尽管被方法成员使用)可以放在方法成员的后面。此外，类中的各种访问控制属性的顺序也可随意排列，或者分开放置，例如：

```
class 类名
{
private:
    私有成员 1;
public:
    公有成员 1;
private:
```

```
    私有成员 2;
public:
    公有成员 2;
};
```

类定义的变量称为对象或实例，“类名　对象名;”和“int　a;”类似，这时系统将为“对象名”表示的对象分配存储空间。类定义对象只能在类的外部实现，因此，对象仅能访问类中的公有方法！

现在使用类类型替换结构体类型重新设计程序段 5-1，如程序段 5-2 所示。

程序段 5-2　类的定义与用法实例

(1) 头文件 main.h

视频讲解

```
1    #pragma once
2    class Rectangle
3    {
4    private:
5      double w, h;
6    public:
7      Rectangle()
8      {
9          w = 0;
10         h = 0;
11     }
12     Rectangle(double a,double b = 1.0):w(a),h(b)
13     {
14     }
15     void setW(double a)
16     {
17         w = a;
18     }
19     void setH(double b)
20     {
21         h = b;
22     }
23     double area();
24     double perimeter();
25   };
26   double Rectangle::area()
27   {
28     return w * h;
29   }
30   double Rectangle::perimeter()
31   {
32     return 2.0 * (w + h);
33   }
```

(2)主程序文件 main.cpp

```
34   #include <iostream>
```

```
35   #include "main.h"
36   using namespace std;
37
38   int main()
39   {
40     cout << "Input two numbers:";
41     double a, b;
42     cin >> a >> b;
43     Rectangle rect(a,b);
44     cout << "Area = " << rect.area() << endl;
45     cout << "Perimeter = " << rect.perimeter() << endl;
46   }
```

在程序段 5-2 的头文件 main.h 中，第 2～25 行定义了类 Rectangle，这是一种数据类型。其中，第 4 行的"private:"表示第 5 行的语句"double w,h;"定义的数据成员 w 和 h 为私有属性，实际上从 private 开始到遇到其他的访问控制符前定义的成员均为私有成员。从第 6 行的"public:"开始至第 25 行类结束符，其中的方法只受到了 public 访问控制符的影响，表示第 7～24 行的方法均为公有方法。

第 7～11 行的 Rectangle()方法为构造方法，第 12～14 行的 Rectangle()方法也是构造方法，这两个构造方法是重载的关系。当类创建对象时，构造方法用于给对象的数据成员赋值。构造方法将在 5.1.2 节详细介绍。这里，第 7～11 行的构造方法将数据成员均赋值为 0，第 12～14 行的构造方法将参数 a 和 b 分别赋给数据成员 w 和 h。

第 15～18 行的 setW()方法属于 set()方法，将参数 a 赋给数据成员 w。第 19～22 行的 setH()方法也属于 set()方法，将参数 b 赋给数据成员 h。set()方法的特点为其名称约定由 set 和大写首字母的数据成员构成。

第 23 行的语句"double area();"声明了公有方法 area()。

第 24 行的语句"double perimeter();"声明了公有方法 perimeter()。

第 23～24 行的两个方法的实现部分放在了类 Rectangle 的外部，如第 26～33 行所示。类中的方法的实现可以放在类的内部，如第 7～14 行的构造方法和第 15～22 行的 set()方法；也可放在类的外部，如第 23 行和第 24 行的两个方法。

第 26～29 行为类 Rectangle 的 area()方法的实现部分，这里的"Rectangle::area"表示类 Rectangle 中声明的方法 area()，其中"::"表示归属关系的域运算符。

第 30～33 行为类 Rectangle 的 perimeter()方法的实现部分。

在主程序文件 main.cpp 的 main()函数中，第 43 行的语句"Rectangle rect(a,b);"定义对象 rect，并调用类 Rectangle 的构造方法(见第 12 行)使用 a 和 b 分别初始化对象 rect 的数据成员 w 和 h。

第 44 行的语句"cout << "Area=" << rect.area() << endl;"输出字符串"Area="，并调用对象 rect 的公有方法 area()得到长方形的面积。

第 45 行的语句"cout << "Perimeter=" << rect.perimeter() << endl;"输出字符串"Perimeter="，并调用对象 rect 的公有方法 perimeter()得到长方形的周长。

程序段 5-2 的执行结果如图 5-2 所示。

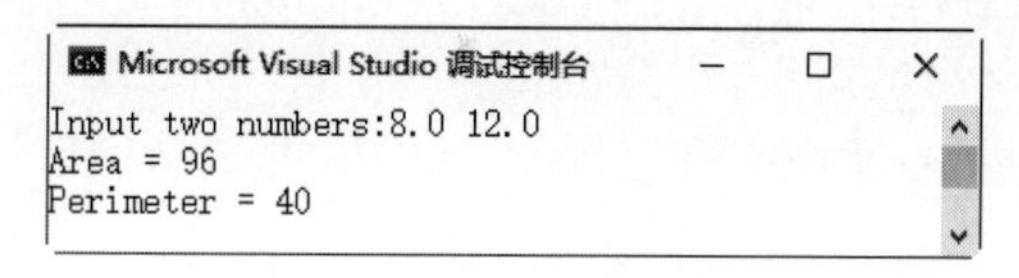

图 5-2 程序段 5-2 的执行结果

5.1.2 构造方法

在类的公有方法中，有一种和类名同名的方法，称为构造方法。在创建类时，如果没有显式的构造方法，类将自动创建一个无参数的构造方法。构造方法的作用在于给类中的数据成员赋初始值。

这里针对程序段 5-2 中的 Rectangle 类，介绍几种定义构造方法的重载形式。

1. 无参数的构造方法

无参数的构造方法由类名和一对圆括号“( )”构成，如程序段 5-3 中的第 6 行所示。

程序段 5-3 无参数的构造方法实例

```
1    class Rectangle
2    {
3    private:
4      double w, h;
5    public:
6      Rectangle()
7      {
8          w = 0;
9          h = 0;
10     }
11     //其他语句
12   }
```

下述语句将调用程序段 5-3 中第 6 行的无参数构造方法：

```
Rectangle rect;
```

请注意，上述语句中没有圆括号“( )”。

建议每个类都应该设计一个无参数的构造方法。

2. 带参数的构造方法

带参数的构造方法如程序段 5-4 中的第 11～15 行的方法。

程序段 5-4 带参数的构造方法实例

```
1    class Rectangle
2    {
3    private:
4      double w, h;
5    public:
6      Rectangle()
7      {
8          w = 0;
```

```
9           h = 0;
10      }
11      Rectangle(double a, double b)
12      {
13          w = a;
14          h = b;
15      }
16      //其他语句
17  };
```

第11～15行的方法与类名Rectangle同名，具有两个双精度浮点型参数，在方法中，第13～14行的语句分别将a和b赋给数据成员w和h。这样表述是为了叙述简单，切记，这种表述方式是不准确的！类只是一种数据结构，定义类时并不会为类分配存储空间。对于第11～15行的构造方法准确的表述应该是当应用类创建对象时，将赋给形式参数a和b的实际参数值分别赋给所创建的对象的数据成员w和h。在不引起歧义的情况下，本节在介绍构造函数时，使用给数据成员赋值这种简略说法。

在上述情况下，使用以下语句调用程序段5-4中第11～15行的有参数构造方法：

```
Rectangle rect(3.0,4.0);
```

3. 带默认参数值的构造方法

构造方法中的参数可以使用默认值，如程序段5-5所示。

视频讲解

程序段5-5　带默认参数值的构造方法

```
1    class Rectangle
2    {
3    private:
4      double w, h;
5    public:
6      Rectangle(double a = 1.0, double b = 1.0)
7      {
8          w = a;
9          h = b;
10     }
11     //其他语句
12   };
```

在程序段5-5中，第6～10行为带默认参数值的构造方法，这里两个参数均有默认值，相当于默认的无参数构造方法，所以，这里的第6～10行的构造方法不能与程序段5-3中的构造方法共存。

调用程序段5-5中第6～10行带默认参数的构造方法的语句形如：

```
Rectangle rect;  //或  Rectangle rect(3.0);  或  Rectangle rect(3.0,5.0);
```

其中，前两者相当于"Rectangle rect(1.0,1.0);"或"Rectangle rect(3.0,1.0);"。

如果构造方法只有部分参数带有默认值，则带有默认值的参数必须位于参数列表中没有默认值的参数的右边，如程序段5-6所示。

程序段 5-6　部分参数带默认值的构造方法

视频讲解

```
1   class Rectangle
2   {
3   private:
4     double w, h;
5   public:
6     Rectangle()
7     {
8         w = 0;
9         h = 0;
10    }
11    Rectangle(double a, double b = 1.0)
12    {
13        w = a;
14        h = b;
15    }
16    //其他语句
17  };
```

这里的第 11～15 行为只有参数 b 带有默认值的构造方法，与第 6～10 行的构造方法是重载关系。

调用程序段 5-6 中第 11～15 行的构造方法的语句形如：

```
Rectangle rect(3.0);  //或  Rectangle rect(3.0,5.0);
```

其中，前者相当于“Rectangle rect(3.0,1.0);”。

4. 使用 this 指针的构造方法

带参数的构造方法中，参数名是构造方法的局部变量，参数名可以与数据成员名相同。当参数名与数据成员名相同时，构造方法中使用 this 指针区分参数和数据成员，如程序段 5-7 所示。

程序段 5-7　使用 this 指针的构造方法

视频讲解

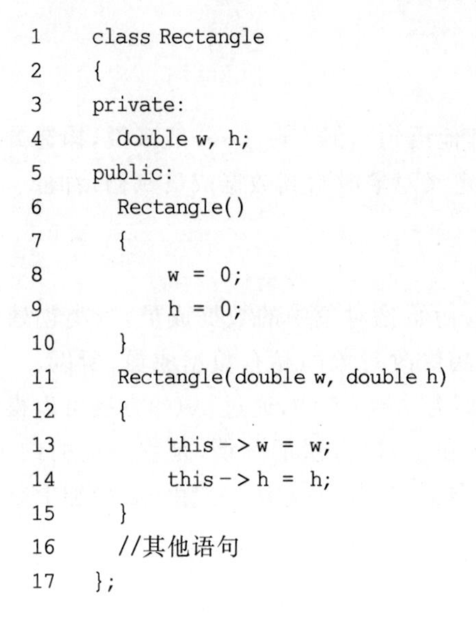

```
1   class Rectangle
2   {
3   private:
4     double w, h;
5   public:
6     Rectangle()
7     {
8         w = 0;
9         h = 0;
10    }
11    Rectangle(double w, double h)
12    {
13        this->w = w;
14        this->h = h;
15    }
16    //其他语句
17  };
```

在程序段5-7中，第11～15行的构造方法的两个参数名与数据成员名相同。当使用类定义一个对象时，this指针将作为对象本身的指针，第13行的“this-> w”指的是数据成员w，第14行的“this-> h”指的是数据成员h，从而第13行的语句“this-> w=w;”表示将参数w赋给数据成员w，第14行的语句“this-> h=h;”表示将参数h赋给数据成员h。

5. 使用列表初始化的构造方法

使用列表初始化的构造方法是最常用的构造方法，如程序段5-8所示。

视频讲解

程序段5-8 使用列表初始化的构造方法

```
1    class Rectangle
2    {
3    private:
4      double w, h;
5    public:
6      Rectangle()
7      {
8          w = 0;
9          h = 0;
10     }
11     Rectangle(double a,double b) :w(a), h(b)
12     {
13         //其他语句
14     }
15     //其他语句
16   };
```

在程序段5-8中，第11～14行的构造方法为使用列表初始化的构造方法，这里使用“:”连接初始化列表“w(a),h(b)”，这个列表表示将参数a赋值给w，将参数b赋值给h。

使用列表初始化的构造方法中，可以使参数名与数据成员名相同，即程序段5-8中的第11～14行可以写作如下形式：

```
11      Rectangle(double w, double h) :w(w), h(h)
12      {
13        //其他语句
14      }
```

在上述代码中，尽管可以在构造方法中放入“其他语句”，但实际上，一般来说，构造方法主要用于给类定义的对象的数据成员赋值，即在类定义对象时给其数据成员赋初始值。

5.1.3 set()方法与get()方法

类中的构造方法在使用类创建对象时被调用以初始化对象中的数据成员，当类创建对象后，构造方法不再被调用，此时只能通过set()方法修改对象的私有数据成员，所以，一般地，类都需要set()方法。与set()方法相对的方法称为get()方法，通过get()方法可以得到类中的私有数据成员的值。注意，这里的set()方法和get()方法的称谓，是程序员的约定，set()方法一般由set()加上首字母大写的数据成员名命名，get()方法一般由get()加上首字母大写的数据成员名命名，如程序段5-9所示。

程序段 5-9　set()方法和 get()方法实例

视频讲解

(1) 头文件 main.h

```
1    #pragma once
2    class Rectangle
3    {
4    private:
5      double w, h;
6    public:
7      Rectangle(double w = 0, double h = 0) :w(w), h(h){}
8      void setW(double w)
9      {
10         if (w > 0)
11             this->w = w;
12         else
13             this->w = 0;
14     }
15     void setH(double h)
16     {
17         if (h > 0)
18             this->h = h;
19         else
20             this->h = 0;
21     }
22     double getW() const
23     {
24         return w;
25     }
26     double getH() const
27     {
28         return h;
29     }
30     double area();
31     double perimeter();
32   };
33   double Rectangle::area()
34   {
35     return w * h;
36   }
37   double Rectangle::perimeter()
38   {
39     return 2.0 * (w + h);
40   }
```

(2)主程序文件 main.cpp

```
41   #include <iostream>
42   #include "main.h"
43   using namespace std;
44
45   int main()
```

```
46  {
47     cout << "Input two numbers:";
48     double a, b;
49     cin >> a >> b;
50     Rectangle rect;
51     rect.setW(a);
52     rect.setH(b);
53     cout << "Width: " << rect.getW() << endl;
54     cout << "Height: " << rect.getH() << endl;
55     cout << "Area = " << rect.area() << endl;
56     cout << "Perimeter = " << rect.perimeter() << endl;
57  }
```

在程序段 5-9 的头文件 main.h 中，第 7 行的语句"Rectangle(double w=0,double h=0) : w(w),h(h){}"为构造方法，带有默认参数值(可作为默认的构造方法)。

第 8～14 行的语句为 setW()方法，用形式参数 w 给数据成员 w 赋值。第 10～13 行为一个 if 结构，如果参数 w 大于 0，则将 w 的值赋给数据成员 w；否则，将数据成员 w 的值设为 0。

第 15～21 行的语句为 setH()方法，用形式参数 h 给数据成员 h 赋值。第 17～20 行为一个 if 结构，如果参数 h 大于 0，则将 h 的值赋给数据成员 h；否则，将数据成员 h 的值设为 0。

第 22～25 行的语句为 getW()方法，第 22 行的代码"double getW() const"中，const 用于修饰 getW()，表示该方法不能修改数据成员的值。这里的 getW()方法返回数据成员 w 的值(见第 24 行)。

第 26～29 行的语句为 getH()方法，第 26 行的代码"double getH() const"中，const 用于修饰 getH()，表示该方法不能修改数据成员的值。这里的 getH()方法返回数据成员 h 的值(见第 28 行)。

在主程序文件 main.cpp 中的 main()函数中，第 50 行的语句"Rectangle rect;"定义类 Rectangle 类型的对象 rect，将调用默认的构造方法，将数据成员 w 和 h 均赋值为 0。

第 51 行的语句"rect.setW(a);"调用对象 rect 的 setW()方法将 a 赋给数据成员 w。

第 52 行的语句"rect.setH(b);"调用对象 rect 的 setH()方法将 b 赋给数据成员 h。

第 53 行的语句"cout << "Width: " << rect.getW() << endl;"输出字符串"Width: "和调用 getW()方法得到的长方形的宽。

第 54 行的语句"cout << "Height: " << rect.getH() << endl;" 输出字符串"Height: "和调用 getH()方法得到的长方形的高。

程序段 5-9 的执行结果如图 5-3 所示。

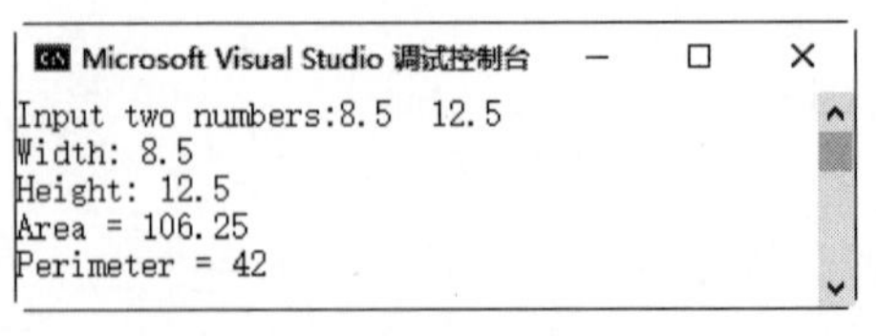

图 5-3 程序段 5-9 的执行结果

5.1.4 析构方法

与构造方法对立的方法称为析构方法。构造方法在类创建对象时对对象的数据成员进行实始化，而析构方法用于清除对象时清理对象占据的存储空间。大多数情况下，无须程序员设计析构方法，类本身有一个隐式的析构方法完成清理工作。但是，如果程序员使用了“char *”类型的数据成员，则需要编写显式的析构方法。

析构方法名是类名前添加符号“～”，而且，应尽量设为虚析构方法，即在析构方法前添加 virtual 关键字，具体原因在学习完第 6 章多态方面的内容后才会明白。

程序段 5-10 展示了析构方法的用法。

程序段 5-10 析构方法的用法实例

(1) 头文件 main.h

```
1    #pragma once
2    #include <cstring>
3    using namespace std;
4
5    class Student
6    {
7    private:
8        char * name;
9        char gender;
10   public:
11       Student(const char * str,char g)
12       {
13           if (str != NULL)
14           {
15               name = new char[strlen(str) + 1];
16               strcpy_s(name,strlen(str) + 1, str);
17           }
18           else
19               name = NULL;
20           gender = g;
21       }
22       char * getName() const
23       {
24           return name;
25       }
26       char getGender() const
27       {
28           return gender;
29       }
30       virtual ~Student()
31       {
32           if (name != NULL)
33               delete[ ] name;
34           cout << "Destructor is called." << endl;
35       }
36   };
```

（2）主程序文件 main. cpp

```
37  #include <iostream>
38  #include "main.h"
39  using namespace std;
40
41  int main()
42  {
43    Student st("Zhang Fei", 'M');
44    cout << "Name: " << st.getName() << endl;
45    cout << "Gender: " << st.getGender() << endl;
46  }
```

在程序段 5-10 的头文件 main. h 中，定义了类 Student，其中，有两个私有数据成员，如第 8 行和第 9 行所示，为“char * name;”和“char gender;”，即指向字符的指针类型的变量 name 和字符类型的变量 gender。

第 11～21 行为构造方法 Student()，具有两个形式参数 str 和 g。这里的“const char * ”表示指向常量字符串的指针，const 修饰上满足“就近”原则，例如，“char * const”类型表示指向字符串的常量指针。因此，“const char * p1”和“char * const p2”是不同的。前者表示定义一个指向常量字符串的指针 p1，p1 可以改变，但其指向的内容不可变；后者表示定义一个指向字符串的常量指针 p2，p2 不可变，但其指向的内容可变。在这两个定义下，“ * p1”不可赋值，“p1”可赋值；“ * p2”可赋值，“p2”不可赋值。另外，“const char * const p3”表示定义一个指向常量字符串的常量指针 p3，此时，“p3”和“ * p3”均不可赋值。

在第 11～21 行的 Student()构造方法内部，第 13～19 行为一个 if 结构，如果 str 不为空，则第 15 行的语句“name=new char[strlen(str)+1];”使用 new 开辟一个长度为 strlen(str)+1 个字节的空间给 name，即 name 指向该存储空间。第 16 行的语句“strcpy_s(name,strlen(str)+1,str);”将字符串 str 复制到 name 指向的空间中，复制的长度为“strlen(str)+1”，这里“+1”不可少，因为 strlen(str)只返回字符串的真实长度，忽略了字符串结束符'\0'。第 20 行的语句“gender=g;”将参数 g 赋给数据成员 gender。

第 22～25 行为 getName()方法，用于返回数据成员 name。

第 26～29 行为 getGender()方法，用于返回数据成员 gender。

第 30～35 行为虚析构方法，其中第 32 行和第 33 行为一个 if 结构，如果数据成员 name 指针不为空，则调用第 33 行的语句“delete[] name;”释放它指向的存储空间。第 34 行的语句“cout << "Destructor is called. " << endl;”输出提示信息“Destructor is called. ”，这行语句仅用于测试。

在主程序文件 main. cpp 的 main()函数中，第 43 行的语句“Student st("Zhang Fei", 'M');”创建类 Student 类型的对象 st，并用字符串"Zhang Fei"和字符'M'初始化数据成员。

第 44 行的语句“cout << "Name: " << st. getName() << endl;”输出字符串"Name: "和调用对象的 getName()方法得到的数据成员 name 的值。

第 45 行的语句“cout << "Gender: " << st. getGender() << endl;”输出字符串"Gender:"和调用对象的 getGender()方法得到的数据成员 gender 的值。

程序段 5-10 的执行结果如图 5-4 所示。

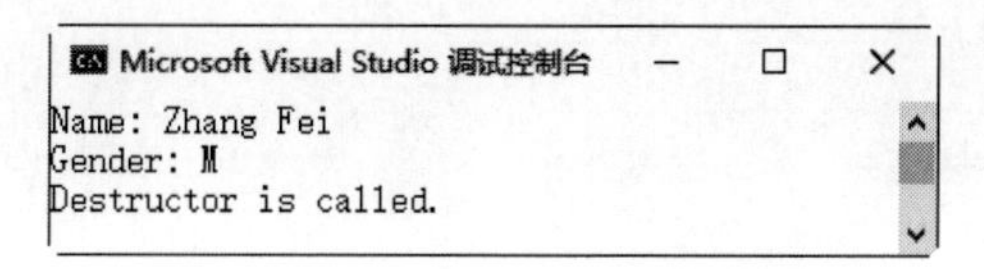

图 5-4　程序段 5-10 的执行结果

此外，建议在类中尽可能避免使用“char *”类型的数据成员，对于字符串类型的数据成员，可以使用 string 类型。这样，可以避免在类中编写析构方法。

5.2　对象与指针

类是一种数据类型，类定义的变量称为对象或实例。对象可以访问其中的公有方法，使用“.”作用符，形如“对象名.公有方法名(实际参数)”，如果没有“参数”，那么括号“( )”不可少(只有一个例外，就是构造方法在没有参数时，不能添加括号)。

可以定义类类型的指针，形式“类名　*　指针名”，这种指针可以指向该类定义的对象。程序段 5-11 介绍了指向对象的指针及其用法。

程序段 5-11　指向对象的指针实例

视频讲解

(1) 头文件 main.h

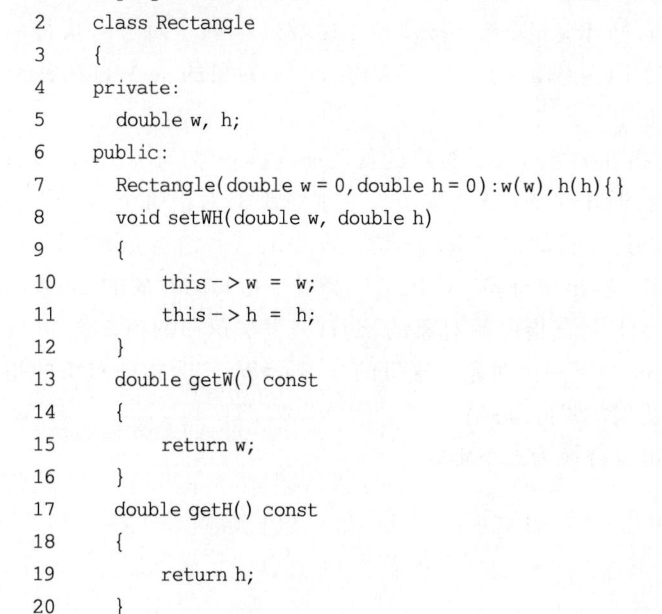

```
1    #pragma once
2    class Rectangle
3    {
4    private:
5      double w, h;
6    public:
7      Rectangle(double w = 0,double h = 0):w(w),h(h){}
8      void setWH(double w, double h)
9      {
10         this->w = w;
11         this->h = h;
12     }
13     double getW() const
14     {
15         return w;
16     }
17     double getH() const
18     {
19         return h;
20     }
21   };
```

(2) 主程序文件 main.cpp

```
22   #include <iostream>
23   #include "main.h"
24   using namespace std;
25
```

```
26    int main()
27    {
28      Rectangle rect[4];
29      Rectangle * r;
30      for (int i = 0; i < 4; i++)
31      {
32          rect[i].setWH(2 + i * i, 3 + 2 * i);
33      }
34      r = rect;
35      for (int i = 0; i < 4; i++)
36      {
37          cout << "Width: " << r -> getW() << ", Height: " << r -> getH() << endl;
38          r++;
39      }
40    }
```

在程序段5-11的头文件main.h中，定义了类Rectangle，具有两个私有数据成员w和h(第4行和第5行)，具有一个构造方法Rectangle()(第7行)、一个setWH()方法(第8～12行)、一个getW()方法(第13～16行)和一个getH()方法(第17～20行)。

在主程序文件main.cpp的main()函数中，第28行的语句"Rectangle rect[4];"定义了一个类Rectangle类型的对象数组rect，具有4个元素。

第29行的语句"Rectangle * r;"定义一个指向Rectangle类类型的指针r。

第30～33行为一个for结构，循环变量i从0按步长1递增到3，对于每个i，执行一次第32行的语句"rect[i].setWH(2+i * i,3+2 * i);"调用rect[i]对象的setWH方法给对象的私有数据成员w和h赋值。

第34行的语句"r=rect;"使指针r指向rect数组的首地址，也可写为"r=&rect[0];"。

第35～39行为一个for结构，循环变量i从0按步长1递增到3，对于每个i，执行一次第37行和第38行的语句，其中，第37行的语句"cout << "Width: " << r-> getW() << ", Height: " << r-> getH() << endl;"输出字符串"Width: "、指针r指向的对象的getW()方法返回的值、字符串", Height: "和指针r指向的对象的getH()方法返回的值；第38行的语句"r++;"使指针r指向数组rect的下一个对象。这里的"r-> getW()"为指向对象的指针调用对象中的公有方法的形式，使用"->"指向符号。

这里的第34～39行的代码可以替换为如下形式：

```
1    r = rect;
2    for (int i = 0; i < 4; i++)
3    {
4      cout << "Width: " << r[i].getW() << ", Height: " << r[i].getH() << endl;
5    }
```

上述代码中，使用"r[i].getW()"的形式访问对象的公有方法。这里的rect为一组数组，r为指向一维数组的指针，因此，指针r和数组名rect等价(除了数组名rect为常量不可赋值而指针r为变量可赋值外)。

程序段5-11的执行结果如图5-5所示。

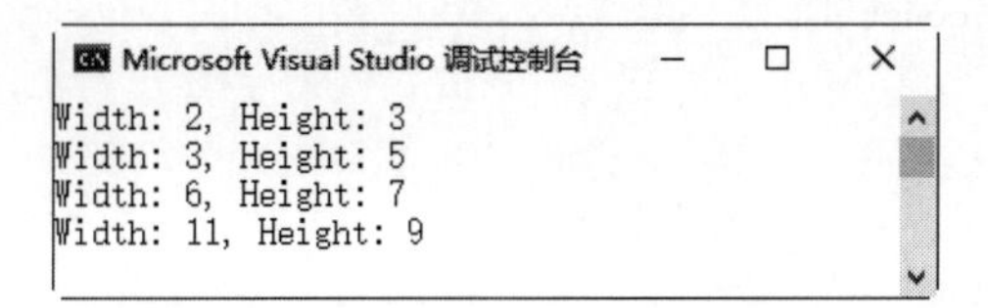

图 5-5　程序段 5-11 的执行结果

5.3　静态函数与友元函数

类的最大优点在于具有“封装”特性，使用类创建对象后，对象通过私有访问控制将数据成员保护起来，通过公有访问控制向外部提供实现特定功能“接口”的公有方法。但是，有两个“破坏”类的封装特性的途径，称为静态函数和友元函数（本书不介绍友元类）。建议尽可能少使用或者不使用静态函数和友元函数。

在类中的静态函数，在编译时就为其分配了存储空间，而类创建的对象是在运行时才分配存储空间，因此，静态函数属于类，而不属于类创建的对象。有一个说法，“类中的静态函数被类创建的对象共享”，这种说法也不妥。应将静态函数视为类所有的，直接使用“类名：：静态函数名（实际参数）”这种形式调用静态函数。静态函数的作用主要体现在：如果想设计一些特定功能的函数，例如数学函数，这些函数没有特定的物理对象相对应，那么这时可以考虑设计一个数学类，然后，将其中的所有函数均设计为静态函数（一般会带有大量参数），通过类名可以调用这些静态函数。

类的友元函数是一种“可怕”的函数，友元函数可以直接访问类的私有成员。相比于静态函数，友元函数没有任何优点，可能的作用在于通过“对象名.私有数据成员名”的方式访问对象中的私有数据成员（这种访问私有成员的方式本应是不合法的）。正是因为这个原因，本书没有介绍友元类。注意，类的友元函数不属于类，所以友元函数既可以放在“public：”公有部分，也可以放在“private：”私有部分。

程序段 5-12 介绍了静态函数和友元函数的用法。注意，静态函数不属于类创建的对象，它无法访问对象中的方法，也就是说，静态函数无法访问类中的私有成员和公有成员，只能访问类中的静态成员。应将静态函数与对象划清界限。

程序段 5-12　静态函数和友元函数实例

视频讲解

（1）头文件 main.h

```
1    #pragma once
2    class Circle
3    {
4    private:
5      double r;
6    public:
7      Circle(double r = 0):r(r){}
8      void setR(double r)
9      {
10         this->r = r;
11     }
```

```
12      double getR() const
13      {
14          return r;
15      }
16      double area()
17      {
18          return 3.14 * r * r;
19      }
20
21      static double sarea(double a)
22      {
23          return 3.14 * a * a;
24      }
25      friend double farea(Circle& c,double b)
26      {
27          c.r = b;
28          return c.area();
29      }
30  };
```

（2）主程序文件 main. cpp

```
31  #include <iostream>
32  #include "main.h"
33  using namespace std;
34
35  int main()
36  {
37      Circle c1;
38      c1.setR(5.0);
39      cout << "Radius: " << c1.getR() << endl;
40      cout << "Area: " << c1.area() << endl;
41
42      cout << "Area: " << Circle::sarea(6.0) << endl;
43      cout << "Radius: " << c1.getR() << endl;
44      cout << "Area: " << farea(c1, 7.0) << endl;
45      cout << "Radius: " << c1.getR() << endl;
46  }
```

在程序段 5-12 的头文件 main. h 中，第 2～30 行定义了一个类 Circle，具有一个私有数据成员 r，如第 4 行和第 5 行所示，r 为双精度浮点型变量。

第 6～19 行为类 Circle 的公有方法，其中，第 7 行的代码“Circle(double r=0): r(r){}”为具有默认值的构造方法。

第 8～11 行为 setR()方法，将参数 r 赋给数据成员 r。

第 12～15 行为 getR()方法，返回数据成员 r 的值。

第 16～19 行为 area()方法，使用数据成员 r 返回圆的面积。

第 21～24 行为类的静态函数 sarea()，具有一个双精度浮点型参数 a，计算半径为 a 的圆的面积(第 23 行)。

第 25～29 行为类的友元函数 farea()，具有两个参数，即 Circle 类类型的引用参数 c 和双精度浮点型参数 b。第 27 行的语句“c. r=b;”将参数 b 赋给对象 c 的私有数据成员 r。第 28 行的语句“return c. area();”调用对象 c 的 area()方法得到圆的面积。

在主程序文件 main. cpp 的 main()函数中,第 37 行的语句“Circle c1;”定义类 Circle 类型的对象 c1。

第 38 行的语句“c1. setR(5. 0);”调用对象 c1 的公有方法 setR()将 5. 0 赋给其数据成员 r。

第 39 行的语句“cout << "Radius: " << c1. getR() << endl;”输出字符串"Radius: "和调用对象 c1 的公有方法 getR()得到的圆的半径,即数据成员 r 的值,结合第 38 行可知,这里 r 的值为 5. 0。

第 40 行的语句“cout << "Area: " << c1. area() << endl;” 输出字符串"Area: "和调用对象 c1 的公有方法 area()得到的圆的面积,即对应于 r=5. 0 的圆的面积,为 78. 5。

第 42 行的语句“cout << "Area: " << Circle::sarea(6. 0) << endl;”中,使用“类名::静态函数名(实际参数列表)”的方式调用了静态函数“Circle::sarea(6. 0)”,返回半径为 6. 0 的圆的面积,为 113. 04。

第 43 行的语句“cout << "Radius: " << c1. getR() << endl;”输出对象 c1 的数据成员 r 的值。这一条语句的执行结果表明第 42 行语句对对象 c1 的数据成员没有影响。

第 44 行的语句“cout << "Area: " << farea(c1,7. 0) << endl;”调用了友元函数 farea(),将对象 c1 和数值 7. 0 作为其参数,得到半径为 7. 0 的圆的面积,为 153. 86。

第 45 行的语句“cout << "Radius: " << c1. getR() << endl;”输出对象 c1 的私有数据成员 r 的值,将发现 r 的值为 7(而非原来的 5),是因为第 44 行的友元函数 farea()的执行改变了对象 c1 的私有数据成员 r。

程序段 5-12 的执行结果如图 5-6 所示。

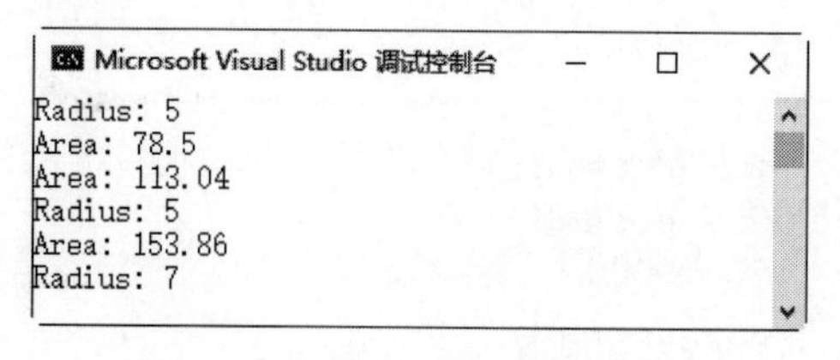

图 5-6　程序段 5-12 的执行结果

5.4　对象复制

在使用类定义一个新对象时可以使用它已定义的对象初始化,即将已定义的对象赋给同类型的新对象。

在 C++语言中,存在着赋值和赋址两种方式。赋值是指将一个变量的值赋给另一个变量,这两个变量占有不同的存储空间,赋值完成后修改任一变量的值,另一个变量不受影响。赋址是指将一个变量的地址赋给另一个变量,这类变量一般为指针,这样两个变量指向相同的地址,修改它们中任一变量的“值”,都是修改它们共同指向的存储空间中的“值”,因此,修改其中一个变量的“值”将影响到另一个变量的“值”。

下面程序段5-13展示了赋值和赋址的情况。

视频讲解

程序段 5-13　赋值与赋址的不同情况实例

```
1    #include <iostream>
2    #include <cstring>
3    #include <string>
4    using namespace std;
5
6    int main()
7    {
8        int a, b;
9        a = 30;
10       b = a;
11       cout << "a = " << a << endl;
12       cout << "b = " << b << endl;
13       a = 15;
14       cout << "a = " << a << endl;
15       cout << "b = " << b << endl;
16
17       string s1, s2;
18       s1 = "Hello";
19       s2 = s1;
20       cout << "s1 = " << s1 << endl;
21       cout << "s2 = " << s2 << endl;
22       s1 = "World!";
23       cout << "s1 = " << s1 << endl;
24       cout << "s2 = " << s2 << endl;
25
26       int* p = &a;
27       int* q;
28       q = p;
29       cout << "*p = " << *p << endl;
30       cout << "*q = " << *q << endl;
31       *p = 20;
32       cout << "*p = " << *p << endl;
33       cout << "*q = " << *q << endl;
34
35       char* c1 = new char[20]; strcpy_s(c1, 6, "Hello");
36       char* c2;
37       c2 = c1;
38       cout << "c1 = " << c1 << endl;
39       cout << "c2 = " << c2 << endl;
40       strcpy_s(c1, 6, "World");
41       cout << "c1 = " << c1 << endl;
42       cout << "c2 = " << c2 << endl;
43   }
```

在程序段5-13的main()函数中，第8～15行为变量间赋值的情况，第8行定义整型变量a与b；第9行将30赋值给变量a；第10行将变量a赋值给变量b；第11行和第12行输出变量a和b的值，此时两个变量均为30。然后，第13行将15赋给变量a；第14行和第

15 行输出变量 a 和 b 的值，此时，变量 a 为 15，变量 b 仍为 30。

第 17～24 行为 string 类型的变量间赋值的情况。其中，第 17 行定义字符串变量 s1 和 s2；第 18 行将字符串“Hello”赋值给 s1；第 19 行将 s1 赋值给变量 s2；第 20 行和第 21 行输出变量 s1 和 s2 的值，此时，两者均为“Hello”；第 22 行将“World!”赋给变量 s1；第 23 行和第 24 行输出 s1 和 s2 的值，此时，s1 为“World!”，而 s2 为“Hello”。

第 26～33 行为变量间赋址的情况。其中，第 26 行定义指向整型变量的指针 p，p 指向整型变量 a；第 27 行定义指向整型变量的指针 q；第 28 行将指针 p 赋给指针 q，此时两个指针都指向相同的地址(即 &a)；第 29 行和第 30 行输出“ * p”和“ * q”的值，均为 a 的值，即 15。第 31 行将“ * p”赋为 20；第 32 行和第 33 行输出“ * p”和“ * q”的值，由于指针 p 和 q 均指向相同的地址，“ * p”和“ * q”的值相同，均为 20。

第 35～42 行为变量间赋址的情况。其中，第 35 行定义指向字符的指针 c1，并使用 new 操作符开辟长度为 20 字节的存储空间，然后，调用 strcpy_s 函数将字符串 Hello 赋值给指针 c1 指向的空间；第 36 行定义指向字符的指针 c2；第 37 行将指针 c1 赋给 c2；第 38 行和第 39 行输出指针 c1 和 c2 的值，即输出这两个指针指向的字符串的值，由于两个指针指向同一地址，故均输出“Hello”；第 40 行将字符串“World”赋值给指针 c1 指向的空间；第 41 行和第 42 行输出指针 c1 和 c2 的值，即输出这两个指针指向的字符串的值，由于两个指针指向同一地址，此时均输出“World”。

程序段 5-13 的执行结果如图 5-7 所示。

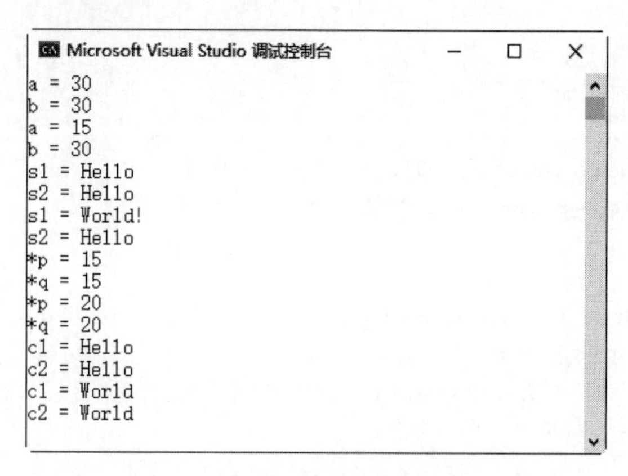

图 5-7　程序段 5-13 的执行结果

由于类是一种数据类型，类定义的变量(即对象)也可以复制。如果类的私有成员全是赋值类型的变量，类定义的对象间可以互相赋值；但若类的私有成员中有赋址类型的变量，则类定义的对象间不能直接赋值，这是因为当一个对象赋值给另一个对象时，两个对象中的赋址类型的数据成员指向同一个地址空间，这时如果修改了一个对象的这种赋址类型的数据成员，那么另一个对象的指向这个地址的赋址类型的数据成员的“值”也跟着变化，从而破坏了类的“封装”特性。

下面的程序段 5-14 就反映了这种情况，这种情况称为对象间的“浅复制”，这个程序在 Visual Studio 2022 下可编译通过，也可执行(但会有警告)。

视频讲解

程序段 5-14　对象间的浅复制实例

(1) 头文件 main. h

```
1   #pragma once
2   #include <iostream>
3   #include <cstring>
4   using namespace std;
5
6   class Student
7   {
8   private:
9     char * name;
10    char gender;
11    double score[5];
12  public:
13    Student()
14    {
15        name = NULL;
16        gender = 'F';
17        for (int i = 0; i < 5; i++)
18            score[i] = 0;
19    }
20    Student(const char * str, char g)
21    {
22        name = NULL;
23        if (str != NULL)
24        {
25            name = new char[200];
26            strcpy_s(name, strlen(str) + 1, str);
27        }
28        gender = g;
29        for (int i = 0; i < 5; i++)
30            score[i] = 0;
31    }
32    void setScore(double * d)
33    {
34        for (int i = 0; i < 5; i++)
35            score[i] = * (d + i);
36    }
37
38    void setName(const char * str)
39    {
40        if (strlen(str) < 200)
41        {
42            strcpy_s(name, strlen(str) + 1, str);
43        }
44        else
45            cout << "Error" << endl;
46    }
47    void getMember() const
```

```
48     {
49         if (name != NULL)
50             cout << "Name: "<< name << endl;
51         cout << "Gender: " << gender << endl;
52         cout << "Score: ";
53         for (int i = 0; i < 5; i++)
54         {
55             cout << score[i] << " ";
56         }
57         cout << endl;
58     }
59     virtual ~Student()
60     {
61         if (name != NULL)
62             delete[ ] name;
63     }
64 };
```

(2) 主程序文件 main.cpp

```
65  #include <iostream>
66  #include "main.h"
67  using namespace std;
68
69  int main()
70  {
71    Student s1("Zhang Fei", 'M'), s2;
72    double sc[5] = { 91.5,93.2,97.5,94.9,90.1 };
73    s1.setScore(sc);
74    s1.getMember();
75    s2 = s1;
76    s2.getMember();
77    cout << endl;
78
79    s1.setName("Guan Yu");
80    s1.getMember();
81    s2.getMember();
82  }
```

在程序段5-14的头文件main.h中定义了类Student，在类Student中的私有成员中，使用了指向字符的指针name(第9行)。

由于类Student使用了指针类型的私有成员，在第20～31行的构造方法中，为指针name开辟了长度为200字节的空间(第25行)，然后，将构造方法的参数str赋给name指向的空间。

由于类Student在构造方法中使用new操作符开辟了一块存储空间，在第59～63行添加了虚析构方法，将开辟的存储空间释放掉(第61行和第62行)。

类Student中其余的部分如下：在私有数据成员中，定义了字符型的gender成员，表示学生的性别(第10行)；定义了双精度浮点型的一维数组score，保存学生的成绩(第11行)。在公有方法中，定义了一个默认构造方法(第13～19行)；定义了一个setScore()方法，用于向 score 成员赋值(第 32～36 行)；定义了一个 setName()方法，用于向指针 name 指向的空间赋值(第 38～46 行)；定义了一个 getMember()方法，用于显示数据成员的值(第 47～58 行)。

在主程序文件 main. cpp 的 main()函数中，第 71 行的语句"Student s1("Zhang Fei", 'M'),s2;"定义了类 Student 类型的对象 s1 和 s2，同时，对 s1 进行了初始化。

第 72 行的语句"double sc[5]={ 91.5,93.2,97.5,94.9,90.1 };"定义了双精度浮点型一维数组 sc，具有 5 个元素，并做了初始化。

第 73 行的语句"s1. setScore(sc);"调用对象 s1 的 setScore()方法使用一维数组 sc 对对象 s1 的成员 score 进行赋值。

第 74 行的语句"s1. getMember();"调用对象 s1 的 getMember()方法输出对象 s1 的各个数据成员的值。

第 75 行的语句"s2=s1;"将对象 s1 赋值给 s2。

第 76 行的语句"s2. getMember();"调用对象 s2 的 getMember()方法输出对象 s2 的各个数据成员的值。此时，对象 s2 和 s1 的数据成员的值相同。

第 77 行的语句"cout << endl;"输出回车换行符。

第 79 行的语句"s1. setName("Guan Yu");"调用对象 s1 的方法 setName 将对象 s1 中成员 name 指向的空间赋为"Guan Yu"(原来是"Zhang Fei")。由于对象 s2 的数据成员 name 和对象 s1 的数据成员 name 指向相同的地址空间(共享同一存储空间)，所以，针对对象 s1 的 name 的赋值，将影响到对象 s2 的 name 成员。

第 80 行语句"s1. getMember();"调用对象 s1 的 getMember()方法输出对象 s1 的各个数据成员的值，其中 name 的输出为"Guan Yu"。

第 81 行的语句"s2. getMember();"调用对象 s2 的 getMember()方法输出对象 s2 的各个数据成员的值。此时，对象 s2 中的成员 name 受到第 79 行语句的影响而输出"Guan Yu"。

程序段 5-14 的执行结果如图 5-8 所示。

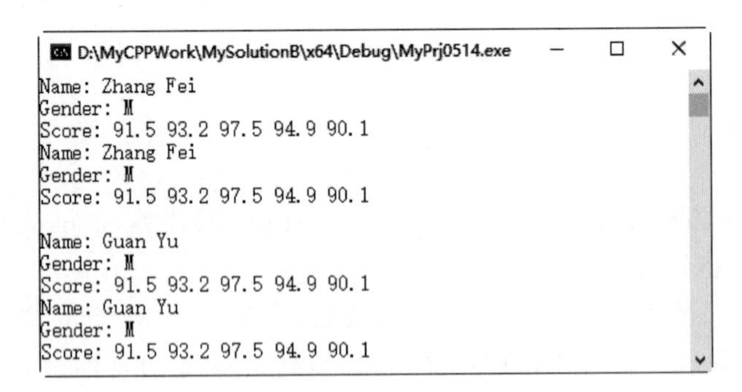

图 5-8 程序段 5-14 的执行结果

为了修正程序段 5-14 的缺陷，即当类中有指针类型的数据成员时，必须添加一个"复制构造方法"，复制构造方法与其他的构造方法是重载的关系。针对程序段 5-14 的修改有以下两点：

(1) 将程序段 5-15 所示的"复制构造方法"插入到程序段 5-14 的第 31 行和第 32 行

之间。

程序段 5-15　复制构造方法

视频讲解

```
1        Student(const Student& stu)
2        {
3            cout << "Copy." << endl;
4            name = NULL;
5            if (stu.name != NULL)
6            {
7                name = new char[200];
8                strcpy_s(name, strlen(stu.name) + 1, stu.name);
9            }
10           gender = stu.gender;
11           for (int i = 0; i < 5; i++)
12               score[i] = stu.score[i];
13       }
```

在程序段 5-15 中,复制构造方法的参数为“const Student& stu”即类 Student 的引用类型的参数,这里使用了 const 表示形式参数 stu 为常量,在复制构造方法内部不能被修改。调用复制构造方法的形式为“Student 目标对象(被复制的对象)”,结合第 1 行代码,这里的 stu 为“被复制的对象”。

第 3 行的语句“cout << "Copy. " << endl;”输出一个提示信息“Copy. ”,用于表示该复制构造方法被调用。

第 7 行和第 8 行的语句对“目标对象”中的 name 开辟一块新的存储空间,然后,将“被复制的对象”stu 的 name 指向的内容复制到“目标对象”的 name 中。

这种使用了“复制构造方法”的情况,称为对象间的“深度”复制。

(2) 将程序段 5-16 中的主程序文件 main. cpp 替换程序段 5-14 中的 main. cpp。

程序段 5-16　主程序文件 main. cpp

视频讲解

```
1     #include <iostream>
2     #include "main.h"
3     using namespace std;
4
5     int main()
6     {
7       Student s1("Zhang Fei", 'M');
8       double sc[5] = { 91.5,93.2,97.5,94.9,90.1 };
9       s1.setScore(sc);
10      s1.getMember();
11      Student s2(s1);
12      s2.getMember();
13      cout << endl;
14
15      s1.setName("Guan Yu");
16      s1.getMember();
17      s2.getMember();
18    }
```

在程序段 5-16 中，使用了“Student s2(s1);”将对象 s1 赋值给对象 s2，而不是使用“s2=s1”，这是因为赋值运算符“=”对于私有成员 char * 没有重载，运算符重载将在第 7 章介绍。

程序段 5-14 修改后的执行结果如图 5-9 所示。

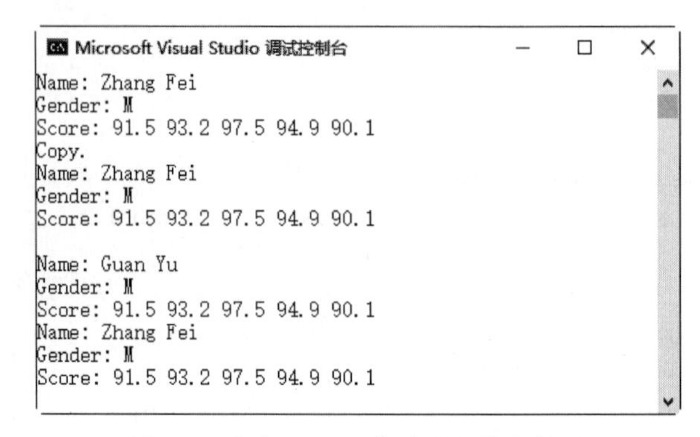

图 5-9 程序段 5-14 修改后的执行结果

尽管采用深度“复制”可以完美解决类的私有数据成员为指针时的对象复制问题，但是建议初学者在创建类时尽量不使用指针，全部使用具有赋值特性的数据成员。这样，无须考虑深度复制的情况，即无须编写复制构造方法和析构方法。更重要的是，在绝大多数情况下，类中只需要使用具有赋值特性的数据成员。

下面程序段 5-17 实现了与程序段 5-14 完全相同的功能，但是仅使用了赋值特性的数据成员，且实现了深度复制(不用编写“复制构造方法”)。

视频讲解

程序段 5-17 类中仅使用赋值特性的数据成员(实现与程序段 5-14 相同的功能)实例

(1) 头文件 main.h

```
1    #pragma once
2    #include <iostream>
3    using namespace std;
4
5    class Student
6    {
7    private:
8        string name;
9        char gender;
10       double score[5];
11   public:
12       Student(string str = "", char g = 0)
13       {
14           name = str;
15           gender = g;
16           for (int i = 0; i < 5; i++)
17                   score[i] = 0;
18       }
19       void setScore(double * d)
20       {
21           for (int i = 0; i < 5; i++)
```

```
22            score[i] = *(d + i);
23        }
24        void setName(string str)
25        {
26            name = str;
27        }
28        void getMember() const
29        {
30            cout << "Name: " << name << endl;
31            cout << "Gender: " << gender << endl;
32            cout << "Score: ";
33            for (int i = 0; i < 5; i++)
34                cout << score[i] << " ";
35            cout << endl;
36        }
37    };
```

（2）主程序文件 main.cpp

```
38    #include <iostream>
39    #include "main.h"
40    using namespace std;
41
42    int main()
43    {
44      Student s1("Zhang Fei", 'M'), s2;
45      double sc[5] = { 91.5,93.2,97.5,94.9,90.1 };
46      s1.setScore(sc);
47      s1.getMember();
48      cout << endl;
49      s2 = s1;
50      s2.getMember();
51      cout << endl;
52
53      s1.setName("Guan Yu");
54      s1.getMember();
55      cout << endl;
56      s2.getMember();
57    }
```

在程序段 5-17 的头文件 main.h 中，定义了类 Student（第 5～37 行），包含私有数据成员字符串 string 类型的 name（第 8 行）、字符类型的 gender（第 9 行）和双精度浮点型的一组数组 score（第 10 行）。还包含了公有方法：第 12～18 行的构造方法 Student()、第 19～23 行的 setScore()方法、第 24～27 行的 setName()方法和第 28～36 行的 getMember()方法。这些数据成员和方法成员的含义与程序段 5-14 相同，不再赘述。

在程序段 5-17 的类 Student 中，私有数据成员没有使用指针等赋址类型的变量，因此，无须创建“复制构造方法”和析构方法，就可以实现深度复制，即一个对象赋值给另一个对象后，两个对象间不会有共享的存储空间，可认为两个对象互不相关。

主程序文件 main.cpp 的 main()函数与程序段 5-14 的 main()函数相同（只是这里的

main()函数中多了第 48 行和第 55 行的语句“cout << endl;”),第 49 行的语句“s2=s1;”将对象 s1 赋给对象 s2。然后,第 53 行的语句“s1. setName("Guan Yu");”将对象 s1 中的私有数据成员 name 赋值为“Guan Yu”。第 54 行的语句“s1. getMember();”调用对象 s1 的方法 getMember()输出对象 s1 的数据成员。第 56 行的语句“s2. getMember();”调用对象 s2 的方法 getMember()输出对象 s2 的数据成员。程序段 5-17 的执行结果如图 5-10 所示。由图 5-10 可知,第 53 行修改对象 s1 的数据成员 name 没有影响到对象 s2 中的数据成员 name。

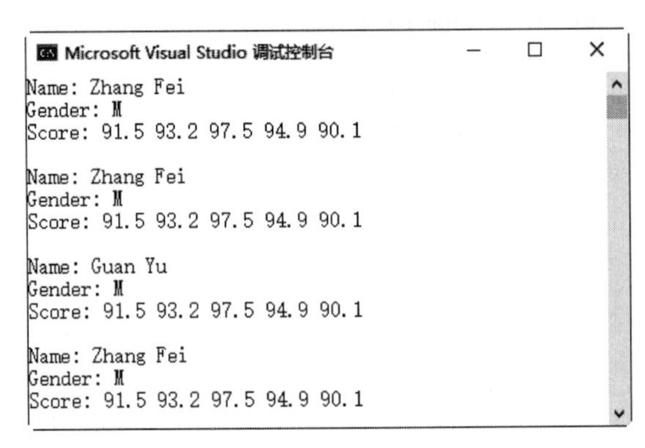

图 5-10 程序段 5-17 的执行结果

5.5 本章小结

将所要实现的功能划分为小的功能模块,基于这些功能模块编写大量的函数,进而通过函数调用实现所需功能,这种软件设计方法称为面向过程的程序设计方法。在面向过程的程序设计方法中,函数是程序设计的中心。面向对象的程序设计方法是面向过程的程序设计方法的进化,在面向对象的程序设计方法中,类是程序设计的中心,将所要实现的功能的客体分成小的客体,基于这个小的客体抽象成数据结构——类,类定义的变量称为对象或实例,对应着小的客体,类中定义了所抽象的小的客体的属性(即数据成员)和方法(即函数),通过类定义的对象实现所需要的功能。面向对象的程序设计方法管理一个个的“类”,比起面向过程的程序设计方法管理一个个的函数而言,更加直观方便。

面向对象程序设计具有抽象、封装、继承和多态的优点。如何将一个客体抽象为类需要程序员不断地实践积累经验,这是面向对象程序设计思想的难点,特别是对于那些从面向过程的程序设计过渡到面向对象的程序设计的程序员而言。本章重点讨论了类的封装特性,介绍了类的定义、设计方法和封装技术(即访问控制技术),介绍了对象的使用方法,简述了借助对象访问类中公有方法的技巧,并介绍了静态函数和友元函数,讨论了对象复制的注意事项。第 6 章将讨论类的继承和多态特性。

对于 C++语言入门者而言,建议在类中不使用赋址类型的数据成员,字符串使用 string 而不使用“char *”定义,不使用需要借助 new 操作符为数据成员开辟空间的数据成员和公有方法,这样可避免设计复制构造方法和析构方法。

习题

1. 将圆抽象为一个类，圆的半径和圆心坐标为类的私有数据成员，求圆的面积为类的公有方法成员，并编写构造方法、set 方法和 get 方法。

2. 将三角形抽象为一个类，三角形的三个顶点坐标为类的私有数据成员，求三角形的周长为类的公有方法成员，并编写构造方法、set 方法和 get 方法。

3. 编写一个学生类，其中学生的姓名、性别、学号和 9 门课的成绩(使用共用体类型)作为私有数据成员，输入和输出学生的信息作为公有方法成员。

4. 编写一个扇形类，扇形的圆心坐标、半径和圆心角作为类的私有数据成员，计算扇形的面积作为类的公有方法，并编写带默认参数的构造方法、set 方法和 get 方法。然后，编写主程序计算一个扇形的面积。

5. 编写一个整数类，类的私有数据成员为两个整数，类的公有方法成员为实现两个整数间的四则运算，同时编写带默认参数的构造方法、set 方法和 get 方法。

6. 编写一个复数类，类的私有数据成员为两个复数(用结构体类型表示)，实现两个复数间的加、减、乘和除法运算作为类的 4 个公有方法成员，同时编写构造方法、set 方法和 get 方法。编写主程序文件实现两个复数间的各种运算。

第6章

继承与多态

在现有的数据类型基础上，可以定义新型的数据类型，例如借助于宏定义或者 typedef 关键字定义自定义类型，如"# define Int32U unsigned int"或"typedef unsigned int Int32U;"，将无符号 32 位整型类型声明为自定义的类型 Int32U。同样地，可以在现有的类的基础上，定义新的类类型。由于类包含了数据成员和方法成员，在原有的类的基础上，定义的新的类不但继承了原有类的全部成员，同时，还可以添加新的数据成员和方法成员，这一特性称为类的继承。原有的类称为基类或父类，新创建的类称为派生类或子类。如果父类和子类中具有同名同参的方法，称为子类方法对父类方法的覆盖，在创建对象调用这类方法需要注意多态特性。本章将详细讨论类的继承和多态特性。

需要注意的是，C++语言支持由多个类共同派生一个子类，称为多重继承。但是这种多重继承大大增加了程序设计的难度，现在流行的高级程序设计语言，例如 Java 等不支持多重继承。故本书不介绍多重继承和虚继承。

本章的学习目标：

- 了解类的三大特性及其关系
- 掌握类的 3 种继承方法
- 熟练掌握类的公有继承方法及其子类的构造方法
- 熟练应用多态技术进行程序设计

6.1 公有继承

一个类中的成员访问特性有 3 种：私有 private、保护 protected 和公有 public。对于私有 private 类型的成员，只能在类的内部访问，就是处在所定义类"{ }"内部的语句可以访问。对于公有 public 类型的成员，可以在类的外部访问，即可以在所定义类的"{ }"外部通过类定义的对象访问。对于保护 protected 类型的成员，可以在类的内部或类派生的子类的内部访问，即可访问定义类"{ }"内部或定义类派生的子类"{ }"内部的语句。

同样地，类的继承也有 3 种方法，即公有继承、保护继承和私有继承。这 3 种继承方式得到的子类和其继承自父类的成员的访问控制特性如表 6-1 所示。

表 6-1　子类的继承方式与访问控制特性

父类成员访问特性	子类继承方式	子类继承自父类的成员访问特性
公有 public	公有	公有 public
保护 protected		保护 protected
私有 private		私有 private
公有 public	保护	保护 protected
保护 protected		保护 protected
私有 private		私有 private
公有 public	私有	私有 private
保护 protected		私有 private
私有 private		私有 private

由表 6-1 可知，如果子类以公有继承方式继承父类，则继承自父类的各个成员的访问控制特性不变；如果子类以保护继承方式继承父类，则继承自父类的公有成员将变为子类中的保护成员，其他类型的成员访问控制特性不变；如果子类以私有继承方式继承父类，则继承自父类的各个成员均变为子类的私有成员。

下面设计一个圆 Circle 类，具有圆心坐标和半径两个私有数据成员。然后，由 Circle 类派生出一个扇形 Sector 类，具有其特有的圆心角（扇形角）私有数据成员。如程序段 6-1 所示。

程序段 6-1　类的公有继承实例

视频讲解

（1）头文件 main.h

```
1    #pragma once
2    #include <cmath>
3    struct Point
4    {
5      double x;
6      double y;
7      Point(double x, double y)
8      {
9          this->x = x;
10         this->y = y;
11     }
12   };
13   class Circle
14   {
15   private:
16     Point p;
17     double radius;
18   public:
19     Circle() :p(0, 0), radius(0) {}
20     Circle(double x,double y = 0,double r = 0):p(x,y),radius(r){}
21     void setP(double x, double y)
22     {
23         p.x = x;
24         p.y = y;
```

```
25      }
26      void setRadius(double r)
27      {
28          radius = r;
29      }
30      Point getP() const
31      {
32          return p;
33      }
34      double getRadius() const
35      {
36          return radius;
37      }
38      double area()
39      {
40          return 3.14 * radius * radius;
41      }
42      double distance(Circle& c)
43      {
44          return sqrt((c.p.x - p.x) * (c.p.x - p.x) + (c.p.y - p.y) * (c.p.y - p.y));
45      }
46  };
47
48  class Sector :public Circle
49  {
50  private:
51      double theta;
52  public:
53      Sector(double x = 0,double y = 0,double radius = 0,double th = 0)
54          :theta(th),Circle(x,y,radius){}
55      void setTheta(double th)
56      {
57          theta = th;
58      }
59      void setCoordinate(double x, double y)
60      {
61          setP(x, y);
62      }
63      void setRadius(double r)
64      {
65          Circle::setRadius(r);
66      }
67      double getTheta() const
68      {
69          return theta;
70      }
71      Point getCoordinate() const
72      {
73          return getP();
74      }
75      double getRadius() const
```

```
76      {
77          return Circle::getRadius();
78      }
79      double area()
80      {
81          return 0.5 * theta * getRadius() * getRadius();
82      }
83  };
```

（2）主程序文件 main.cpp

```
84  #include <iostream>
85  #include "main.h"
86  using namespace std;
87
88  int main()
89  {
90      Circle c1(2, 3, 5.0),c2(6,6,12.0);
91      cout << "Coordinate:(" << c1.getP().x << ", " << c1.getP().y << ")" << endl;
92      cout << "Radius: " << c1.getRadius() << endl;
93      cout << "Area: " << c1.area() << endl;
94      cout << "Distance: " << c1.distance(c2) << endl;
95
96      Sector s1(1.5, 3.5, 2, 1.57);
97      cout << "Coordinate:(" << s1.getCoordinate().x << ", "
98          << s1.getCoordinate().y << ")" << endl;
99      cout << "Radius: " << s1.getRadius() << endl;
100     cout << "Area: " << s1.area() << endl;
101     s1.setRadius(3.5);
102     cout << "Radius: " << s1.getRadius() << endl;
103     cout << "Area: " << s1.area() << endl;
104 }
```

在程序段 6-1 的头文件 main.h 中，第 2 行的代码“#include <cmath>”将头文件 cmath 包括到程序中，是因为后面第 44 行使用了库函数 sqrt()。

第 3～12 行定义了结构体类型 Point，具有两个公有成员 x 和 y(可以使用语句“double x,y;”定义)和一个公有构造方法 Point()。

第 13～46 行定义了类 Circle。类 Circle 具有两个私有数据成员，即结构体 Point 类型的成员 p(第 16 行)和双精度浮点型成员 radius(第 17 行)。类 Circle 具有两个公有的构造方法，第 19 行的语句“Circle() : p(0,0),radius(0) {}”为默认的构造方法，使用(0,0)初始化私有数据成员 p，使用 0 初始化 radius。第 20 行的构造方法“Circle(double x,double y=0, double r=0): p(x,y),radius(r){}”使用(x,y)初始化 p，使用 r 初始化 radius。

第 21～25 行为公有方法 setP()，带有两个双精度浮点型参数 x 和 y，将 x 和 y 的值分别赋给私有数据成员 p 的 p.x 和 p.y。

第 26～29 行为公有方法 setRadius()，具有一个双精度浮点型参数 r，将 r 赋给私有数据成员 radius。

第 30～33 行为公有方法 getP()，返回私有数据成员 p 的值。

第 34～37 行为公有方法 getRadius()，返回私有数据成员 radius 的值。

第 38～41 行为公有方法 area()，返回圆的面积。

第 42～45 行为公有方法 distance()，具有一个 Circle 引用类型的参数 c，返回圆 c 与当前类对应的圆(对象)的圆心距。

第 48～83 行定义了 Circle 类派生的子类 Sector，第 48 行的代码“class Sector ：public Circle”表示定义类 Sector，继承自类 Circle，使用公有继承方式，这里使用“：”表示继承关系。子类 Sector 实现了对 Circle 的公有继承(无论是公有、保护还是私有继承)后，将包含 Circle 的全部成员，从严格意义上讲，就是类 Sector 定义的对象，将包含全部的类 Circle 定义的对象的内容，只是在公有继承方式下，类 Sector 定义的对象(因为是在类的外部定义对象)无法直接访问其父类对应的对象中的私有成员和保护成员。可以这样理解，类的继承是扩充类类型的一种方式，子类不但具有了父类的全部成员，而且还有自己独特的成员。这里的子类 Sector 具有了其父类 Circle 的全部成员，同时，又具有其独特的成员，例如，私有数据成员 theta 和公有方法成员 setTheta 等。

子类 Sector 在其父类 Circle 的基础上，扩充了一个独有的私有数据成员 theta(第 51 行)，表示扇形角。

子类 Sector 具有一个构造方法，如第 53 行和第 54 行所示，“Sector(double x＝0，double y＝0，double radius＝0，double th＝0) ：theta(th)，Circle(x，y，radius){}”，这个构造方法中的各个参数都带有默认值，故包含了默认构造方法。注意，在子类的构造方法中应调用其父类的构造方法，同时将其父类中的数据成员初始化。这里使用“：theta(th)，Circle(x，y，radius)”这种列表初始化的方式，用 th 初始化 theta，用 x、y 和 radius 初始化 Circle 类的数据成员。若将第 53 行中的“double x＝0”改为“double x”，则可以添加默认构造方法“Sector() ：theta(0)，Circle() {}”。

第 55～58 行为公有方法 setTheta()，具有一个双精度浮点型参数 th，将 th 赋给私有数据成员 theta。

第 59～62 行为公有方法 setCoordinate()，具有两个双精度浮点型参数 x 和 y，第 61 行的语句“setP(x，y)；”调用其父类的公有方法 setP()，将 x 和 y 赋给继承自父类 Circle 的私有数据成员 p。注意，p 在 Sector 类中无法直接访问，但使用 Sector 类创建一个对象时，所有父类的私有成员，包括 p，都存在于这个对象中。因此，必须在子类中定义访问父类私有成员的公有方法。

第 63～66 行定义了子类 Sector 的公有方法 setRadius()，具有一个双精度浮点型参数 r，其父类 Circle 中具有同名的该函数，这时子类中的 setRadius()将覆盖其父类中的同名函数。第 65 行的语句“Circle：：setRadius(r)；”调用其父类中的 setRadius()方法将参数 r 赋给父类的私有成员 radius。

第 67～70 行定义了公有方法 getTheta()，返回私有数据成员 theta 的值。

第 71～74 行定义了公有方法 getCoordinate()，调用父类 Circle 的公有方法 getP()返回父类私有数据成员 p 的值。

第 75～78 行定义了公有方法 getRadius()，调用父类 Circle 的同名方法 getRadius()返回父类私有数据成员 radius 的值。方法 getRadius()是子类对父类同名方法的覆盖方法。

第 79～82 行定义了公有方法 area()，这是对父类同名方法的覆盖方法，返回扇形的面积。

“覆盖”是指子类和父类具有同名同参的方法时，子类的方法将覆盖其父类的同名同参的方法。若用父类定义一个对象，则其中的所有公有方法可被其定义的对象调用；当用子类定义一个对象时，其父类的公有方法和子类本身的公有方法可被子类定义的对象调用，但是对于那些“覆盖”的方法，子类定义的对象将调用子类中的方法，而不会调用其父类的被覆盖的同名方法。“覆盖”可将父类中那些“过时”的不适应子类特征的方法更新为具有新型功能的子类方法。如程序段 6-1 中的父类 Circle 中的 area()方法，用于求圆的面积，但是其不再适用于其子类 Sector，无法用于求扇形的面积。故而在子类 Sector 中编写了新的同名同参 area 方法，覆盖了其父类中的同名方法。“覆盖”的另一个好处在于，可以保证子类可访问的全部公有方法(包含继承自父类的公有方法)均适应于子类的数据成员特性。

在主程序文件 main.cpp 的 main 函数中，第 90 行的语句“Circle c1(2,3,5.0),c2(6,6,12.0);”定义类 Circle 类型的两个对象 c1 和 c2，分别包含初始化数据“2,3,5.0”和“6,6,12.0”。

第 91 行的语句“cout << "Coordinate:(" << c1.getP().x << "," << c1.getP().y << ")" << endl;”输出对象 c1 的圆心坐标值。

第 92 行的语句“cout << "Radius:" << c1.getRadius() << endl;”输出对象 c1 表示的圆的半径。

第 93 行的语句“cout << "Area:" << c1.area() << endl;”输出对象 c1 表示的圆的面积。

第 94 行的语句“cout << "Distance:" << c1.distance(c2) << endl;”输出对象 c1 表示的圆与对象 c2 表示的圆的圆心距。

第 96 行的语句“Sector s1(1.5,3.5,2,1.57);”定义类 Sector 的对象 s1，初始化数据“1.5,3.5,2,1.57”表示圆心坐标为(1.5,3.5)、半径为 2、扇形对应的圆心角弧度为 1.57。

第 97 行和第 98 行的语句“cout << "Coordinate:(" << s1.getCoordinate().x << ","<< s1.getCoordinate().y << ")" << endl;”输出扇形所在的圆的圆心坐标。

第 99 行的语句“cout << "Radius:" << s1.getRadius() << endl;”输出扇形的半径。

第 100 行的语句“cout << "Area:" << s1.area() << endl;”输出扇形的面积。

第 101 行的语句“s1.setRadius(3.5);”将扇形的半径设为 3.5。

第 102 行的语句“cout << "Radius:" << s1.getRadius() << endl;”输出扇形的半径，此时的半径为 3.5。

第 103 行的语句“cout << "Area:" << s1.area() << endl;”输出扇形的面积，此时的面积为按半径为 3.5 计算的扇形面积。

程序段 7-1 的执行结果如图 6-1 所示。

在程序段 6-1 中，类 Sector 继承自类 Circle，当只关注类 Sector 时，可以发现类 Sector 是完整的类型，具有数据成员。圆心坐标、半径和圆心角，具有方法成员：设置各个数据成员的 set()方法、读取各个数据成员的 get()方法、计算扇形面积的方法 area()。对于使用类 Sector 的程序员而言，无须关心类 Sector 的实现细节，也无须知晓类 Sector 是继承自类 Circle，只需要了解类 Sector 的数据成员和方法成员，这是“封装”的另一层含义，即对于使用类的程序员而言，无须关心类的实现细节。

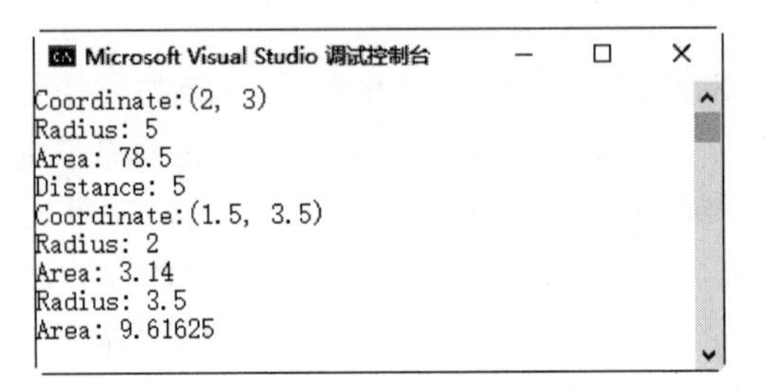
Microsoft Visual Studio 调试控制台
Coordinate:(2, 3)
Radius: 5
Area: 78.5
Distance: 5
Coordinate:(1.5, 3.5)
Radius: 2
Area: 3.14
Radius: 3.5
Area: 9.61625

图 6-1　程序段 6-1 的执行结果

6.1.1　子类构造方法

在 C++语言中,一个类可以派生多个子类,派生类可以进一步派生出新的多个子类。C++语言也支持多个类共同派生出一个类,称为多重继承,这种方式大大增加了程序设计的难度,本书不介绍多重继承。

现在在程序段 6-1 的基础上,由子类 Sector 进一步派生一个新的子类 SectorRing(扇环),继承关系如图 6-2 所示。

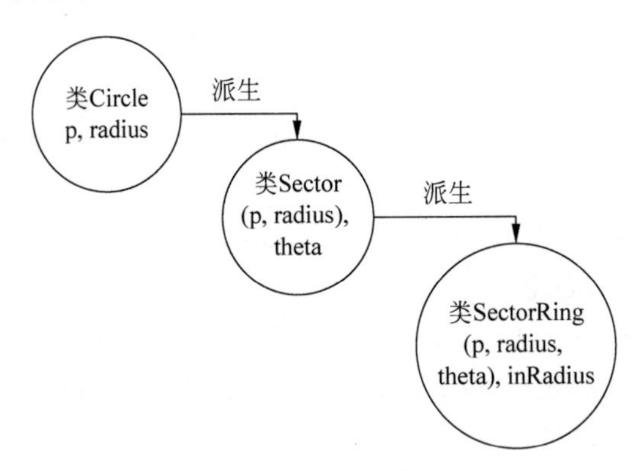
类Circle
p, radius
派生
类Sector
(p, radius),
theta
派生
类SectorRing
(p, radius,
theta), inRadius

图 6-2　类的继承关系

在图 6-2 中,类 Circle 派生了子类 Sector,此时子类 Sector 具有类 Circle 的数据成员 p 和 radius,同时具有自己独特的数据成员 theta。然后,子类 Sector 派生了新的子类 SectorRing,类 SectorRing 将具有继承自其父类的数据成员 p、radius 和 theta,并具有自己独特的数据成员 inRadius。

类的设计者必须将类 Circle、Sector、SectorRing 这 3 种类型设计成"独立"的类型,即对于使用这 3 个类的程序员而言,可以认为这 3 个类是独立的类型。为了达到类型"独立"的目的,类的设计者应在子类中设计针对其继承的数据成员的初始化方法、set 方法、get 方法和针对子类对象的公有成员方法。

下面程序段 6-2 展示了针对子类 SectorRing 的构造方法、set 方法和 get 方法等。

视频讲解

程序段 6-2　子类 SectorRing 的设计实例

(1) 头文件 main.h

第 1～83 行与程序段 6-1 的 main.h 的内容相同,故省略。

84

```
85   class SectorRing :public Sector
86   {
87   private:
88     double inRadius;
89   public:
90     SectorRing(double x = 0, double y = 0, double inRadius = 0,
91         double outRadius = 0, double theta = 0)
92         :Sector(x, y, outRadius, theta), inRadius(inRadius) {}
93     void setP(double x, double y)
94     {
95         setCoordinate(x, y);
96     }
97     void setRadius(double inRadius, double outRadius)
98     {
99         this->inRadius = inRadius;
100    Sector::setRadius(outRadius);
101    }
102    void setTheta(double th)
103    {
104        Sector::setTheta(th);
105    }
106    Point getP() const
107    {
108        return getCoordinate();
109    }
110    double getInRadius() const
111    {
112        return inRadius;
113    }
114    double getOutRadius() const
115    {
116        return getRadius();
117    }
118    double getTheta() const
119    {
120        return Sector::getTheta();
121    }
122    double area()
123    {
124        double res;
125        res = Sector::area() - 0.5 * getTheta() * inRadius * inRadius;
126        return res;
127    }
128  };
```

(2) 主程序文件 main. cpp

第 129～148 行与程序段 6-1 中主程序文件 main. cpp 的第 84～103 行相同，故省略。

```
149
150      SectorRing sr(1.0, 1.0, 0.5, 2.5, 0.785);
151      cout << "Coordinate:(" << sr.getP().x << ", "
```

```
152         << sr.getP().y << ")" << endl;
153     cout << "Inner Radius: " << sr.getInRadius()
154         << ", Outer Radius: " << sr.getOutRadius() << endl;
155     cout << "Area: " << sr.area() << endl;
156     sr.setRadius(1.5,4.0);
157     cout << "Inner Radius: " << sr.getInRadius()
158         << ", Outer Radius: " << sr.getOutRadius() << endl;
159     cout << "Area: " << sr.area() << endl;
160 }
```

在程序段6-2的头文件main.h中，第85～128行定义了类SectorRing，为类Sector的派生类，类SectorRing将具有类Sector的全部成员，此外，类SectorRing还具有专有的私有数据成员inRadius，表示扇环的内半径，如第87行和第88行所示。

第89～127行包含了类SectorRing的9个公有方法。第90～92行为构造方法，具有5个参数，依次为扇环对应的圆心坐标x和y、扇环对应的内半径inRadius和外半径outRadius、扇环对应的圆心角theta，使用列表初始化的方法调用其父类Sector的构造方法初始化继承自父类的圆心坐标、半径和扇形角，使用“inRadius(inRadius)”初始化inRadius私有数据成员。

子类的构造初始化一般只需要使用到其直接父类的构造方法，例如，这里的类SectorRing的构造方法只会调用其直接父类Sector的构造方法，而无须调用Sector类的父类Circle的构造方法。

第93～96行为setP()方法，具有双精度浮点型参数x和y，第95行的语句“setCoordinate(x,y);”调用父类Sector的公有方法setCoordinate()将x和y赋给继承自类Circle的私有数据成员p。这里第95行的语句可以使用“Circle::setP(x,y);”，即使用类SectorRing的祖父类Circle的公有方法，将x和y赋给继承自类Circle的私有数据成员p。

第97～101行为setRadius()方法，具有两个双精度浮点型参数inRadius和outRadius。第99行的语句“this->inRadius=inRadius;”使用参数inRadius初始化类SectorRing的私有数据成员inRadius。第100行的语句“Sector::setRadius(outRadius);”调用其父类Sector的方法setRadius()将参数outRadius赋给其继承自Sector(实际上是继承自祖父类Circle)的私有数据成员radius。

第102～105行为setTheta()方法，具有一个双精度浮点型参数th，第104行的语句“Sector::setTheta(th);”调用父类Sector的公有方法setTheta()将参数th赋给继承自父类Sector的私有数据成员theta。

第106～109行为getP()方法，返回扇环对应的圆心坐标，这里调用父类Sector的方法getCoordinate()，也可调用祖父类Circle的方法，即“return Circle::getP();”。

第110～113行为getInRadius()方法，返回扇环的内半径。

第114～117行为getOutRadius()方法，调用父类Sector的getRadius()方法得到扇环的外半径。

第118～121行为getTheta()方法，调用父类Sector的同名方法得到扇环对应的圆心角。

第122～127行为area()方法，返回扇环的面积。其中，第125行的语句“res=Sector::

area()－0.5 * getTheta() * inRadius * inRadius;”调用父类 Sector 的方法 area()得到扇形的面积，然后，减去内半径对应的小扇形的面积，得到扇环的面积。

在主程序文件 main.cpp 中，第 150 行的语句“SectorRing sr(1.0,1.0,0.5,2.5,0.785);”定义类 SectorRing 类型的对象 sr，并用列表“1.0,1.0,0.5,2.5,0.785”将扇环的圆心坐标设为(1.0,1.0)、扇环的内外半径设为 0.5 和 2.5、扇环对应的圆心角设为 0.785 弧度。

第 151 行和第 152 行为一条语句“cout << "Coordinate:(" << sr.getP().x << ","<< sr.getP().y << ")" << endl;”输出扇环 sr 的圆心坐标。

第 153 行和第 154 行为一条语句“cout << "Inner Radius: " << sr.getInRadius()<< ", Outer Radius: " << sr.getOutRadius() << endl;”，输出扇环的内外半径。

第 155 行的语句“cout << "Area: " << sr.area() << endl;”输出扇环的面积。

第 156 行的语句“sr.setRadius(1.5,4.0);”将扇环 sr 的内外半径设为 1.5 和 4.0。

第 157 行和第 158 为一条语句“cout << "Inner Radius: " << sr.getInRadius()<< ", Outer Radius: " << sr.getOutRadius() << endl;”输出扇环的内外半径。

第 159 行的语句“cout << "Area: " << sr.area() << endl;”输出扇环的面积，即第 156 行重设了扇环内外半径后的面积。

程序段 6-2 的执行结果如图 6-3 所示。

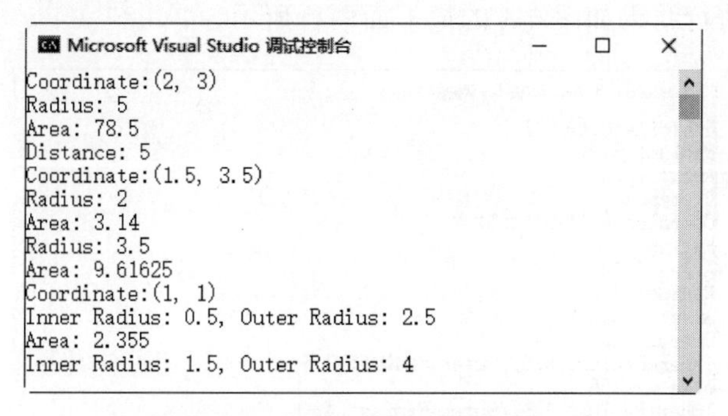
Microsoft Visual Studio 调试控制台
Coordinate:(2, 3)
Radius: 5
Area: 78.5
Distance: 5
Coordinate:(1.5, 3.5)
Radius: 2
Area: 3.14
Radius: 3.5
Area: 9.61625
Coordinate:(1, 1)
Inner Radius: 0.5, Outer Radius: 2.5
Area: 2.355
Inner Radius: 1.5, Outer Radius: 4

图 6-3　程序段 6-2 的执行结果

通过程序段 6-2，可知子类将包含父类的全部成员，若是公有继承方式，则子类不能直接访问父类的私有成员。尽管如此，父类的全部成员均被包含在子类中，或者更准确地说，子类创建的对象将包含其父类的数据成员和方法成员。在子类的构造方法中必须同时对父类的数据成员进行初始化。

6.1.2　方法覆盖

现在，只考查一个类只派生出一个类的情况。当一个类派生出多个类时，需要考虑多态问题，将在 6.5 节介绍。当一个类派生出一个子类时，若子类中具有与父类中方法同名同参的方法，称这类方法为覆盖的方法。

在一个类中，可以有同名不同参的方法，这些方法称为重载的方法，即重载的函数。例如，多个构造方法，由于其参数不同，构成了构造方法的重载。与重载的方法不同的是，覆盖的方法必须是同名同参的，且必须是子类的同名同参的方法覆盖父类的同名同参的方法。

当子类中出现父类中同名不同参的方法时，这个方法不是父类同名不同参方法的覆盖！尽可能不出现这种情况，若出现了这种情况，子类的这个方法将屏蔽掉父类的同名不同参的方法，即使父类的这个方法是公有的，子类也不会调用父类的这个同名不同参的方法，被子类方法覆盖的方法在子类的对象中仍可以调用，如程序段 6-3 所示。

程序段 6-3　子类对象调用其父类中被覆盖的方法实例

视频讲解

第 1～159 行与程序段 6-2 中的第 1～159 行相同(注意：这里包含了两个文件 main.h 和 main.cpp)。

```
160
161     cout << " Sector's Area: " << sr.Sector::area() << endl;
162     cout << " Circle's Area: " << sr.Circle::area() << endl;
163 }
```

在程序段 6-3 中的第 161 行中，通过“sr.Sector::area()”这种形式告诉子类 SectorRing 的对象 sr 调用其父类 Sector 的方法 area()，返回了对应的扇形的面积。这里的“Sector::area()”表示 Sector 类的公有方法 area()。

第 162 行中，通过“sr.Circle::area()”这种形式告诉子类 SectorRing 的对象 sr 调用其祖父类 Circle 的方法 area()，返回对应的圆的面积。这里的“Circle::area()”表示 Circle 类的公有方法 area()，其中，“::”表示归属域作用符。

程序段 6-3 的执行结果如图 6-4 的最下面两行所示。

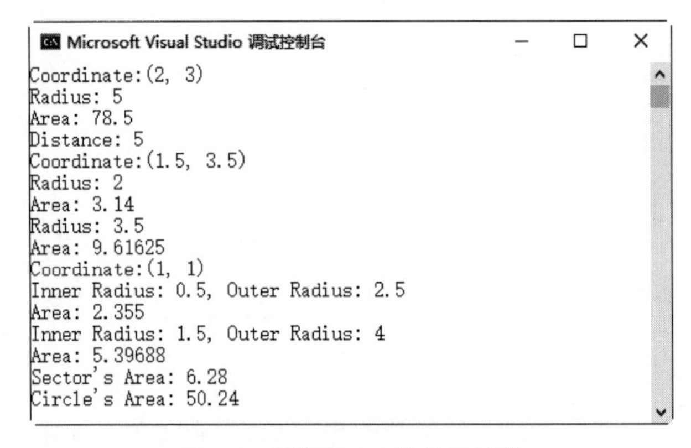
Microsoft Visual Studio 调试控制台
Coordinate:(2, 3)
Radius: 5
Area: 78.5
Distance: 5
Coordinate:(1.5, 3.5)
Radius: 2
Area: 3.14
Radius: 3.5
Area: 9.61625
Coordinate:(1, 1)
Inner Radius: 0.5, Outer Radius: 2.5
Area: 2.355
Inner Radius: 1.5, Outer Radius: 4
Area: 5.39688
Sector's Area: 6.28
Circle's Area: 50.24

图 6-4　程序段 6-3 的执行结果

6.2　保护继承

公有继承方式是最常用的继承方式，公有继承中父类的数据成员和方法成员的访问控制属性均没有变化，即父类的公有方法在子类中仍为公有方法；父类的保护成员在子类中仍为保护成员；父类的私有成员可被子类继承，但是子类不能直接访问。

在保护继承方式下，父类的保护成员和公有成员将成为子类的保护成员；父类的私有成员，可被子类继承，但是子类不能直接访问。保护继承在某些情况下具有重要的应用价值。保护类型的成员只能在类的内部访问，在类的外部无法直接访问。

下面基于程序段 6-1 设计一种保护继承的实例，这里设计一个圆类 Circle，将其圆心坐标和半径设为保护成员。由类 Circle 派生一个类 Sector，使用保护继承方式，类 Sector 具有专属的扇形角保护成员。该实例如程序段 6-4 所示，比程序段 6-1 更加简洁，因为子类 Sector 可直接访问父类的保护成员，又同时保持了类的封装特性，因为在类的外部无法访问保护成员。

程序段 6-4　保护继承实例

视频讲解

(1) 头文件 main. h

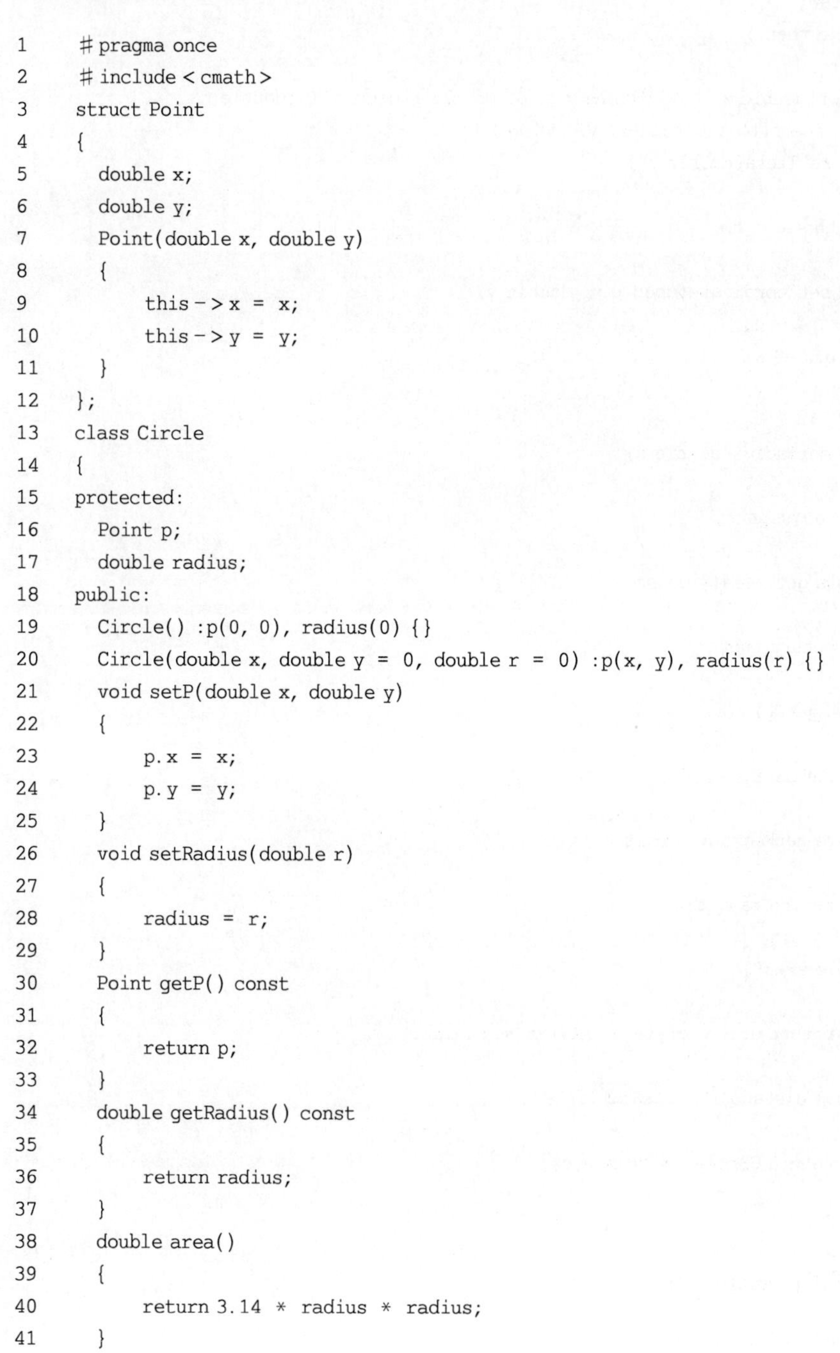

```
1    #pragma once
2    #include <cmath>
3    struct Point
4    {
5        double x;
6        double y;
7        Point(double x, double y)
8        {
9            this->x = x;
10           this->y = y;
11       }
12   };
13   class Circle
14   {
15   protected:
16       Point p;
17       double radius;
18   public:
19       Circle() :p(0, 0), radius(0) {}
20       Circle(double x, double y = 0, double r = 0) :p(x, y), radius(r) {}
21       void setP(double x, double y)
22       {
23           p.x = x;
24           p.y = y;
25       }
26       void setRadius(double r)
27       {
28           radius = r;
29       }
30       Point getP() const
31       {
32           return p;
33       }
34       double getRadius() const
35       {
36           return radius;
37       }
38       double area()
39       {
40           return 3.14 * radius * radius;
41       }
42       double distance(Circle& c)
```

```
43      {
44          return sqrt((c.p.x - p.x) * (c.p.x - p.x) + (c.p.y - p.y) * (c.p.y - p.y));
45      }
46  };
47
48  class Sector :protected Circle
49  {
50  protected:
51      double theta;
52  public:
53      Sector(double x = 0, double y = 0, double radius = 0, double th = 0)
54          :theta(th), Circle(x, y, radius) {}
55      void setTheta(double th)
56      {
57          theta = th;
58      }
59      void setCoordinate(double x, double y)
60      {
61          p.x = x;
62          p.y = y;
63      }
64      void setRadius(double r)
65      {
66          radius = r;
67      }
68      double getTheta() const
69      {
70          return theta;
71      }
72      Point getP() const
73      {
74          return p;
75      }
76      double getRadius() const
77      {
78          return radius;
79      }
80      double area()
81      {
82          return 0.5 * theta * radius * radius;
83      }
84      double distance(Circle& c)
85      {
86          return Circle::distance(c);
87      }
88  };
```

(2) 主程序文件 main.cpp

```
89  #include <iostream>
90  #include "main.h"
```

```
91  using namespace std;
92
93  int main()
94  {
95    Circle c1(2, 3, 5.0), c2(6, 6, 12.0);
96    cout << "Coordinate:(" << c1.getP().x << ", " << c1.getP().y << ")" << endl;
97    cout << "Radius: " << c1.getRadius() << endl;
98    cout << "Area: " << c1.area() << endl;
99    cout << "Distance: " << c1.distance(c2) << endl;
100
101   Sector s1(1.5, 3.5, 2, 1.57);
102   cout << "Coordinate:(" << s1.getP().x << ", "
103       << s1.getP().y << ")" << endl;
104   cout << "Radius: " << s1.getRadius() << endl;
105   cout << "Area: " << s1.area() << endl;
106   s1.setRadius(3.5);
107   cout << "Radius: " << s1.getRadius() << endl;
108   cout << "Area: " << s1.area() << endl;
109   cout << "Distance: " << s1.distance(c2) << endl;
110   //cout << "Circle's Area: " << s1.Circle::area() << endl; //Wrong
111 }
```

在程序段 6-4 的头文件 main.h 中，第 13～46 行定义了类 Circle，具有两个保护类型的成员：圆心位标 p 和半径 radius，如第 15～17 行所示。

第 18～45 行为类 Circle 的公有方法，这些方法被子类 Sector 使用保护继承方式继承后，将成为子类 Sector 的保护类型的方法，在子类 Sector 的外部不能直接访问（也就是子类 Sector 定义的对象不能访问这个保护类型的方法）。第 19 行和第 20 行为两个重载的构造方法。第 21～41 行的公有方法与程序段 6-1 中的同名方法含义相同。

第 48～88 行定义了子类 Sector，继承自类 Circle，采用保护继承方式。子类 Sector 具有一个保护类型的数据成员 theta，表示扇形角。

第 52～87 行为子类 Sector 的公有方法。

第 59～63 行为 setCoordinate()方法，具有两个双精度浮点型参数 x 和 y。第 61 行的语句“p.x=x;”直接使用父类 Circle 的保护成员 p，将 x 赋给 p 的 x 分量。第 62 行的语句“p.y=y;”直接使用父类 Circle 的保护成员 p，将 y 赋给 p 的 y 分量。

第 64～67 行为 setRadius 方法，具有一个双精度浮点型参数 r，第 66 行的语句“radius=r;”直接将 r 赋给其父类的保护成员 radius。

第 68～71 行为 getTheta 方法，返回私有数据成员 theta 的值。

第 72～75 行为 getP 方法，返回继承自父类 Circle 的保护成员 p 的值。第 76～79 行为 getRadius()方法，返回继承自父类 Circle 的保护成员 radius 的值。在 getP()方法和 getRadius()方法中都直接访问父类的保护成员 p 和 radius，同时，这两个方法均为父类同名同参的方法的覆盖方法（事实上，覆盖方法和原方法完全相同）。

第 80～83 行为 area()方法，返回扇形的面积。

第 84～87 行为 distance()方法，该方法本身是父类 Circle 中同名同参方法的覆盖方法，同时，还调用了父类的同名方法，返回扇形和参数圆 c 间的圆心距。

由上述的 main.h 文件可知，保护继承的情况下，父类中的保护成员和公有成员都转化为子类的保护成员，在子类的外部不可见，但是子类的内部可以直接访问父类的保护成员和公有成员。

在主程序文件 main.cpp 的主函数 main()中，第 101 行的语句“Sector s1(1.5,3.5,2,1.57);”定义类 Sector 的对象 s1，并使用列表“1.5,3.5,2,1.57”初始化 s1 的圆心坐标为(1.5,3.5)、半径为 2、扇形角为 1.57 弧度。

第 102 行和第 103 行为一条语句，输出扇形的圆心坐标。第 104 行输出扇形的半径。第 105 行输出扇形的面积。第 106 行的语句“s1.setRadius(3.5);”设置扇形的新的半径为 3.5。第 107 行输出扇形的新的半径。第 108 行输出扇形的新的面积。

第 109 行的语句“cout << "Distance: " << s1.distance(c2) << endl;”输出扇形 s1 和 c2 间的圆心距。

第 110 行的语句“//cout << "Circle's Area: " << s1.Circle::area() << endl; //Wrong”用“//”注释掉了。“//”注释掉自该符号开始直到行末的一行代码；“/* 注释掉的内容 */”可注释掉其中的多行语句。第 110 行的语句是错误的，由于使用了保护继承方式，父类 Circle 中的公有方法 area 在子类 Sector 中转变为保护方法，无法在子类的外部调用，故这里使用 Sector 的对象 s1 调用其父类的方法是错误的。

程序段 6-4 的执行结果如图 6-5 所示。

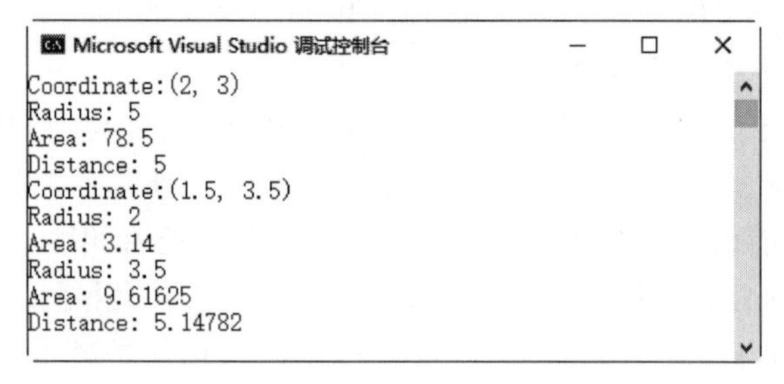
Microsoft Visual Studio 调试控制台
Coordinate:(2, 3)
Radius: 5
Area: 78.5
Distance: 5
Coordinate:(1.5, 3.5)
Radius: 2
Area: 3.14
Radius: 3.5
Area: 9.61625
Distance: 5.14782

图 6-5 程序段 6-4 的执行结果

6.3 私有继承

相对于公有继承和保护继承，私有继承用得较少。在私有继承方式下，父类的全部成员都转化为子类的私有成员，在子类的外部均不可见，即子类定义的对象不可以直接使用父类的全部成员。

下面举一个例子，如程序段 6-5 所示，介绍私有继承的情况。

视频讲解

程序段 6-5 私有继承实例

(1) 头文件 main.h

```
1    #pragma once
2    #include <cmath>
3    struct Point
4    {
5      double x;
```

```
6       double y;
7       Point(double x, double y)
8       {
9           this->x = x;
10          this->y = y;
11      }
12  };
13  class Circle
14  {
15  private:
16      Point p;
17  protected:
18      double radius;
19  public:
20      Circle(double x = 0, double y = 0, double r = 0) :p(x, y), radius(r) {}
21      void setP(double x, double y)
22      {
23          p.x = x; p.y = y;
24      }
25  };
26
27  class Sector :private Circle
28  {
29  private:
30      double theta;
31  public:
32      Sector(double x = 0, double y = 0, double radius = 0, double th = 0)
33          :theta(th), Circle(x, y, radius) {}
34      void setTheta(double th)
35      {
36          theta = th;
37      }
38      void setRadius(double r)
39      {
40          radius = r;
41      }
42      void setP(double x, double y)
43      {
44          Circle::setP(x, y);
45      }
46      double getRadius() const
47      {
48          return radius;
49      }
50      double area()
51      {
52          return 0.5 * theta * radius * radius;
53      }
54  };
```

(2) 主程序文件 main.cpp

```
55  #include <iostream>
56  #include "main.h"
```

```
57   using namespace std;
58
59   int main()
60   {
61     Sector s1(1.5, 3.5, 2, 1.57);
62     cout << "Area: " << s1.area() << endl;
63     s1.setRadius(3.5);
64     cout << "Radius: " << s1.getRadius() << endl;
65     cout << "Area: " << s1.area() << endl;
66   }
```

在程序段 6-5 的头文件 main.h 中，第 13～25 行定义了类 Circle，其中，包括一个私有数据成员 p(第 15 行和第 16 行)，表示圆心坐标；一个保护数据成员 radius(第 17 行和第 18 行)，表示半径；两个公有方法：构造方法(第 20 行)和 setP()方法(第 21～24 行)。

第 27～54 行定义类 Sector，继承自类 Circle，采用私有继承方式，类 Circle 中的全部成员均转化为类 Sector 的私有成员，在类 Sector 的外部不可见。注意，在继承过程中，类 Circle 中的保护成员在其子类 Sector 中可以直接访问，类 Circle 中的公有成员在其子类 Sector 中可以直接访问，这两部分成员均成为了 Sector 类的私有成员。尽管类 Circle 的私有成员将成为子类 Sector 的“私有成员”，但是，类 Circle 的私有成员毕竟是类 Circle 的私有成员，在其子类 Sector 中不能直接访问，只能借助类 Circle 的公有方法或保护方法间接访问 Circle 类中的私有成员。

子类 Sector 具有专属的私有成员 theta(第 29 行和第 30 行)，表示扇形角。类 Sector 具有构造方法(第 32 行和第 33 行)，在其中，初始化了它本身和其父类 Circle 的数据成员。

第 34～37 行为 setTheta()方法，将参数 th 赋给 Sector 类的私有成员 theta。

第 38～41 行为 setRadius()方法，将参数 r 赋给类 Sector 继承自父类 Circle 的保护成员 radius，继承后，radius 成为类 Sector 的私有成员。

第 42～45 行为 setP()方法，该方法调用父类 Circle 的 setP()方法，将 x 和 y 赋给圆心坐标的结构体变量 p。由于 p 为父类 Circle 的私有成员，在 Sector 类中无法直接访问，故调用父类 Circle 的公有方法 setP()完成赋值。

第 46～49 行为 getRadius()方法，返回数据成员 radius 的值。

第 50～53 行为 area()方法，返回扇形的面积。

在主程序文件 main.cpp 的 main()函数中，第 61 行的语句“Sector s1(1.5,3.5,2,1.57);”定义类 Sector 的对象 s1，并设置扇形的圆心坐标为(1.5,3.5)、半径为 2、扇形角为 1.57 弧度。

第 62 行的语句“cout << "Area: " << s1.area() << endl;”输出扇形的面积。

第 63 行的语句“s1.setRadius(3.5);”设置扇形的新的半径为 3.5。

第 64 行的语句“cout << "Radius: " << s1.getRadius() << endl;”输出扇形的新的半径的值。

第 65 行的语句“cout << "Area: " << s1.area() << endl;”输出扇形的新的面积。

由于采用了私有继承方式，对于子类 Sector 定义的对象，无法访问其父类 Circle 中的公有方法。

程序段 6-5 的执行结果如图 6-6 所示。

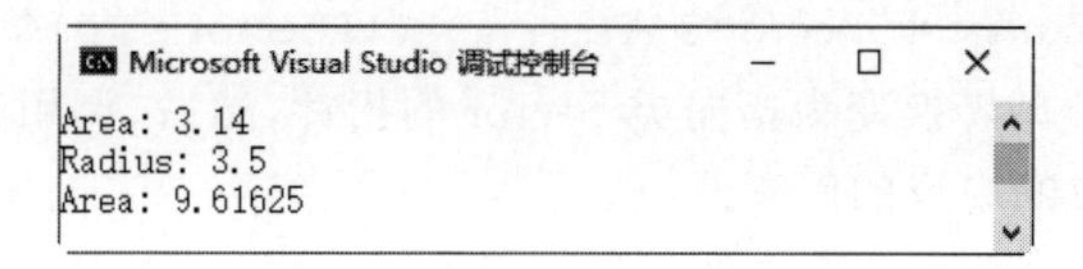

图 6-6　程序段 6-5 的执行结果

6.4　继承与指针

一般地，子类除了继承自父类的成员外，还具有自己独特的成员，因此，子类类型和父类类型是不同的，父类定义的对象不能赋给子类定义的对象。

子类包含了父类的全体成员，子类定义的对象可以赋给父类定义的对象，但是，子类定义的对象中对应于子类特有的成员将被舍弃，称为“截断”现象，所以，一般不将子类对象赋给父类对象。但是，可以将子类的对象(地址)赋给父类的指针。

设由一个类 A 派生了多个子类，每个子类又派生了各自的多个子类，这样呈“金字塔”形式派生了很多子类。所有由类 A 派生的子类(及其子类的派生类)均可以借助于指向类 A 的指针访问。

下面的程序段 6-6 介绍了借助于指向基类的指针访问子类对象成员的方法。

视频讲解

程序段 6-6　指向基类的指针访问子类对象成员实例

第 1～159 行与程序段 6-2 的第 1～159 行相同，故省略。

```
160
161     cout << endl;
162     Circle * p;
163     p = &c1;
164     cout << "Circle's Area: " << p -> area() << endl;
165     p = &s1;
166     cout << "Sector's Area: " << p -> area() << endl;
167     cout << "Sector's Area: " << ((Sector * )p) -> area() << endl;
168     p = &sr;
169     cout << "SectorRing's Area: " << p -> area() << endl;
170     cout << "SectorRing's Area: " << ((SectorRing * )p) -> area() << endl;
171 }
```

程序段 6-6 中的代码放在程序段 6-2 中主程序文件 main.cpp 中。在程序段 6-6 中，第 162 行的语句“Circle * p;”定义指向类 Circle 类型的指针 p。

第 163 行的语句“p=&c1;”使 p 指向对象 c1，这里的 c1 为类 Circle 类型的对象。

第 164 行的语句“cout << "Circle's Area: " << p-> area() << endl;”输出对象 c1 表示的圆的面积。

第 165 行的语句“p=&s1;”使 p 指向对象 s1，这里的 s1 是类 Circle 的子类 Sector 类型的对象。

第 166 行的语句“cout << "Sector's Area: " << p-> area() << endl;”想通过“p-> area()”得到对象 s1 对应的扇形面积，由于 p 为指向类 Circle 的指针，这里将调用对象 s1 对应的类 Sector 的父类中的 area()方法，得到圆的面积，而非 s1 对应的扇形的面积。

第 167 行的语句“cout << "Sector's Area: " << ((Sector *)p)-> area() << endl;”首先将指针 p 借助于强制类型转换变为指向类 Sector 的指针，然后，调用其指向的 area()方法，此时，得到对象 s1 对应的扇形的面积。

第 168 行的语句“p=&sr;”将指针 p 指向类 SectorRing 定义的对象。

第 169 行的语句“cout << "SectorRing's Area: " << p-> area() << endl;”想得到对象 sr 对应的扇环的面积，但由于 p 指针为指向类 SectorRing 的祖父类 Circle 的指针，这里的“p-> area()”将调用类 Circle 中的 area()方法，得到 sr 对应的圆的面积。

第 170 行的语句“cout << "SectorRing's Area: " << ((SectorRing *)p)-> area() << endl;”将指针 p 强制类型转换为指向类 SectorRing 的指针，这样“((SectorRing *)p)-> area()”将调用类 SectorRing 的 area()方法，得到 sr 对应的扇环的面积。

程序段 6-6 的执行结果如图 6-7 所示。

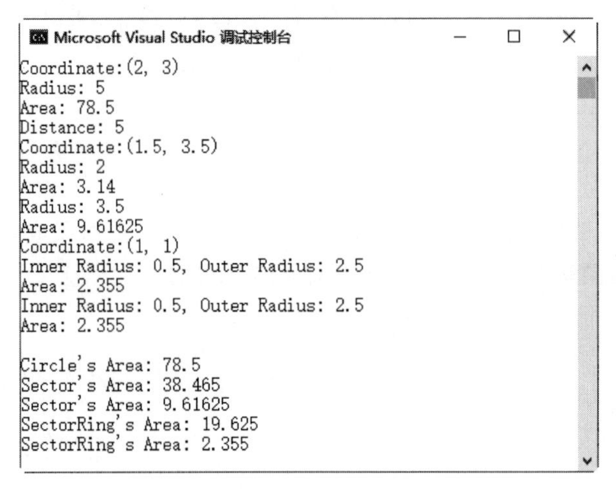

Microsoft Visual Studio 调试控制台
Coordinate:(2, 3)
Radius: 5
Area: 78.5
Distance: 5
Coordinate:(1.5, 3.5)
Radius: 2
Area: 3.14
Radius: 3.5
Area: 9.61625
Coordinate:(1, 1)
Inner Radius: 0.5, Outer Radius: 2.5
Area: 2.355
Inner Radius: 0.5, Outer Radius: 2.5
Area: 2.355

Circle's Area: 78.5
Sector's Area: 38.465
Sector's Area: 9.61625
SectorRing's Area: 19.625
SectorRing's Area: 2.355

图 6-7　程序段 6-6 的执行结果

注意：在程序段 6-2 中，类 Circle 派生出子类 Sector 的方式为公有继承，类 Sector 派生出子类 SectorRing 的方式也为公有继承，这样，程序段 6-6 中的第 166 行和第 169 行的语句中“p-> area()”可以调用类 Circle 中的 area()方法；如果是保护继承或私有继承方式，这两行语句将编译出错，因为在类的定义外部，子类对象无法调用其中的保护成员或私有成员。

回到程序段 6-6 中，第 162 行的语句“Circle *　p;”定义指向类 Circle 类型的指针；第 165 行的语句“p=&s1;”将 p 指向 Sector 类型的对象 s1；第 166 行的语句“cout << "Sector's Area: " << p-> area() << endl;”输出的不是扇形对象 s1 的面积，却是它对应的圆形的面积，是因为这里 p 为指向类 Circle 的指针，“p-> area()”调用了类 Circle 中的 area()方法，而不是调用子类 Sector 中的 area()方法。

欲使“p-> area()”调用 p 真实指向的对象中的方法，有两种解决方式：

(1) 采用强制类型转换的方式。

如程序段 6-6 的第 167 行的语句“cout << "Sector's Area: " << ((Sector *)p)-> area() << endl;”，使用“((Sector *)p)-> area()”通过强制类型转换告诉程序 p 指向的是 Sector 类型的对象，然后，将调用 Sector 类中的 area()方法，得到 p 指向的 s1 对象对应的扇形面积。

(2) 采用虚函数的方式。

在上述第(1)种方式中,采用强制类型转换在程序执行时强制性地识别指针真实指向的对象;而虚函数的方式,是在执行阶段通过多态技术自动识别指针真实指向的对象类型,并调用其中的方法。6.5 节中还将详细讨论多态技术。这里在程序段 6-6 中,若采用多态技术,需将类 Circle 中的语句"double area()"(见程序段 6-1 中的第 38 行)改为"virtual double area()",即将 area()方法设为虚方法(习惯上称为虚函数)。这样修改后,程序段 6-6 的执行结果如图 6-8 所示。当基类中的某个方法被声明为虚函数,其派生的子类中的覆盖方法自动为虚函数,无须再添加 virtual 关键字。

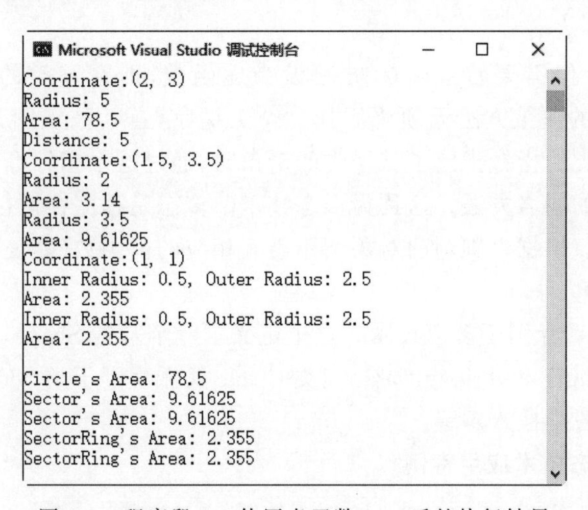
Microsoft Visual Studio 调试控制台
Coordinate:(2, 3)
Radius: 5
Area: 78.5
Distance: 5
Coordinate:(1.5, 3.5)
Radius: 2
Area: 3.14
Radius: 3.5
Area: 9.61625
Coordinate:(1, 1)
Inner Radius: 0.5, Outer Radius: 2.5
Area: 2.355
Inner Radius: 0.5, Outer Radius: 2.5
Area: 2.355
Circle's Area: 78.5
Sector's Area: 9.61625
Sector's Area: 9.61625
SectorRing's Area: 2.355
SectorRing's Area: 2.355

图 6-8 程序段 6-6 使用虚函数 area 后的执行结果

在图 6-8 中,程序段 6-6 中第 166 行的语句"cout << "Sector's Area: " << p-> area() << endl;"和第 167 行的语句"cout << "Sector's Area: " << ((Sector *)p)-> area() << endl;"均输出扇形的面积 9.61625;第 169 行的语句"cout << "SectorRing's Area: " << p-> area() << endl;"和第 170 行的语句"cout << "SectorRing's Area: " << ((SectorRing *)p)-> area() << endl;"均输出扇环的面积。显然,使用虚函数的方法比使用强制类型转换的方法更巧妙。

6.5 多态技术

6.4 节中曾介绍了虚函数的作用。这里将详细介绍虚函数的用法和多态技术。

在程序设计中,会遇到以下这种情况:

由一个基类 A 派生出多个子类,某些子类可以派出生新的子类。现在定义一个指向基类 A 的指针 p,用该指针 p 指向某个子类 B 定义的对象。能不能借助指针 p 调用它所指向的子类 B 的对象中的方法?

答案是否定的。因为 p 是指向基类 A 的指针,将 p 指向基类 A 派生的子类 B 的对象时,只能通过 p 调用子类 B 的对象中继承自类 A 的公有方法。解决这个问题的关键在于使用强制类型转换将指针 p 转化为指针子类 B 的指针,然后,可以通过强制类型转换后的指针 p 访问子类 B 的对象中的公有成员。

现在,已经明确知道:

(1) 指向基类的指针可以指向其子类定义的对象；

(2) 指向基类的指针无法访问其子类的对象中的公有成员。

在第(2)种情况下，可以使用强制类型转换将指针转换为指向子类的指针，从而借助于该指针访问子类定义的对象的公有成员。

在上述情况下，将指向基类的指针指向其子类的对象时，能不能访问子类中覆盖的父类中的方法？例如，基类 A 中有一个方法 area()，其子类 B 中也有一个方法 area()，后者是前者的覆盖方法，现在定义了一个指向基类 A 的指针 p，p 指向了子类 B 定义的对象 objB，则"p-> area()"能不能调用对象 objB 中的 area()方法(即子类 B 中的覆盖方法)而不是调用基类 A 中的 area()方法？

答案是肯定的。但需要将 area()方法设为虚函数，即在基类的 area()方法前添加 virtual 关键字，子类的覆盖方法无须再添加这个关键字，自动被识别为虚方法。使用了虚函数之后，当指向基类的指针指向了其子类的对象时，通过这个指针可直接调用子类的覆盖方法，而不是基类中的同名方法。这称为多态技术。多态是程序在运行过程中，动态识别指针指向的对象的情况，根据识别到的对象调用与其相应的虚函数(覆盖方法)，而不是去调用定义指针的基类中的方法。

下面的程序段 6-7 介绍了多态技术。这里定义了一个基类 Shape，由类 Shape 派生出 3 个子类 Circle、Rectangle 和 Triangle，然后，类 Circle 又派生了子类 Sector。由于程序段 6-7 语句较多，故在程序段中插入解释。

视频讲解

程序段 6-7　多态技术应用实例

(1) 头文件 main.h

```
1     #pragma once
2     #include <cmath>
3     #include <string>
4     #include <iostream>
5     using namespace std;
6
```

第 2 行将头文件 cmath 包括到程序中，因为在第 116 行用到了 sqrt 库函数求算术平方根。

```
7     class Shape
8     {
9     public:
10      virtual double area() = 0;
11      virtual void whatShape() = 0;
12    };
13
```

第 7～12 行为类 Shape，类 Shape 中具有两个公有方法，形式如下：

```
virtual 返回值类型  函数名(形参列表) = 0;
```

这种类型的函数称为纯虚函数，"＝0"的含义表示这是一个纯虚函数，该函数没有函数体。包含了纯虚函数的类无法创建实例(或对象)，或称无法实例化。因此，包含了纯虚函数的类称为抽象类。这里的 Shape 就是抽象类(也称为接口类)。

这里第 10 行和第 11 行定义两个纯虚函数 area()和 whatShape()。抽象类的特点在于其中的方法在其子类中必须被覆盖。这里的纯虚函数 area()和 whatShape()在类 Shape 的子类中必须被覆盖实现。由于抽象类无法创建对象,抽象类只能作为基类。

```
14  class Circle :public Shape
15  {
16  private:
17    double radius;
18  public:
19    Circle()
20    {
21        radius = 0;
22    }
23    Circle(double r) :radius(r) {}
24    void setRadius(double r)
25    {
26        radius = r;
27    }
28    virtual double getRadius() const
29    {
30        return radius;
31    }
32    double area()
33    {
34        return 3.14 * radius * radius;
35    }
36    void whatShape()
37    {
38        cout << "This is a Circle.";
39    }
40  };
41
```

第 14～40 行为类 Circle,继承自抽象类 Shape,采用公有继承方式。

在类 Circle 中具有一个专有的私有成员 radius,如第 16 行和第 17 行所示。类 Circle 具有 6 个公有方法,其中包含两个重载的构造方法、一个 set 方法 setRadius()、一个 get 方法 getRadius()和两个覆盖方法 area()、whatShape()。

第 32～35 行为覆盖基类 Shape 的虚函数 area(),第 34 行返回半径为 radius 的圆的面积。

第 36～39 行为覆盖基类 Shape 的虚函数 whatShape(),第 38 行输出提示信息“This is a Circle.”。

```
42  class Rectangle :public Shape
43  {
44  private:
45    double a, b;
46  public:
```

```
47      Rectangle()
48      {
49          a = b = 0;
50      }
51      Rectangle(double a, double b) :a(a), b(b) {}
52      void setA(double a)
53      {
54          this->a = a;
55      }
56      void setB(double b)
57      {
58          this->b = b;
59      }
60      double getA() const
61      {
62          return a;
63      }
64      double getB() const
65      {
66          return b;
67      }
68      double area()
69      {
70          return a * b;
71      }
72      void whatShape()
73      {
74          cout << "This is a Rectangle.";
75      }
76  };
77
```

第42～76行定义了类Rectangle，它继承自基类Shape，采用公有继承方式。类Rectangle具有两个私有数据成员a和b，如第44行和第45行所示，分别表示长方形的宽和高。

类Rectangle具有8个公有方法，其中包括两个重载的构造方法、两个set()方法setA()和setB()、两个get()方法getA()和getB()、两个覆盖方法area()和whatShape()。

第52～55行为setA()方法，具有一个双精度浮点型参数a，第54行的语句“this-> a=a;”将参数a赋给私有数据成员a。

第60～63行为getA()方法，返回私有数据成员a的值。

第68～71行为覆盖基类Shape的虚方法area()，第70行的语句“return a * b;”返回a与b的乘积，即返回长方形的面积。

第72～75行为覆盖基类Shape的虚方法whatShape()，第74行的语句“cout << "This is a Rectangle.";”输出提示信息“This is a Rectangle.”。

```
78  class Triangle : public Shape
79  {
80  private:
```

```
81        double a, b, c;
82    public:
83        Triangle()
84        {
85            a = b = c = 0;
86        }
87        Triangle(double a, double b,double c) :a(a), b(b),c(c) {}
88        void setA(double a)
89        {
90            this->a = a;
91        }
92            void setB(double b)
93        {
94            this->b = b;
95        }
96        void setC(double c)
97        {
98            this->c = c;
99        }
100       double getA() const
101       {
102           return a;
103       }
104       double getB() const
105       {
106           return b;
107       }
108       double getC() const
109       {
110           return c;
111       }
112       double area()
113       {
114           double s;
115           s = 0.5 * (a + b + c);
116           return sqrt(s * (s - a) * (s - b) * (s - c));
117       }
118       void whatShape()
119       {
120           cout << "This is a Triangle.";
121       }
122   };
123
```

第 78～123 行为类 Triangle，继承自类 Shape，采用公有继承方式。类 Triangle 具有 3 个私有数据成员 a、b 和 c，用于表示三角形 3 条边的长度，如第 80 行和第 81 行所示。

类 Triangle 具有 10 个公有方法，包括 2 个构造方法，如第 83～87 行所示；3 个 set()方法 setA()、setB()和 setC()，如第 88～99 行所示；3 个 get()方法 getA()、getB()和 getC()，如第 100～111 行所示；2 个覆盖父类 Shape 方法的虚方法 area()和 whatShape()。

第 88～91 行为 setA()方法，具有一个双精度浮点型参数 a。第 90 行的语句“this-> a=a;”将参数 a 赋给类 Triangle 的私有数据成员 a。

第 100～103 行为 getA()方法，返回类 Triangle 的私有数据成员 a 的值(从严格意义上说，是返回类 Triangle 定义的对象的私有数据成员 a 的值)。

第 112～117 行为虚方法 area()。第 114 行的语句“double s;”定义双精度浮点型变量 s；第 115 行的语句“s=0.5 * (a+b+c);”将 a、b 和 c 的和的一半赋给变量 s；第 116 行的语句“return sqrt(s * (s-a) * (s-b) * (s-c));”使用海伦公式计算三角形的面积并返回面积的值。

第 118～121 行为虚方法 whatShape()。第 120 行的语句“cout << "This is a Triangle.";”输出提示信息“This is a Triangle.”。

```
124  class Sector : public Circle
125  {
126  private:
127    double theta;
128  public:
129    Sector() :Circle()
130    {
131        theta = 0;
132    }
133    Sector(double r, double th) :Circle(r), theta(th) {}
134    void setTheta(double th)
135    {
136        theta = th;
137    }
138    void setRadius(double r)
139    {
140        Circle::setRadius(r);
141    }
142    double getTheta() const
143    {
144        return theta;
145    }
146    double getRadius() const
147    {
148        return Circle::getRadius();
149    }
150    double area()
151    {
152        return Circle::area() * theta / (2 * 3.14);
153    }
154    void whatShape()
155    {
156        cout << "This is a Sector.";
157    }
158  };
```

第 124～158 行为类 Sector，继承自类 Circle，采用公有继承方式，而类 Circle 继承自类

Shape。类 Sector 具有一个专有的私有数据成员 theta,表示扇形角,如第 126 行和第 127 行所示。

类 Sector 具有 8 个公有方法,包括 2 个构造方法;2 个 set()方法 setTheta()和 setRadius();2 个 get()方法 getTheta()和 getRadius();2 个覆盖父类 Circle 的虚函数(或虚方法)area()和 whatShape()。

第 134～137 行为 setTheta()方法,具有一个双精度浮点型参数 th。第 136 行的语句"theta=th;"将参数 th 赋给类 Sector 的私有数据成员 theta。

第 142～145 行为 getTheta()方法,返回类 Sector 的私有数据成员 theta 的值。

第 150～153 行为覆盖父类 Circle 的虚函数 area()。第 152 行的语句"return Circle::area() * theta / (2 * 3.14);"返回扇形的面积。

第 154～158 行为覆盖父类 Circle 的虚函数 whatShape()。第 156 行的语句"cout << " This is a Sector. ";"输出提示信息"This is a Sector. "。

注意:在 C++语言中,为了明确地表示子类中的函数为虚函数,可以在函数头的末尾添加关键字 override,例如第 150 行可由原来的"double area()"写为"double area() override",第 154 行可由原来的"void whatShape()"写为"void whatShape() override"。

(2) 主程序文件 main.cpp

```
159  #include <iostream>
160  #include "main.h"
161  using namespace std;
162
163  void display(Shape& shape);
164  int main()
165  {
166    Circle circle(2.4);
167    Rectangle rect(3.0, 5.0);
168    Triangle tri(3.0, 4.0, 5.0);
169    Sector sector(10.0, 1.57);
170
171    Shape * shape[4];
172    shape[0] = &circle;
173    shape[1] = &rect;
174    shape[2] = &tri;
175    shape[3] = &sector;
176
177    for (int i = 0; i < 4; i++)
178    {
179        shape[i]->whatShape();
180        cout << " Area: " << shape[i]->area() << endl;
181    }
182
183    cout << endl;
184    display(circle);
185    display(rect);
186    display(tri);
187    display(sector);
```

```
188
189     cout << endl;
190     Circle * pCircle;
191     pCircle = &sector;
192     cout << "Sector's Radius: " << pCircle -> getRadius() << endl;
193  }
194
195  void display(Shape& shape)
196  {
197     shape.whatShape();
198     cout << " Area: " << shape.area() << endl;
199  }
```

在主程序文件 main.cpp 中，第 163 行的语句“void display(Shape& shape);”为第 195～199 行的函数 display 的函数声明。尽管 Shape 为抽象类，无法定义对象，但是这里使用了引用类型的对象作为函数形式参数。函数在定义时不会为形式参数分配空间，在函数被调用时才会分配空间，所以，这里的“Shape& shape”形式参数并不会创建抽象类 Shape 的对象。

在 main()函数中，第 166 行的语句“Circle circle(2.4);”定义类 Circle 类型的对象 circle，半径设为 2.4。

第 167 行的语句“Rectangle rect(3.0,5.0);”定义类 Rectangle 类型的对象 rect，长方形的宽和高分别为 3.0 和 5.0。

第 168 行的语句“Triangle tri(3.0,4.0,5.0);”定义类 Triangle 类型的对象 tri，三角形三条边的长度依次为 3.0、4.0 和 5.0。

第 169 行的语句“Sector sector(10.0,1.57);”定义类 Sector 类型的对象 sector，定义扇形的半径为 10.0，扇形角为 1.57 弧度。

第 171 行的语句“Shape * shape[4];”定义指向类 Shape 类型的指针数组，具有 4 个元素，每个元素均为指向类 Shape 类型的指针。

第 172 行的语句“shape[0]=&circle;”将 shape[0]指针指向对象 circle。

第 173 行的语句“shape[1]=▭”将 shape[1]指针指向对象 rect。

第 174 行的语句“shape[2]=&tri;”将 shape[2]指针指向对象 tri。

第 175 行的语句“shape[3]=§or;”将 shape[3]指针指向对象 sector。

第 172～175 行的语句将对象 circle、rect、tri 和 sector 的地址赋给指针数组的各个元素，是为了可以通过循环的方式访问各个对象。如第 177～181 行所示。

第 177～181 行为一个 for 结构，循环变量 i 从 0 按步长 1 递增到 3，对于每个 i，执行第 179～180 行的语句，即“shape[i]-> whatShape();”调用 shape[i]所指向的对象的 whatShape()方法，输出图形的类型；“cout << " Area: " << shape[i]-> area() << endl;”调用 shape[i]所指向的对象的 area()方法，输出该对象对应的图形的面积。

第 184 行的语句“display(circle);”将 circle 作为 display()函数的实际参数，调用函数 display()显示 circle 对象的信息和面积。

display 函数如第 195～199 行所示，具有一个类 Shape 引用类型的形式参数 shape。第 197 行的语句“shape.whatShape();”调用对象 shape 的 whatShape()方法，输出图形的类型信息；第 198 行的语句“cout << " Area：" << shape. area() << endl;”调用对象 shape 的 area()方法输出对象所对应的图形的面积。这里使用了多态技术。

第 185～187 行分别以 rect、tri 和 sector 对象为实际参数调用 displya 函数输出各个对象的图形类型和面积。

第 190 行的语句“Circle * pCircle;”定义指向类 Circle 类型的指针 pCircle，将指针 pCircle 指向其子类 Sector 定义的 sector 对象(第 191 行)。第 192 行的语句“cout << " Sector's Radius：" << pCircle-> getRadius() << endl;”输出 sector 对象对应的扇形的半径，这里 getRadius()在类 Circle 中声明为虚函数(第 28 行)，这里使用了多态技术。

程序段 6-7 的执行结果如图 6-9 所示。

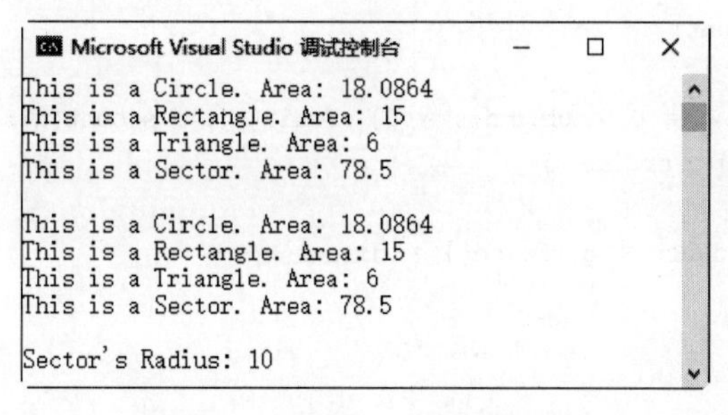

图 6-9　程序段 6-7 的执行结果

下面再举一个多态技术的例子。首先定义一个基类 Fruit，具有一个私有成员 price，表示水果的定价；具有一个公有成员 number，表示水果的售卖数量。这里不考虑单位换算，认为 number 乘以 price 为费用。基类 Fruit 具有一个 set 方法、一个 get 方法和一个虚方法 cost()。然后，由 Fruit 派生出 3 个类：Apple、Pear 和 Banana。程序要求输入购买的 Apple、Pear 和 Banana 的数量，输出花费的总费用。程序代码如程序段 6-8 所示。

程序段 6-8　水果类实例

(1) 头文件 main.h

```
1    #pragma once
2    class Fruit
3    {
4    public:
5        double number;
6        Fruit(double p, double n = 0)
7        {
8            price = p;
9            number = n;
10       }
11       void setPrice(double p)
12       {
13           price = p;
14       }
15       double getPrice() const
16       {
17           return price;
18       }
```

```
19      virtual double cost()
20      {
21          return number * price;
22      }
23
24  private:
25      double price;
26  };
27
28  class Apple : public Fruit
29  {
30  private:
31      double discount;
32  public:
33      Apple(double p = 0, double dis = 0) :Fruit(p), discount(dis) {}
34      double cost() override
35      {
36          return number * getPrice() * discount;
37      }
38  };
39
40  class Pear : public Fruit
41  {
42  private:
43      double discount;
44  public:
45      Pear(double p = 0, double dis = 0) :Fruit(p), discount(dis) {}
46      double cost() override
47      {
48          return number * getPrice() * discount;
49      }
50  };
51
52  class Banana : public Fruit
53  {
54  private:
55      double discount;
56  public:
57      Banana(double p = 0, double dis = 0) :Fruit(p), discount(dis) {}
58      double cost() override
59      {
60          return number * getPrice() * discount;
61      }
62  };
```

(2) 主程序文件 main.cpp

```
63  #include <iostream>
64  #include "main.h"
65  using namespace std;
66
```

```
67  int main()
68  {
69    double nApple, nPear, nBanana;
70    cout << "Input the number of Apple, Pear and Banana: " << endl;
71    cin >> nApple >> nPear >> nBanana;
72
73    Apple apple(7.6, 0.9);
74    Pear pear(5.8, 0.85);
75    Banana banana(3.9, 0.7);
76
77    apple.number = nApple;
78    pear.number = nPear;
79    banana.number = nBanana;
80
81    Fruit * fruit[3];
82    fruit[0] = &apple;
83    fruit[1] = &pear;
84    fruit[2] = &banana;
85
86    cout << "The total cost is: ";
87    double total = 0;
88    for (int i = 0; i < 3; i++)
89        total += fruit[i] -> cost();
90    cout << total << endl;
91  }
```

在程序段 6-8 的头文件 main.h 中，第 2～26 行定义了类 Fruit，类是一种数据类型，其中的成员的排列顺序不受限制，这里将私有成员放在了公有成员的后面，如第 24 行和第 25 行所示，类 Fruit 包含一个私有数据成员 price 表示水果的单价；公有成员如第 4～22 行所示，具有一个公有数据成员 number，如第 5 行所示，表示水果的售卖数量；具有一个构造方法，如第 6～10 行所示。注意，构造方法中应对全部数据成员（包括私有、保护和公有数据成员）进行初始化。一般地，公有数据成员可以用带默认值的参数初始化。

第 11～14 行为 setPrice()方法，具有一个双精度浮点型参数 p，第 13 行的语句"price=p;"将参数 p 赋给私有数据成员 price。

第 15～18 行为 getPrice()方法，返回私有数据成员 price 的值。

第 19～22 行为虚方法 cost()，返回水果的销售总价。

第 28～38 行为类 Apple，继承自类 Fruit，采用公有继承方式。Apple 类具有一个私有数据成员 discount，如第 30 行和第 31 行所示，表示折扣。Apple 类具有 2 个公有方法成员，其一为构造方法，如第 33 行所示，初始化继承自父类 Fruit 的私有数据成员 price 和公有数据成员 number 以及类 Apple 的私有数据成员 discount；其二为覆盖父类方法 cost 的虚方法 cost()，如第 34～37 行所示。第 36 行的语句"return number * getPrice() * discount;"返回继承的公有数据成员 number、继承的公有方法 getPrice()得到的私有数据成员 price 和类 Apple 的私有数据成员 discount 的乘积。

第 40～50 行为类 Pear，采用公有继承方式继承自类 Fruit。第 52～62 行为类 Banana，采用公有继承方式继承自类 Fruit。类 Pear 和类 Banana 的内容与类 Apple 类似。

在主程序文件 main. cpp 的 main()函数中，第 69 行的语句"double nApple，nPear，nBanana；"定义双精度浮点型变量 nApple、nPear 和 nBanana，分别用于保存售卖的苹果、梨和香蕉的数量。第 70 行的语句"cout << "Input the number of Apple，Pear and Banana：" << endl；"输出提示信息"Input the number of Apple，Pear and Banana："。第 71 行的语句"cin >> nApple >> nPear >> nBanana；"输入 nApple、nPear 和 nBanana 的值。

第 73 行的语句"Apple apple(7.6，0.9)；"定义类 Apple 类型的对象 apple，售价初始化为 7.6，折扣为 0.9。

第 74 行的语句"Pear pear(5.8，0.85)；"定义类 Pear 类型的对象 pear，售价初始化为 5.8，折扣为 0.85。

第 75 行的语句"Banana banana(3.9，0.7)；"定义类 Banana 类型的对象 banana，售价初始化为 3.9，折扣为 0.7。

第 77 行的语句"apple. number＝nApple；"设置 apple 对象的公有数据成员 number 为 nApple，表示苹果售卖的数量为 nApple。

第 78 行的语句"pear. number＝nPear；" 设置 pear 对象的公有数据成员 number 为 nPear，表示梨售卖的数量为 nPear。

第 79 行的语句"banana. number＝nBanana；" 设置 banana 对象的公有数据成员 number 为 nBanana，表示香蕉售卖的数量为 nBanana。

第 81～90 行的语句可以用一条语句"cout << "The total cost is：" << apple. cost()＋pear. cost()＋banana. cost() << endl；"代替。当有多种水果时，这里的 for 结构就能体现出优势了。这里，第 81 行的语句"Fruit * fruit[3]；"定义指向类 Fruit 类型的指针数组 fruit，具有 3 个元素，每个元素为指向类 Fruit 的指针。

第 82 行的语句"fruit[0]＝&apple；"将 fruit[0]指向对象 apple。

第 83 行的语句"fruit[1]＝&pear；"将 fruit[1]指向对象 pear。

第 84 行的语句"fruit[2]＝&banana；"将 fruit[2]指向对象 banana。

第 86 行的语句"cout << "The total cost is："；"输出提示信息"The total cost is："。第 87 行的语句"double total＝0；"定义双精度浮点型变量 total，并赋初值为 0。第 88 行和第 89 行为一个 for 结构，循环变量 i 从 0 按步长 1 递增到 2，对每个 i，执行一次第 89 行的语句"total ＋＝fruit[i]-> cost()；"调用指针 fruit[i]指向的对象的 cost 方法得到相应的水果售价，并将这个售价加到 total 中。这里使用多态技术，用指向基类 Fruit 的指针访问子类对象的虚函数。

第 90 行的语句"cout << total << endl；"输出 total 的值。

程序段 6-8 的执行结果如图 6-10 所示。

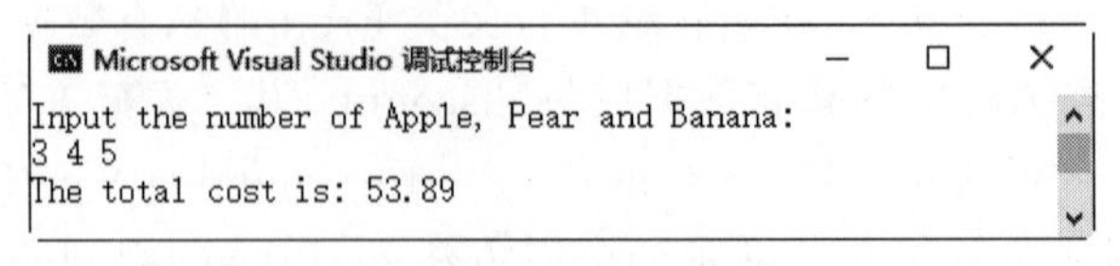

图 6-10　程序段 6-8 的执行结果

6.6 本章小结

本章介绍了类的3种成员访问特性，即公有特性、保护特性和私有特性。然后，介绍了类的继承的3种继承方式，即公有继承、保护继承和私有继承。接着，详细介绍了每种继承方式下基类各种访问特性的成员在其派生类中的访问特性。在实际程序设计中，公有继承方式应用最为广泛，在这种继承方式下，基类的私有成员在其子类中仍为私有成员（子类中不可直接访问），基类的保护成员在子类中仍为保护成员（子类中可直接访问、子类定义的对象不可直接访问），基类的公有成员成为子类的公有成员（子类中可直接访问、子类定义的对象可直接访问）。需要注意的是，无论是哪种继承方式，一个基类派生出一个子类后，子类将具有基类的全部成员。从严格意义上讲，子类定义的对象除了包含子类的各个成员外，还将包含其父类对应的各个成员。为了使子类成为一种独立的数据类型，在子类中需要初始化父类的数据成员，同时，还需要编写针对父类（和子类）的数据成员的 set()方法和 get()方法。这里子类是一种"独立"的数据类型，是指对于程序员来说，无须关心使用的类是基类还是派生类，只需要使用类的公有方法即可。

本章还介绍了多态技术。通过将基类的方法设为虚函数，在子类中覆盖基类的虚函数，可以通过指向基类的指针调用子类对象中的虚函数。注意：类是一种数据类型，关于类中成员的很多解释，从严格意义上讲，是针对类定义的对象的，而非是针对类类型的。例如，set()方法用于设置类创建的对象中的某些私有数据成员，在不引起歧义的情况下，文中解释为对类的私有数据成员赋值，这一点请读者朋友注意。此外，多态技术是在程序执行过程中根据对象自动识别调用的虚函数的（借助于一个称为虚函数表的数据结构），而不是在程序编译阶段识别的。

习题

1. 编写一个饮料类作为基类，具有一个称为单价 price 的私有数据成员、一个称为数量 number 的公有数据成员和一个名为 cost 的公有方法成员，使用该基类派生两个子类，分别称为奶茶类和橙汁类，这两个类都具有一个私有数据成员 discount（表示折扣）和一个覆盖的方法成员 cost。编写主程序，要求输入奶茶和橙汁的数量，输出所需的费用。

2. 编写一个 Person 类作为基类，具有姓名 name 和年龄 age 两个私有成员，具有一个输出信息的公有方法。由 Person 类派生出 Student 类和 Teacher 类，Student 类具有一个专有的学习科目私有数据成员（用 string 类型的数组表示）和一个各科成绩私有数据成员（用 double 类型的数组表示），Teacher 类具有一个专有的教授科目的私有数据成员（用 string 类型的数组表示）。编写主程序，创建 Student 类和 Teacher 类的对象，并输出所有对象的信息。

第 7 章

运算符重载

C++语言具有大量的运算符，按参与运算的操作数的个数分为单目运算符、双目运算符和三目运算符。其中，三目运算符只有一个“：?”。大部分运算符可以针对类类型重新定义，称为运算符重载。只有几个运算符不能重载，例如，三目运算符“：?”、成员运算符“.”、归属作用域运算符“：:”、指针成员选择运算符“. *”和 sizeof 运算符。

所谓运算符“重载”，是指针对类类型扩充现有的 C++语言的运算符的功能。声明重载的运算符的基本语法为：

(1) 对于双目运算符

变量类型声明符　operator 运算符(变量类型声明符 参数名 1，变量类型声明符　参数名 2)；

(2) 对于单目运算符

变量类型声明符　operator 运算符(变量类型声明符 参数名)；

运算符重载一般是针对类类型的对象而言，可以将运算符重载的定义放于类中，在类中声明重载的运算符的基本语法为：

(1) 对于双目运算符

变量类型声明符　operator 运算符(变量类型声明符 参数名)；

(2) 对于单目运算符

变量类型声明符　operator 运算符()；

在类中声明运算符重载，运算符重载方法(或称函数)作为类的一个公有成员方法，类的数据成员作为重载的运算符的一个操作数，因此，对于双目运算符重载方法只需要一个形式参数，而对于单目运算符重载方法则不需要参数。

本章的学习目标：

- 了解运算符重载的意义
- 掌握常用运算符的重载方法
- 学会在类中实现双目运算符的重载编程

7.1 运算符重载函数

欲使 C++语言中已有的运算符可适用于新定义的类类型，需要对 C++语言的运算符进行重载。一种重载运算符的方法是借助于函数实现，如程序段 7-1 所示。这里定义了复数类型，编写了运算符重载函数，使用运算符"+""−""*""/"实现了两个复数间的加、减、乘和除法运算。运算符重载本质上是扩充了C++语言现有运算符的作用范围。

程序段 7-1　运算符重载函数实例

视频讲解

(1) 头文件 main.h

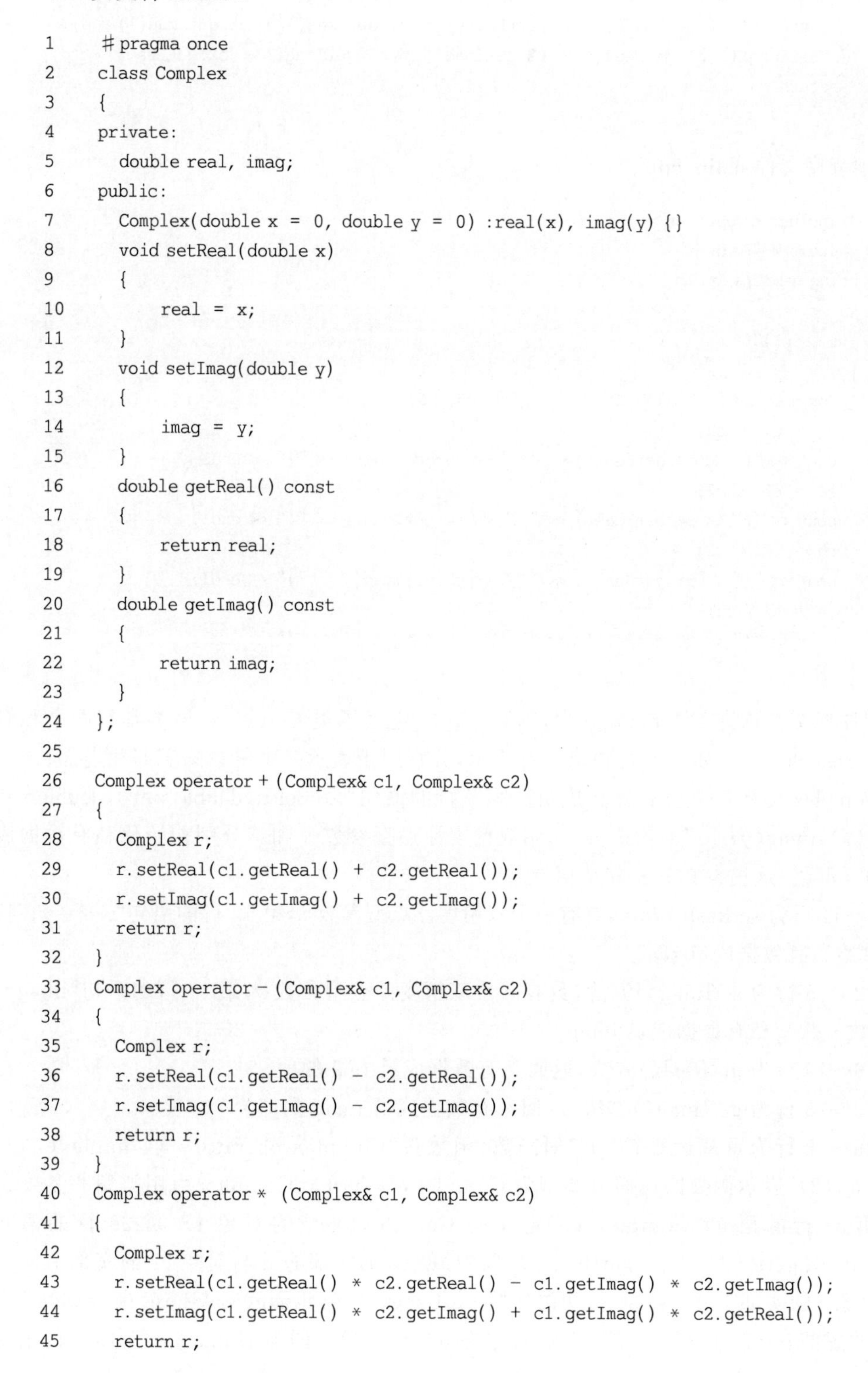

```
1   #pragma once
2   class Complex
3   {
4   private:
5     double real, imag;
6   public:
7     Complex(double x = 0, double y = 0) :real(x), imag(y) {}
8     void setReal(double x)
9     {
10        real = x;
11    }
12    void setImag(double y)
13    {
14        imag = y;
15    }
16    double getReal() const
17    {
18        return real;
19    }
20    double getImag() const
21    {
22        return imag;
23    }
24  };
25
26  Complex operator + (Complex& c1, Complex& c2)
27  {
28    Complex r;
29    r.setReal(c1.getReal() + c2.getReal());
30    r.setImag(c1.getImag() + c2.getImag());
31    return r;
32  }
33  Complex operator - (Complex& c1, Complex& c2)
34  {
35    Complex r;
36    r.setReal(c1.getReal() - c2.getReal());
37    r.setImag(c1.getImag() - c2.getImag());
38    return r;
39  }
40  Complex operator * (Complex& c1, Complex& c2)
41  {
42    Complex r;
43    r.setReal(c1.getReal() * c2.getReal() - c1.getImag() * c2.getImag());
44    r.setImag(c1.getReal() * c2.getImag() + c1.getImag() * c2.getReal());
45    return r;
```

```
46    }
47    Complex operator/(Complex& c1, Complex& c2)
48    {
49      Complex r;
50      double d = c2.getReal() * c2.getReal() + c2.getImag() * c2.getImag();
51      r.setReal((c1.getReal() * c2.getReal() + c1.getImag() * c2.getImag()) / d);
52      r.setImag((-c1.getReal() * c2.getImag() + c1.getImag() * c2.getReal()) / d);
53      return r;
54    }
```

(2)主程序文件 main. cpp

```
55    #include <iostream>
56    #include "main.h"
57    using namespace std;
58
59    int main()
60    {
61      Complex c1(3, 4), c2(12, 7), c3, c4, c5, c6;
62      c3 = c1 + c2;
63      cout << "(" << c3.getReal() << ", " << c3.getImag() << ")" << endl;
64      c4 = c1 - c2;
65      cout << "(" << c4.getReal() << ", " << c4.getImag() << ")" << endl;
66      c5 = c1 * c2;
67      cout << "(" << c5.getReal() << ", " << c5.getImag() << ")" << endl;
68      c6 = c1 / c2;
69      cout << "(" << c6.getReal() << ", " << c6.getImag() << ")" << endl;
70    }
```

在程序段 7-1 的头文件 main. h 中,第 2~24 行定义了类 Complex,该类具有两个私有数据成员 real 和 imag,如第 4 行和第 5 行所示,分别用于表示一个复数的实部和虚部。

类 Complex 具有 5 个公有方法成员。第 7 行的语句"Complex(double x=0,double y=0) : real(x),imag(y) {}"为构造方法,用双精度浮点型参数 x 和 y 分别初始化私有数据成员 real 和 imag。这里参数具有默认值 0。

第 8~11 行为 setReal()方法,具有一个双精度浮点型参数 x,第 10 行的语句"real=x;"将参数 x 赋给私有数据成员 real。

第 12~15 行为 setImag()方法,具有一个双精度浮点型参数 y,第 14 行的语句"imag=y;"将参数 y 赋给私有数据成员 imag。

第 16~19 行为 getReal()方法,返回私有数据成员 real 的值。

第 20~23 行为 getImag()方法,返回私有数据成员 imag 的值。

第 26~32 行为重载运算符"+"的函数,函数头"Complex operator+(Complex& c1, Complex& c2)"表示函数的返回值类型为 Complex,具有两个 Complex 引用类型的参数 c1 和 c2。第 28 行的语句"Complex r;"定义类 Complex 类型的对象 r。第 29 行的语句"r. setReal(c1. getReal()+c2. getReal());"将对象 c1 的实部 real 与对象 c2 的实部 real 的和赋给对象 r 的实部 real。第 30 行的语句"r. setImag(c1. getImag()+c2. getImag());"将对象 c1 的虚部 imag 与对象 c2 的虚部 imag 的和赋给对象 r 的虚部 imag。第 31 行的语句

“return r;”返回对象 r。该函数实现了两个复数 c1 和 c2 的加法运算，返回它们的和。

第 33～39 行为重载运算符“－”的函数，函数头“Complex operator-(Complex& c1, Complex& c2)”表示函数的返回值类型为 Complex，具有两个 Complex 引用类型的参数 c1 和 c2。该函数实现了两个复数 c1 和 c2 的减法运算，返回它们的差。

第 40～46 行为重载运算符“ * ”的函数，函数头“Complex operator * (Complex& c1, Complex& c2)”表示函数的返回值类型为 Complex，具有两个 Complex 引用类型的参数 c1 和 c2。该函数实现了两个复数 c1 和 c2 的乘法运算，返回它们的积。

第 47～54 行为重载运算符“/”的函数，函数头“Complex operator/(Complex& c1, Complex& c2)”表示函数的返回值类型为 Complex，具有两个 Complex 引用类型的参数 c1 和 c2。该函数实现了两个复数 c1 和 c2 的除法运算(没有考虑除数为 0 的情况)，返回它们的商。

在主程序文件 main.cpp 的主函数 main()中，第 61 行的语句“Complex c1(3,4),c2(12,7),c3,c4,c5,c6;”定义了类 Complex 类型的 6 个对象 c1、c2、c3、c4、c5、c6，其中，c1 初始化为复数 3+4i，c2 初始化为复数 12+7i。

第 62 行的语句“c3=c1+c2;”将复数 c1 与 c2 相加，其和赋给 c3。这里使用了重载的运算符“＋”。

第 63 行的语句“cout << "(" << c3.getReal() << "," << c3.getImag() << ")" << endl;”输出复数 c3 的值，用“(实部,虚部)”的形式显示复数 c3 的值。

第 64 行的语句“c4=c1－c2;”将复数 c1 减去 c2，其差赋给 c4。这里使用了重载的运算符“－”。

第 65 行的语句“cout << "(" << c4.getReal() << "," << c4.getImag() << ")" << endl;”输出复数 c4 的值。

第 66 行的语句“c5=c1 * c2;”将复数 c1 乘以 c2 的积赋给 c5。这里使用了重载的运算符“ * ”。

第 67 行的语句“cout << "(" << c5.getReal() << "," << c5.getImag() << ")" << endl;”输出复数 c5 的值。

第 68 行的语句“c6=c1 / c2;”将复数 c1 除以 c2 的商赋给 c6。这里使用了重载的运算符“/”。

第 69 行的语句“cout << "(" << c6.getReal() << "," << c6.getImag() << ")" << endl;”输出复数 c6 的值。

程序段 7-1 的执行结果如图 7-1 所示。

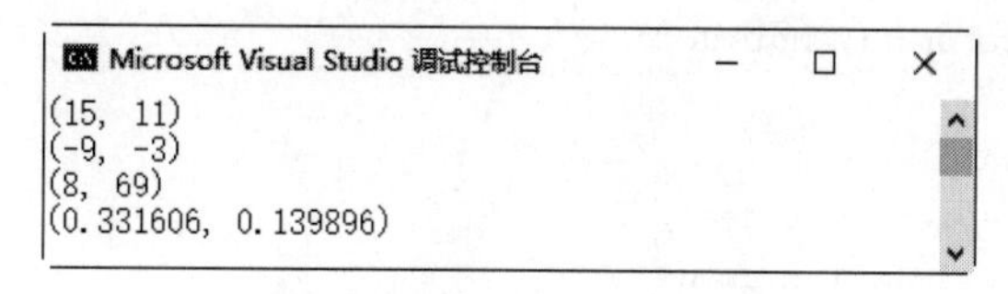

图 7-1　程序段 7-1 的执行结果

在程序段 7-1 的 main.h 中，针对类 Complex 类型的对象(即复数)使用函数实现了运算符“＋”“－”“ * ”“/”的重载。

7.2 运算符重载方法

在 7.1 节介绍了借助函数实现运算符重载的方法。习惯上,倾向于将 C++语言的运算符重载作为类的成员方法。下面先介绍双目运算符重载方法,再介绍单目运算符重载方法。

7.2.1 双目运算符重载方法

当双目运算符重载作为类的公有成员方法时,其中一个操作数来自于类本身(的私有数据成员),重载方法需要一个参数作为另一个操作数。这里,将程序段 7-1 中的复数类的运算符重载函数改写为类的成员方法,同样实现了复数的“+”“-”“*”“/”运算,如程序段 7-2 所示。

视频讲解

程序段 7-2 双目运算符重载方法实例

(1) 头文件 main.h

```
1    #pragma once
2    class Complex
3    {
4    private:
5      double real, imag;
6    public:
7      Complex(double x = 0, double y = 0) :real(x), imag(y) {}
8      void setReal(double x)
9      {
10         real = x;
11     }
12     void setImag(double y)
13     {
14         imag = y;
15     }
16     double getReal() const
17     {
18         return real;
19     }
20     double getImag() const
21     {
22         return imag;
23     }
24     Complex operator + (Complex& c)
25     {
26         Complex r;
27         r.real = real + c.real;
28         r.imag = imag + c.imag;
29         return r;
30     }
31     Complex operator - (Complex& c)
32     {
33         Complex r;
```

```
34            r.real = real - c.real;
35            r.imag = imag - c.imag;
36            return r;
37        }
38        Complex operator * (Complex& c)
39        {
40            Complex r;
41            r.real = real * c.real - imag * c.imag;
42            r.imag = real * c.imag + imag * c.real;
43            return r;
44        }
45        Complex operator/(Complex& c)
46        {
47            Complex r;
48            double d = c.real * c.real + c.imag * c.imag;
49            r.real = (real * c.real + imag * c.imag) / d;
50            r.imag = ( - real * c.imag + imag * c.real) / d;
51            return r;
52        }
53    };
```

(2)主程序文件 main.cpp

```
54    #include <iostream>
55    #include "main.h"
56    using namespace std;
57
58    int main()
59    {
60      Complex c1(3, 4), c2(12, 7), c3,c4,c5,c6;
61      c3 = c1 + c2;
62      cout << "(" << c3.getReal() << ", " << c3.getImag() << ")" << endl;
63      c4 = c1 - c2;
64      cout << "(" << c4.getReal() << ", " << c4.getImag() << ")" << endl;
65      c5 = c1 * c2;
66      cout << "(" << c5.getReal() << ", " << c5.getImag() << ")" << endl;
67      c6 = c1 / c2;
68      cout << "(" << c6.getReal() << ", " << c6.getImag() << ")" << endl;
69    }
```

在程序段 7-2 的头文件 main.h 中,第 24～30 行为运算符"＋"的重载方法,函数头为"Complex operator＋(Complex& c)",返回值为 Complex 类型,具有一个 Complex 引用类型的参数 c。第 26 行的语句"Complex r;"定义类 Complex 类型的对象 r,作为局部变量。第 27 行的语句"r.real＝real＋c.real;"将类的私有成员 real 和对象 c 的私有成员 real 的和作为对象 r 的实部 real,由于在类的内部,可以使用 c.real 或 r.real 的方式取得对象中的私有数据成员。第 28 行的语句"r.imag＝imag＋c.imag;"将类的私有成员 imag 和对象 c 的私有成员 imag 的和作为对象 r 的虚部 imag。第 29 行的语句"return r;"返回 r。

第 31～37 行为运算符"－"的重载方法。第 38～44 行为运算符"＊"的重载方法。第 45～52 行为运算符"/"的重载方法。这些重载方法与运算符"＋"的重载方法类似。

主程序文件 main.cpp 与程序段 7-1 的 main.cpp 文件相同。

由程序段 7-2 可知，采用公有成员方法的形式实现运算符重载，重载方法在类内实现，可以直接使用类的私有数据成员和“对象名.私有数据成员”这种形式访问类的私有数据成员，当然也可直接访问类的其他成员，简化了编程复杂度。

程序段 7-2 的运算结果与程序段 7-1 的运算结果相同，如图 7-1 所示。

7.2.2 单目运算符重载方法

这里以“＋＋”和“－－”单目运算符为例介绍使用类的成员方法实现单目运算符重载的方法。“＋＋”和“－－”运算符既可以用作前缀，例如，“++i”，也可以用作后缀，例如，“i++”。以“＋＋”运算符为例，当用作前缀运算符时，其重载方法的形式为“返回值类型声明符 operator++()”，其中参数列表为空；当用作后缀运算符时，其重载方法的形式为“返回值类型声明符 operator++(int)”，其中参数列表为“int”。

下面的程序段 7-3 展示了“＋＋”和“－－”单目运算符的重载情况。

视频讲解

程序段 7-3 单目运算符重载方法实例

(1) 头文件 main.h

```
1   #pragma once
2   #include <iostream>
3   using namespace std;
4
5   class MyTime
6   {
7   private:
8       int minute, second;
```

第 5～79 行定义了类 MyTime，具有 2 个私有数据成员 minute 和 second，表示分和秒的值，如第 7 行和第 8 行所示。

```
9   public:
10      MyTime(int m = 0, int s = 0) :minute(m), second(s) {}
11      void setMinute(int m)
12      {
13          minute = m;
14      }
15      void setSecond(int s)
16      {
17          second = s;
18      }
19      int getMinute() const
20      {
21          return minute;
22      }
23      int getSecond() const
24      {
25          return second;
26      }
```

第10行为带默认参数值的构造方法。第11～14行为setMinute()方法，将参数m的值赋给私有数据成员minute。第15～18行为setSecond()方法，将参数s的值赋给私有数据成员second。第19～22行为getMinute()方法，返回私有数据成员minute的值。第23～26行为getSecond()方法，返回私有数据成员second的值。

```
27      void disp()
28      {
29          cout << "Time: " << minute << " : " << second << endl;
30      }
```

第27～30行为disp()方法，第29行以“分 ：秒”的形式输出分和秒的值。

```
31      MyTime operator++()
32      {
33          ++second;
34          if (second == 60)
35          {
36              second = 0;
37              ++minute;
38          }
39          return * this;
40      }
41      MyTime operator++(int)
42      {
43          second++;
44          if (second == 60)
45          {
46              second = 0;
47              minute++;
48          }
49          return * this;
50      }
```

第31～40行为前缀“++”运算符重载的方法。第33行将second的值自增1。第34～38行为一个if结构，如果second为60，则second清0，minute的值加1。第39行的语句“return * this;”表示返回当前类定义的对象(或实例)。

第41～50行为后缀“++”运算符重载的方法。

```
51      MyTime operator--()
52      {
53          if (second > 0)
54              --second;
55          else
56          {
57              second = 59;
58              if (minute > 0)
59                  --minute;
60              else
61                  minute = 59;
62          }
```

```
63          return * this;
64      }
65      MyTime operator -- (int)
66      {
67          if (second > 0)
68              second -- ;
69          else
70          {
71              second = 59;
72              if (minute > 0)
73                  minute -- ;
74              else
75                  minute = 59;
76          }
77          return * this;
78      }
79  };
```

第51～64行为前缀"——"运算符重载的方法。第53～62行为两级嵌套的if-else结构。如果秒second的值大于0(第53行为真),则秒second的值减1(第54行);否则,秒second的值置为59(第57行)。接着判断如果分minute的值大于0(第58行),则分minute的值减1(第59行),否则分minute的值置为59(第61行)。第63行的语句"return * this;"表示返回当前类定义的对象。

第65～78行为后缀"——"运算符重载的方法。

(2) 主程序文件main.cpp

```
80  #include < iostream >
81  #include "main.h"
82  using namespace std;
83
84  int main()
85  {
86    MyTime myTime(23, 59);
87    myTime.disp();
88    ++myTime;
89    myTime.disp();
90    myTime++;
91    myTime.disp();
92    -- myTime;
93    myTime.disp();
94    myTime -- ;
95    myTime.disp();
96  }
```

在主程序文件main.cpp中,第86行的语句"MyTime myTime(23,59);"定义类MyTime类型的对象myTime,并将其私有数据成员minute和second分别初始化为23和59。

第87行的语句"myTime.disp();"调用disp()方法输出对象myTime的分钟和秒的

值，此时输出结果为“Time：23 ：59”。

第 88 行的语句“＋＋myTime；”使用前缀“＋＋”运算符使 myTime 对象的秒自增 1。

第 89 行的语句“myTime. disp()；”调用 disp()方法输出对象 myTime 的分钟和秒的值，此时输出结果为“Time：24 ：0”。

第 90 行的语句“myTime＋＋；”使用后缀“＋＋”运算符使 myTime 对象的秒自增 1。

第 91 行的语句“myTime. disp()；”调用 disp()方法输出对象 myTime 的分钟和秒的值，此时输出结果为“Time：24 ：1”。

第 92 行的语句“－－myTime；”使用前缀“－－”运算符使 myTime 对象的秒自减 1。

第 93 行的语句“myTime. disp()；”调用 disp()方法输出对象 myTime 的分钟和秒的值，此时输出结果为“Time：24 ：0”。

第 94 行的语句“myTime－－；”使用后缀“－－”运算符使 myTime 对象的秒自减 1。

第 95 行的语句“myTime. disp()；”调用 disp()方法输出对象 myTime 的分钟和秒的值，此时输出结果为“Time：23 ：59”。

程序段 7-3 的执行结果如图 7-2 所示。

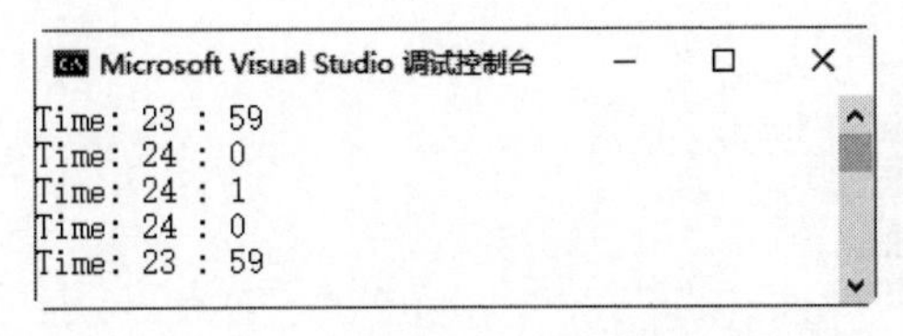

图 7-2　程序段 7-3 的执行结果

7.3　实例：复数类

C++语言中包含一个复数模板类 complex，可用于算术运算。此时，需要包括头文件 complex，定义一个复数的语句形如“complex < double > c1(2.2,3.5)；”，表示定义复数 c1，其值为 2.2＋3.5i；语句“cout << c1 << endl；”将输出“(2.2,3.5)”。模板类请参考第 8 章及其后续内容。这里在程序段 7-1 和程序段 7-2 的基础上进一步探讨自定义的复数类，并借助算术类介绍赋值运算符和流控制符的重载方法，再次强调算术运算符的重载方法。

程序段 7-4 实现了一个复数类及其常用运算。

程序段 7-4　复数类及其运算实例

视频讲解

(1) 头文件 main. h

```
1    #pragma once
2    #include < iostream >
3    #include < cmath >
4    using namespace std;
```

在头文件 main. h 中，第 3 行包括了头文件 cmath，是因为后续第 75 行使用了求绝对值函数 abs()，该函数的声明位于 cmath 中。

```
5    class Complex
6    {
```

```
7    private:
8      double real, imag;
```

第5～86行为类Complex。其中第8行为类Complex的私有数据成员real和imag,分别用于保存复数的实部和虚部。

```
9    public:
10     Complex(double real = 0,double imag = 0):real(real),imag(imag){}
11     Complex(const Complex& c)
12     {
13         real  =  c.real;
14         imag  =  c.imag;
15     }
```

第10行为带默认参数的构造方法。第11行为复制构造方法,其形参必须为引用类型。

```
16     Complex& operator = (const Complex& c)
17     {
18         if (this != &c)
19         {
20             real  =  c.real;
21             imag  =  c.imag;
22         }
23         return * this;
24     }
```

第16～24行为赋值运算符的重载方法,具有一个引用类型的Complex参数c。如果this指针指向的对象不是c(第18行为真),则执行第19～22行的语句,将c的实部real赋给私有成员real,将c的虚部imag赋给私有成员imag。第23行返回this指针指向的内容(即当前类定义的对象)。

```
25     void setReal(double real)
26     {
27         this->real  =  real;
28     }
29     void setImag(double imag)
30     {
31         this->imag  =  imag;
32     }
33     double getReal()
34     {
35         return real;
36     }
37     double getImag()
38     {
39         return imag;
40     }
```

第25～28行为set方法setReal(),将参数real赋给私有成员real。第29～32行为set方法setImag(),将参数imag赋给私有成员imag。第33～36行为get方法getReal(),返回私有成员real的值。第37～40行为get方法getImag(),返回私有成员imag的值。

```
41      Complex& operator + (Complex& c)
42      {
43          real += c.real;
44          imag += c.imag;
45          return * this;
46      }
```

第 41～46 行为运算符"＋"的重载方法，将参数 c 的实部累加到私有成员 real 上(第 43 行)，将 c 的虚部累加到私有成员 imag 上(第 44 行)，返回当前类创建的对象。

```
47      Complex& operator - (Complex& c)
48      {
49          real -= c.real;
50          imag -= c.imag;
51          return * this;
52      }
```

第 47～52 行为运算符"－"的重载方法，将私有成员 real 减去参数 c 的实部，差保存在私有成员 real 中(第 49 行)；私有成员 imag 减去 c 的虚部，差保存在 imag 中(第 50 行)。第 51 行返回当前类创建的对象。

```
53      Complex& operator * (Complex& c)
54      {
55          double r;
56          r = real * c.real - imag * c.imag;
57          imag = real * c.imag + imag * c.real;
58          real = r;
59          return * this;
60      }
```

第 53～60 行为运算符"＊"的重载方法，用于实现两个算数(当前类创建的对象和形参对象)的乘法操作。第 55 行定义双精度浮点型变量 r。第 56 行将两个复数的乘积的实部赋给 r；第 57 行将两个复数的乘积的虚部赋给私有成员 imag；第 58 行将 r 赋给私有成员 real。第 59 行返回当前类创建的对象。

```
61      Complex& operator/(Complex& c)
62      {
63          double r;
64          r = (real * c.real + imag * c.imag) / (c.real * c.real + c.imag * c.imag);
65          imag = ( - real * c.imag + imag * c.real) / (c.real * c.real + c.imag * c.
imag);
66          real = r;
67          return * this;
68      }
```

第 61～68 行为运算符"/"的重载方法，用于实现两个复数(当前类创建的对象和形参对象)的除法运算。第 63 行定义双精度浮点型变量 r；第 64 行将两个复数的商的实部赋给 r；第 65 行将两个复数的商的虚部赋给私有成员 imag；第 66 行将 r 赋给私有成员 real。第 67 行返回当前类创建的对象。

```
69      friend ostream& operator <<(ostream& out, const Complex& c)
70      {
71          out << c.real;
72          if (c.imag >= 0)
73              out << " + " << c.imag << "i";
74          else
75              out << " - " << abs(c.imag) << "i";
76          return out;
77      }
```

第69～77行为流控制符“<<”的重载方法，由于“<<”借助cout实现输出，故将其重载方法作为类Complex的友元方法，两个形参依次为ostream引用类型和Complex类类型。第71行输出对象c的实部real。第72～75行为一个if-else结构，如果c的虚部imag大于或等于0(第72行为真)，则第73行输出“＋”、c的虚部imag和虚数单位“i”；否则，第75行输出“－”、c的虚部imag的绝对值和虚数单位“i”。第76行返回输出流对象out。

```
78      friend istream& operator >>(istream& in, Complex& c)
79      {
80          double a, b;
81          in >> a >> b;
82          c.real = a;
83          c.imag = b;
84          return in;
85      }
86    };
```

第78～85行为流控制符“>>”的重载方法，由于“>>”借助于cin实现输入，故将其重载方法作为类Complex的友元方法，两个形参依次为istream引用类型和Complex类类型。第80行定义双精度浮点型变量a和b；第81行输入变量a和b的值；第82行将a赋给c的实部real；第83行将b赋给c的虚部；第84行返回输入流对象in。

(2) 主程序文件main.cpp

```
87    #include <iostream>
88    #include "main.h"
89    using namespace std;
90
91    int main()
92    {
93      Complex c1(3.4, 7.8);
94      Complex c2(5.7, -12.2);
95      Complex c3 = c1;
96      cout << "c1 = " << c1 << endl;
97      cout << "c2 = " << c2 << endl;
98      cout << "c1 + c2 = " << c1 + c2 << endl;
99      c1 = c3;
100     cout << "c1 - c2 = " << c1 - c2 << endl;
101     c1 = c3;
102     cout << "c1 * c2 = " << c1 * c2 << endl;
103     c1 = c3;
104     cout << "c1 / c2 = " << c1 / c2 << endl;
105     c1 = c3;
```

```
106     Complex c4;
107     cout << "Please input a complex:";
108     cin >> c4;
109     cout << "c4 = " << c4 << endl;
110     cout << "c1 + c4 = " << c1 + c4 << endl;
111 }
```

在主程序文件 main.cpp 的 main()函数中，第 93 行的语句“Complex c1(3.4,7.8);”定义复数 c1，其值为 3.4+7.8i。

第 94 行的语句“Complex c2(5.7,-12.2);”定义复数 c2，其值为 5.7-12.2i。

第 95 行的语句“Complex c3=c1;”定义复数 c3，并初始化为 c1。

第 96 行的语句“cout << "c1=" << c1 << endl;”调用第 69～77 行的友元方法输出复数 c1。

第 97 行的语句“cout << "c2=" << c2 << endl;”调用第 69～77 行的友元方法输出复数 c2。

第 98 行的语句“cout << "c1+c2=" << c1+c2 << endl;”输出 c1 与 c2 的和(这个和被赋给 c1)。

第 99 行的语句“c1=c3;”将 c3 赋给 c1，由于 c3 保留了 c1 的值(见第 95 行)，而第 98 行的“c1+c2”改变了 c1 的值，所以，第 99 行的语句本质上是恢复 c1 原来的值。

第 100 行的语句“cout << "c1-c2=" << c1-c2 << endl;”输出 c1 与 c2 的差(这个差被赋给 c1)。

第 101 行的语句“c1=c3;”用 c3 恢复 c1 原来的值。

第 102 行的语句“cout << "c1 * c2=" << c1 * c2 << endl;”输出 c1 与 c2 的积(这个积被赋给 c1)。

第 103 行的语句“c1=c3;”用 c3 恢复 c1 原来的值。

第 104 行的语句“cout << "c1 / c2=" << c1 / c2 << endl;”输出 c1 与 c2 的商(这个商被赋给 c1)。

第 105 行的语句“c1=c3;”用 c3 恢复 c1 原来的值。

第 106 行的语句“Complex c4;”定义复数 c4。

第 107 行的语句“cout << "Please input a complex: ";”输出提示信息“Please input a complex:”。

第 108 行的语句“cin >> c4;”调用第 78～85 行的友元方法输入两个双精度浮点数，分别作为 c4 的实部和虚部。

第 109 行的语句“cout << "c4=" << c4 << endl;”输出 c4 的值。

第 110 行的语句“cout << "c1+c4=" << c1+c4 << endl;”输出 c1 和 c4 的和。

程序段 7-4 的执行结果如图 7-3 所示。

```
Microsoft Visual Studio 调试控制台
c1 = 3.4 + 7.8i
c2 = 5.7 - 12.2i
c1 + c2 = 9.1 - 4.4i
c1 - c2 = -2.3 + 20i
c1 * c2 = 114.54 + 2.98i
c1 / c2 = -0.417912 + 0.473943i
Please input a complex:5.5 7.6
c4 = 5.5 + 7.6i
c1 + c4 = 8.9 + 15.4i
```

图 7-3　程序段 7-4 的执行结果

7.4 本章小结

在程序设计中，为了使新定义的类类型可以应用C++语言的各种运算符，需要针对类类型为这些运算符编写运算符重载函数或运算符重载方法。一般地，在类的内部借助类的公有成员方法实现运算符重载更加方便，例如，本章中程序段7-2实现的针对复数类的“＋”“－”“*”“/”运算符重载。运算符重载本质上是一种函数重载，但运算符本身不能作为函数名，故使用operator关键字加上运算符作为重载的“函数名”。运算符重载的好处在于使得针对新创建的类类型的对象（或变量）的运算更符合习惯，例如，有两个复数对象a和b，比起使用函数add(a,b)来更倾向于使用a＋b表示这两个复数的和。

习题

1. 编写一个复数类，实现对运算符“＋＝”“－＝”“*＝”“/＝”的重载。编写主程序文件设定两个复数，实现上述运算。

2. 编写一个日期类，包括年、月、日等成员，实现对运算符“＞”“＜”“＝＝”的重载。编写主程序文件，给定两个日期，输出这两个日期的比较结果。

第8章

宏与模板

在C++语言中，程序中的常量可以通过宏定义的符号给出，在程序编译时自动将宏定义的符号替换为相应的常量。此外，宏定义还可以定义宏函数，并可用于防止一个头文件被重复包括到程序中。类似于宏函数，模板函数支持不同类型变量的同一种功能实现，模板类则是封装了数据和函数并支持不同对象的同一组功能实现。不同于宏定义，模板是类型安全的。

本章的学习目标：

- 了解宏定义常量与函数的用法
- 掌握模板函数的定义与程序设计方法
- 熟悉模板类的定义与用法

8.1 宏定义

宏定义的用法主要有如下3种：

(1) 宏定义常量

例如，"#define PI 3.14"将符号PI宏定义为3.14，在程序编译时，自动将程序中出现的"PI"替换为3.14。

(2) 宏定义函数

例如，"#define MAX(a,b) ((a)>(b)? (a)：(b))"将"MAX(a,b)"宏定义为"((a)>(b)? (a)：(b))"，在程序编译阶段，将程序中出现"MAX(a,b)"的地方替换为"((a)>(b)? (a)：(b))"。由于替换是形式上的替换，所以a和b应使用括号，防止因运算符优先级的不同，使得替换后的表达式与原宏函数的含义不同。例如，有如下两个宏函数：

```
"#define MUL1(a,b) ((a)*(b))"和"#define MUL2(a,b) (a*b)"
```

则MUL1(3+5,6+7)实现了操作"(3+5)*(6+7)"，而MUL2(3+5,6+7)实现了操作3+5*6+7。很可能是由于MUL2缺少括号而导致了歧义。

(3) 宏定义用于防止头文件被重复多次包括

例如：

```
#ifndef _MAIN_H
#define _MAIN_H
...
```

```
//头文件中的其他语句
...
#endif
```

在头文件中,使用上述结构可以避免一个头文件被重复包括到程序中。上述结构是一个宏 if 结构。这里,“#ifndef _MAIN_H”表示如果没有宏定义符号“_MAIN_H”,宏定义符号一般使用下画线加上大写的头文件名,再加上一个下画线,再加上 H;“#define _MAIN_H”表示宏定义符号“_MAIN_H”;“#endif”为宏 if 结构的结束符。整个宏 if 结构的含义为如果没有宏定义符号“_MAIN_H”,则宏定义符号“_MAIN_H”,并包括“头文件中的其他语句”直到遇到结束符“#endif”。反之,如果宏定义了符号“_MAIN_H”,则宏 if 结构不被包括到程序中。这样,在该头文件被第一次包括时,将宏定义符号“_MAIN_H”,之后,由于已经宏定了符号“_MAIN_H”,该头文件将不再被包括,因此,就保证了该头文件只能被包括一次。

程序段 8-1 给出了上述 3 种情况下的宏定义。

视频讲解

程序段 8-1　宏定义应用实例

(1) 头文件 main. h

```
1     #ifndef _MAIN_H
2     #define _MAIN_H
3
4     #define PI 3.14
5
6     int min(int a, int b)
7     {
8       return a < b ? a : b;
9     }
10
11    double area(double r)
12    {
13      return PI * r * r;
14    }
15
16    #endif
```

(2) 主程序文件 main. cpp

```
17    #include <iostream>
18    #include "main.h"
19    using namespace std;
20
21    #define MAX(a,b) ((a)>(b)?(a):(b))
22
23    int main()
24    {
25      int a = 5, b = 9;
26      cout << "a = " << a << ", b= " << b << endl;
27      cout << "Maximum = " << MAX(a, b) << endl;
28      cout << "Minimum = " << min(a, b) << endl;
29      cout << "Area = " << area(a) << endl;
30    }
```

在程序段 8-1 的头文件 main.h 中，第 1 行、第 2 行和第 16 行构成宏 if 结构，用于保证 main.h 头文件仅被包括一次，这 3 条语句的作用相当于一条语句“#pragma once”。

第 4 行的语句“#define PI 3.14”宏定义符号 PI 为 3.14，程序被编译时，所有的 PI 自动替换为 3.14。

第 6～9 行为 min()函数，具有两个整型参数 a 和 b，返回 a 和 b 中的较小者。

第 11～14 行为 area()函数，具有一个双精度浮点型参数 r，返回半径为 r 的圆的面积，其中，用到了宏常量 PI。

在主程序文件 main.cpp 中，第 21 行的语句“#define MAX(a,b) ((a)>(b)? (a): (b))”定义了宏函数“MAX(a,b)”，当程序编译时，出现 MAX(a,b)的地方被替换为“((a)>(b)? (a): (b))”。

在函数 main()中，第 25 行的语句“int a=5,b=9;”定义整型变量 a 和 b，并分别赋初值为 5 和 9。

第 26 行的语句“cout << "a=" << a << ",b=" << b << endl;”输出 a 和 b 的值。

第 27 行的语句“cout << "Maximum=" << MAX(a,b) << endl;”使用了宏函数 MAX()输出 a 和 b 的较大者。

第 28 行的语句“cout << "Minimum=" << min(a,b) << endl;”调用了自定义函数 min()返回 a 与 b 的较小者。

第 29 行的语句“cout << "Area=" << area(a) << endl;”调用了自定义函数 area()，输出半径为 a 的圆的面积。

程序段 8-1 的执行结果如图 8-1 所示。

图 8-1　程序段 8-1 的执行结果

8.2 模板

宏定义的函数没有类型，在程序段 8-1 的宏函数“#define MAX(a,b) ((a)>(b)? (a): (b))”中，a 和 b 应为数值类型，但可以输入任意类型，因为宏函数不做变量的类型检查。为了提供类型安全的“替换”函数，C++语言支持模板函数，并支持模板类。

8.2.1 模板函数

模板函数的定义方法为：

```
template <typename mytype>
返回值变量类型 模板函数名(mytype 参数 1, mytype 参数 2)
{
    函数内部的语句;
}
```

模板函数以 template 开头,后面接“类型名称”列表,如果只有一种类型名称,则可以如上面一样写作“< typename mytype >”;如果有两种类型名称,则写作“< typename mytype1,typename mytype2 >”,可以有多个类型名称参数。注意,这里的类型名称(即这里的 mytype 和 mytype1 等)可以为任意有效的标识符。类型名称类似于变量名,可以用“类型名称”定义在模板函数中定义变量。

在模板函数中,返回值的类型可以为类型名称列表中的某个类型名称,也可为已有的变量类型。模板函数的参数类型一般为类形名称列表中的类型名称,参数的个数可以为 1 个、2 个或多个。

程序段 8-2 展示了使用模板函数的方式求两个数的较大者和较小者。

视频讲解

程序段 8-2　模板函数实例

(1) 头文件 main. h

```
1    #pragma once
2    #include < iostream >
3    using namespace std;
4
5    template < typename mytype >
6    mytype myMax(mytype a, mytype b)
7    {
8      mytype c;
9      if (a > b)
10         c = a;
11     else
12         c = b;
13     return c;
14   }
15
16   template < typename mytype = int >
17   mytype myMin(mytype a, mytype b)
18   {
19     return (a < b) ? a : b;
20   }
21
22   template < typename mytype >
23   void myDisp(mytype a, mytype b)
24   {
25     cout << "Min of " << a << " and " << b << ": " << myMin(a, b) << endl;
26   }
```

(2) 主程序文件 main. cpp

```
27   #include < iostream >
28   #include "main.h"
29   using namespace std;
30
31   int main()
32   {
33     int a1 = 5, b1 = 9;
```

```
34     double a2 = 5.2, b2 = 2.8;
35     float a3 = 12.3f, b3 = 8.3f;
36     cout << "Max of a1 and b1: " << myMax<int>(a1, b1) << endl;
37     cout << "Max of a2 and b2: " << myMax<double>(a2, b2) << endl;
38     cout << "Max of a3 and b3: " << myMax<float>(a3, b3) << endl;
39
40     cout << "Min of a1 and b1: " << myMin(a1, b1) << endl;
41     cout << "Min of a2 and b2: " << myMin(a2, b2) << endl;
42     cout << "Min of a3 and b3: " << myMin(a3, b3) << endl;
43
44     myDisp(a1, b1);
45     myDisp(a2, b2);
46     myDisp(a3, b3);
47 }
```

在程序段 8-2 的头文件 main. h 中，第 5～14 行为一个模板函数，以第 5 行的“template < typename mytype >”开头，具有一个类型名称 mytype，第 6 行的“模板函数”头部“mytype myMax(mytype a，mytype b)”表明返回值为 mytype 类型，具有 mytype 类型的两个参数 a 和 b。第 8 行的语句“mytype c；”定义 mytype 类型的变量 c。第 9～12 行为一个 if-else 结构，将 a 和 b 中的较大者赋给 c。第 13 行的语句“return c；”返回 c。

第 16～20 行为另一个模板函数，以第 16 行的“template < typename mytype＝int >”开头，这里默认类型名称为 int。第 17 行的函数头“mytype myMin(mytype a，mytype b)”表示返回值为 mytype 类型，具有两个 mytype 类型的参数 a 和 b。第 19 行的语句“return (a ＜ b) ? a : b；”返回 a 和 b 中的较小者。

第 22～26 行为一个模板函数，从第 22 行的“template < typename mytype >”开始，第 23 行的函数头“void myDisp(mytype a，mytype b)”表示该函数无返回值，具有两个 mytype 类型的参数 a 和 b。第 25 行的语句“cout << "Min of " << a << " and " << b << ": " << myMin(a，b) << endl；”调用了模板函数 myMin()输出 a 和 b 的较小者。

在主程序文件 main. cpp 中的 main()函数中，第 33 行的语句“int a1＝5，b1＝9；”定义两个整型变量 a1 和 b1，分别赋初值 5 和 9。

第 34 行的语句“double a2＝5. 2，b2＝2. 8；”定义两个双精度浮点型变量 a2 和 b2，分别赋初值 5. 2 和 2. 8。

第 35 行的语句“float a3＝12. 3f，b3＝8. 3f；”定义两个单精度浮点型变量 a3 和 b3，分别赋初值 12. 3 和 8. 3。

第 36 行的语句“cout << "Max of a1 and b1: " << myMax < int >(a1，b1) << endl；”调用模板函数 myMax()输出 a1 和 b1 的较大者，这里的“< int >”对应第 5 行“template < typename mytype >”中的“< typename mytype >”，也可以省略不写。

第 37 行的语句“cout << "Max of a2 and b2: " << myMax < double >(a2，b2) << endl；”调用模板函数 myMax()输出 a2 和 b2 的较大者。

第 38 行的语句“cout << "Max of a3 and b3: " << myMax < float >(a3，b3) << endl；”调用模板函数 myMax()输出 a3 和 b3 的较大者。

第 40～42 行的语句调用模板函数 myMin()依次输出 a1 和 b1 的较小者、a2 和 b2 的较小者以及 a3 和 b3 的较小者。

第 44 行的语句“myDisp(a1,b1);”调用模板函数 myDisp()输出 a1 和 b1 的较小者。

第 45 行的语句“myDisp(a2,b2);”输出 a2 和 b2 的较小者。

第 46 行的语句“myDisp(a3,b3);”输出 a3 和 b3 的较小者。

由程序段 8-2 可知，模板函数类似于宏函数，但是模板函数具有明确的返回值类型和明确的参数类型，是类型安全的通用函数实现方法。

程序段 8-2 的执行结果如图 8-2 所示。

```
Microsoft Visual Studio 调试控制台
Max of a1 and b1: 9
Max of a2 and b2: 5.2
Max of a3 and b3: 12.3
Min of a1 and b1: 5
Min of a2 and b2: 2.8
Min of a3 and b3: 8.3
Min of 5 and 9: 5
Min of 5.2 and 2.8: 2.8
Min of 12.3 and 8.3: 8.3
```

图 8-2 程序段 8-2 的执行结果

8.2.2 参数个数可变的函数

C++语言中可借助模板函数实现参数个数可变的函数。在程序段 8-3 中展示了一个参数个数可变的求和函数 mySum()。函数 mySum()可输入任意多个数值型的参数，返回这些参数的和。

视频讲解

程序段 8-3 参数个数可变的函数实例

(1) 头文件 main.h

```
1    #pragma once
2    template <typename mytype1,typename mytype2>
3    mytype1 mySum(mytype1 a, mytype2 b)
4    {
5      mytype1 s;
6      s = a + b;
7      return s;
8    }
9
10   template <typename mytype1,typename mytype2 = mytype1, typename... mytype3>
11   mytype1 mySum(mytype1 a, mytype2 b, mytype3... c)
12   {
13     mytype1 s;
14     s = a + b;
15     s = mySum(s, c...);
16     return s;
17   }
```

(2) 主程序文件 main.cpp

```
18   #include <iostream>
19   #include "main.h"
20   using namespace std;
```

```
21
22  int main()
23  {
24    int a = 5, b = 18;
25    cout << a << " + " << b << " = " << mySum < int, int >(a, b) << endl;
26    int c = 12, d = 29;
27    cout << a << " + " << b << " + " << c << " + " << d << " = "
28        << mySum(a, b, c, d) << endl;
29    double e = 3.45;
30    float f = 8.9F;
31    cout << a << " + " << b << " + " << c << " + " << d << " + " << e
32        << " + " << f << " = " << mySum(e, a, b, c, d, f) << endl;
33  }
```

在程序段8-3的头文件main.h中，第2～8行定义了一个模板函数mySum()，模板函数的说明语句如第2行所示，“template < typename mytype1，typename mytype2 >”定义了两个类型名称mytype1和mytype2。第3行的函数头部“mytype1 mySum(mytype1 a，mytype2 b)”表明函数的返回值为mytype1，第一个参数a的类型为mytype1，第二个参数b的类型为mytype2。第5行的语句“mytype1 s;”定义mytype1类型的变量s。第6行的语句“s=a+b;”将a与b的和赋给s。第7行的语句“return s;”返回s的值。这里mySum实现了两个参数a与b的和，由于a的类型与返回值的类型相同，为了避免数据丢失，应使a的类型级别比b的类型级别要高。例如，如果计算3+5.2的值，应将5.2作为参数a，将3作为参数b，这样得到的结果为8.2，是双精度浮点型；反之，若将3赋给a，将5.2赋给b，则得到8，出现了数据丢失。

第10～17行为重载的模板函数mySum()，模板函数的说明部分为第10行“template < typename mytype1，typename mytype2=mytype1，typename... mytype3 >”，这里有3个类型名称mytype1、mytype2和mytype3，其中，mytype3的类型名称为“typename...”，这里的“...”类型名称的个数为任意多个。

第11行的函数头部“mytype1 mySum(mytype1 a，mytype2 b，mytype3... c)”表明函数的返回值为mytype1，第一个参数a的类型名称为mytype1，与返回值的类型相同；第二个参数b的类型名称为mytype2；第三个参数c的类型名称为“mytype3...”，表示第三个参数可以有任意多个。

第13行的语句“mytype1 s;”定义mytype1类型的变量s。

第14行的语句“s=a+b;”将a与b的和赋给s。

第15行的语句“s=mySum(s,c...);”递归调用mySum()模板函数，计算s与剩余参数的和。

第16行的语句“return s;”返回s的值。

在主程序文件main.cpp的main()函数中，第24行的语句“int a=5，b=18;”定义整型变量a和b，并分别赋初值5和18。

第25行的语句“cout << a << "+" << b << "=" << mySum < int，int >(a，b) << endl;”调用mySum()模板函数计算a与b的和。

第26行的语句“int c=12，d=29;”定义整型变量c和d，并分别赋初值12和29。

第 27 行和第 28 行的语句“cout << a << "+" << b << "+" << c << "+" << d << "=" << mySum(a,b,c,d) << endl;”调用 mySum()计算 a、b、c 与 d 的和。

第 29 行的语句“double e=3.45;”定义双精度浮点型变量 e,并赋初值 3.45。

第 30 行的语句“float f=8.9F;”定义单精度浮点型变量 f,并赋初值 8.9。

第 31～32 行的语句“cout << a << "+" << b << "+" << c << "+" << d << "+" << e << "+" << f << "=" << mySum(e,a,b,c,d,f) << endl;”调用 mySum()模板函数计算 a、b、c、d、e 与 f 的和,这里将 e 作为第一个参数,是因为返回值的类型与第一个参数的类型相同,故使用 e 作为第一个参数,不会产生数据信息丢失问题。

程序段 8-3 的执行结果如图 8-3 所示。

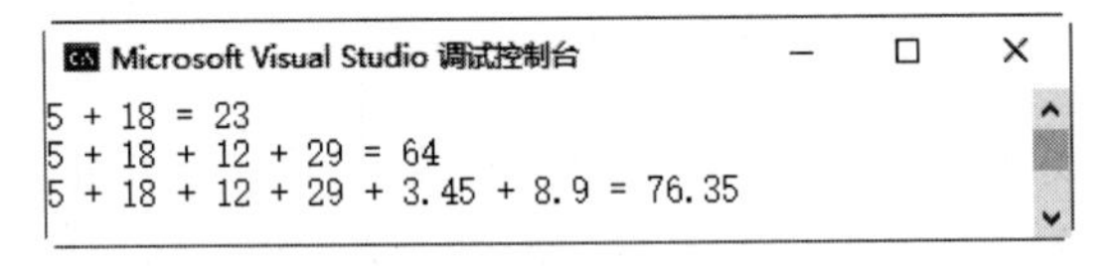

图 8-3　程序段 8-3 的执行结果

8.2.3 模板类

模板类是模板函数的面向对象技术的扩充,模板类将数据成员和模板函数“封装”在一起。模板函数在使用时不需要指定类型名称,编译器将自动识别类型名称对应的变量类型,如程序段 8-2 中的第 40 行所示,这里写作“myMin(a1,b1)”,也可以写作“myMin < int > (a1,b1)”。然而,模板类在定义对象时,必须指定具体的类型名称。

事实上,设计一个好的模板类是非常困难的,建议 C++语言初学者在程序设计中尽可能不使用模板类。因此,C++语言提供了标准的模板类库,如 4.4 节介绍的动态数组类 vector,就是标准模板类库中的一个模板类。这里给出了一个模板类的实例,通过该实例介绍模板类的定义和使用方法,如程序段 8-4 所示。

视频讲解

程序段 8-4　模板类实例

(1) 头文件 main.h

```
1     #pragma once
2     template < typename mytype >
3     class MyArray
4     {
5     private:
6         mytype a[100];
7         int length;
8     public:
9         MyArray()
10        {
11            length = 0;
12            a[0] = 0;
13        }
14        void setLength(int len)
15        {
16            if (len <= 100)
```

```
17            length = len;
18        else
19            length = 100;
20    }
21    void setA(mytype * b)
22    {
23        for (int i = 0; i < length; i++)
24            a[i] = b[i];
25    }
26    mytype sum()
27    {
28        mytype s = 0;
29        for (int i = 0; i < length; i++)
30            s = s + a[i];
31        return s;
32    }
33 };
```

(2) 主程序文件 main.cpp

```
34 #include <iostream>
35 #include "main.h"
36 using namespace std;
37
38 int main()
39 {
40    int a[10] = { 1,2,3,4,5,6,7,8,9,10 };
41    MyArray< int > myArray1;
42    myArray1.setLength(10);
43    myArray1.setA(a);
44    cout << "Sum of Array a is: " << myArray1.sum() << endl;
45
46    double b[10] = { 5.2,8.1,9.2,7.8,10.2,19.3,9.8,7.4,3.8,7.7 };
47    MyArray< double > myArray2;
48    myArray2.setLength(10);
49    myArray2.setA(b);
50    cout << "Sum of Array b is: " << myArray2.sum() << endl;
51 }
```

在程序段 8-4 的头文件 main.h 中，第 2～33 行定义了模板类 MyArray，第 2 行的语句 "template < typename mytype >"声明了用于模板类 MyArray 的类型名称 mytype。在类 MyArray 内部，定义了一个 mytype 类型的数组 a，具有 100 个元素(第 6 行)，还定义了一个整型数据成员 length(第 7 行)，上述两个成员均为私有成员。

类 MyArray 具有 4 个公有成员。第 9～13 行为构造方法，将 length 置为 0(第 11 行)，设置数组 a 的元素 a[0]为 0。

第 14～20 行为 setLength()方法，具有一个整型参数 len。在 setLength()方法内部，如果参数 len 的值小于或等于 100，则将 len 的值赋给 length(第 16～17 行)；否则，将 100 赋给 length(第 18 行和第 19 行)。

第 21～25 行为 setArray 方法，具有一个指向 mytype 类型的指针参数 b。第 23 行和第

24 行为一个 for 结构，将参数 b 的各个元素依次赋给私有成员 a 的各个元素。

第 26～32 行为 sum()方法，计算私有数组成员 a 的第 0～(length－1)个元素的和，和值保存在 s 中(第 28～30 行)，第 31 行的语句“return s;”返回 s 的值。

程序段 8-4 的执行结果如图 8-4 所示。

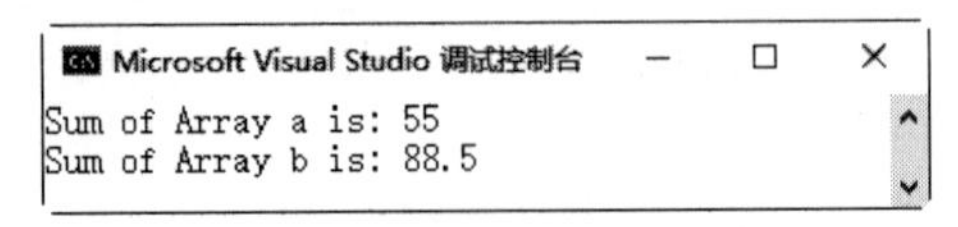

图 8-4　程序段 8-4 的执行结果

8.2.4　模板类的具体化

模板类可具有一个或多个类型名称，在程序段 8-4 中的模板类 MyArray 仅有一个类型名称 mytype。将一个模板类的类型名称设为具体的变量类型，称为模板类的具体化。具体化的模板类必须在原模板类的下方定义，具体化的模板类不影响原模板类的使用，并且具体化的模板类中可添加新的数据成员和方法成员，实现功能的扩展。

在程序段 8-4 的模板类 MyArray 的基础上，在下面的程序段 8-5 中，实现了模板类 MyArray 的具体化，即将类型名称 mytype 设为具体的整型 int。

视频讲解

程序段 8-5　模板类的具体化实例

(1) 头文件 main. h

```
1      #pragma once
2      #include <iostream>
3      using namespace std;
4
5      template <typename mytype>
6      class MyArray
7      {
8      private:
9        mytype a[100];
10       int length;
11     public:
12       MyArray()
13       {
14           length = 0;
15           a[0] = 0;
16       }
17       void setLength(int len)
18       {
19           if (len <= 100)
20             length = len;
21           else
22             length = 100;
23       }
24       void setA(mytype * b)
25       {
26           for (int i = 0; i < length; i++)
```

```
27          a[i] = b[i];
28      }
29      mytype sum()
30      {
31          mytype s = 0;
32          for (int i = 0; i < length; i++)
33            s = s + a[i];
34          return s;
35      }
36  };
37
```

第 5～36 行定义了模板类 MyArray，具有一个类型名称 mytype。这部分代码与程序段 8-4 中的模板类 MyArray 相同。

```
38  template<> class MyArray<int>
39  {
40  private:
41      int a[100];
42      int length;
43  public:
44      MyArray()
45      {
46          length = 0;
47          a[0] = 0;
48      }
49      void setLength(int len)
50      {
51          if (len <= 100)
52              length = len;
53          else
54              length = 100;
55      }
56      void setA(int * b)
57      {
58          for (int i = 0; i < length; i++)
59              a[i] = b[i];
60      }
61      int sum()
62      {
63          int s = 0;
64          for (int i = 0; i < length; i++)
65              s = s + a[i];
66          return s;
67      }
68      void sort()
69      {
70          for (int i = 0; i < length - 1; i++)
71          {
72              for (int j = i + 1; j < length; j++)
73              {
```

```
74                  if (a[i] > a[j])
75                  {
76                      int t = a[i];
77                      a[i] = a[j];
78                      a[j] = t;
79                  }
80              }
81          }
82      }
83      void disp()
84      {
85          for (int i = 0; i < length; i++)
86              cout << a[i] << " ";
87          cout << endl;
88      }
89  };
```

第38～89行为模板类MyArray的具体化类，类名仍为MyArray，使用具体的整型int替换类型名称mytype。具体化类MyArray在原有模板类的基础上，将类中mytype变换为int，同时添加了第68～82行的排序方法sort()以及第83～88行的disp()方法。

第68～82行的sort()方法将私有数组成员a中的元素(a[0]～a[length－1])按升序排列。第83～88行的disp()方法输出数组a中(a[0]～a[length－1])的元素。

(2) 主程序文件main.cpp

```
90  #include <iostream>
91  #include "main.h"
92  using namespace std;
93
94  int main()
95  {
96    int a[10] = { 1,2,3,4,5,6,7,8,9,10 };
97    MyArray<int> myArray1;
98    myArray1.setLength(10);
99    myArray1.setA(a);
100   cout << "Sum of Array a is: " << myArray1.sum() << endl;
101
102   double b[10] = { 5.2,8.1,9.2,7.8,10.2,19.3,9.8,7.4,3.8,7.7 };
103   MyArray<double> myArray2;
104   myArray2.setLength(10);
105   myArray2.setA(b);
106   cout << "Sum of Array b is: " << myArray2.sum() << endl;
107
108   int c[10] = { 8,10,5,7,2,19,34,11,13,6 };
109   MyArray<int> myArray3;
110   myArray3.setLength(10);
111   myArray3.setA(c);
112   cout << "The Array c: ";
113   myArray3.disp();
114   myArray3.sort();
115   cout << "The sorted Array c: ";
```

```
116     myArray3.disp();
117  }
```

在主程序文件 main.cpp 的 main 函数中，第 96～106 行的语句与程序段 8-4 中第 40～50 行的语句相同。

第 108 行的语句“int c[10]={ 8,10,5,7,2,19,34,11,13,6 };”定义整型数据 c，具有 10 个元素，并初始化为列表“{ 8,10,5,7,2,19,34,11,13,6 }”。

第 109 行的语句“MyArray < int > myArray3;”使用具体化后的模板类 MyArray 定义对象 myArray3。

第 110 行的语句“myArray3.setLength(10);”调用对象 myArray3 的 setLength()方法将其私有数据成员 length 设为 10。

第 111 行的语句“myArray3.setA(c);”将 c 赋给 myArray3 的私有数组成员 a。

第 112 行的语句“cout << "The Array c: ";”输出字符串提示信息“The Array c:”。

第 113 行的语句“myArray3.disp();”调用对象 myArray3 的 disp()方法，输出其私有数组成员 a 的值。

第 114 行的语句“myArray3.sort();” 调用对象 myArray3 的 sort()方法，对私有数组成员 a 的第 0～(length－1)个元素进行排序。

第 115 行的语句“cout << "The sorted Array c: ";”输出字符串提示信息“The sorted Array c:”。

第 116 行的语句“myArray3.disp();”调用对象 myArray3 的 disp()方法，输出其私有数组成员 a 的值，此时输出的结果为按升序排列后的序列值。

程序段 8-5 的执行结果如图 8-5 所示。

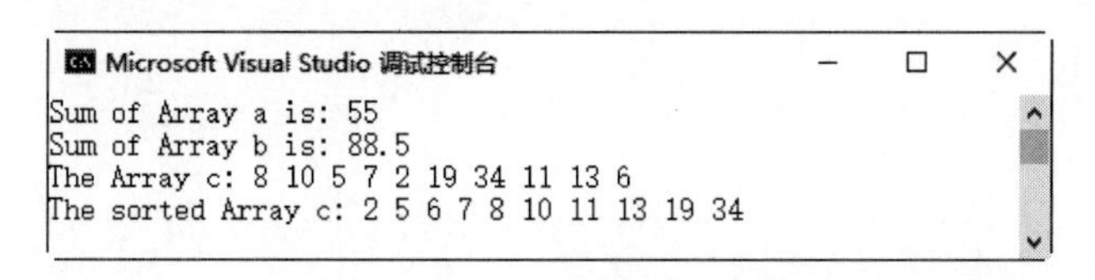

图 8-5　程序段 8-5 的执行结果

8.3　本章小结

本章介绍了 C++语言的宏定义的常用语法和作用，宏定义一般用于定义宏常量、宏函数或用于防止头文件被重复包括。在宏函数的基础上，介绍了类型安全的模板函数。模板函数可以替换宏函数，并且可由模板函数创建参数个数可变的函数。接着，介绍了模板类的用法和模板类的具体化，使用模板类可以定义一个通用类结构，但是，设计性能良好的模板类是非常困难的，因此 C++ 语言提供了一组标准模板类库供程序员使用，例如，字符串类 string、动态数组类 vector 等均属于 C++语言的标准模板类库。建议 C++语言初学者应直接使用标准模板类库，而避免编写自定义的模板类。

习题

1. 编写宏函数实现计算两个整数的最大公约数和最小公倍数。
2. 编写模板函数计算两个数的和与积。
3. 编写模板函数实现参数个数可变的函数，用于求多个数的乘积。

第 9 章

异常与文件

程序在运行过程中，难免偶尔出现一些异常问题，例如，数据存储器溢出、非法算术运算和非法内存访问等，导致程序的执行过程中断。C++语言提供了对异常情况的处理语句，以避免异常情况扩散。C++语言支持基于输入/输出流的文件操作。相对于输出到显示器的暂时性运行结果，文件则是用于长期保存 C++程序的输出结果。一般地，文件操作常需要异常处理措施。

本章的学习目标：

- 了解程序异常的触发与响应机制
- 掌握 try-catch 结构和常见异常的捕获和处理方法
- 熟练掌握文本文件和二进制文件的读写操作

9.1 异常

程序在执行过程中，有些异常行为可以估计到，遇到这类异常行为时，可借助 throw()函数人为抛出异常并使用相应的 catch()函数捕获；有些异常行为可能无法估计到，遇到这类异常行为时，程序自动抛出异常，可使用通用 catch()函数捕获。异常处理的语法如下：

```
try
{
    语句组;
    throw 表示异常的数据或字符串;
    语句组;
}
catch(变量类型声明符 异常变量 1)
{
    异常处理语句组;
}
catch(变量类型声明符 异常变量 2)
{
    异常处理语句组;
}
    …
catch(…)
{
    异常处理语句组;
}
```

在上述语法中，try 中的语句组是被监视的语句组，若其中的语句出现异常行为，程序将抛出异常。catch()函数可以重载，catch()函数根据参数的类型捕获并处理相同类型的异常，如果某个异常被一个 catch()函数所捕获并处理了，其后的 catch()函数均不会再捕获该异常。catch(...)语句可用于捕获任意异常，当其前面的所有 catch()函数均不能捕获某个异常时，该异常将被 catch(...)语句捕获并处理。

程序段 9-1 介绍了异常的捕获和处理方法。

视频讲解

程序段 9-1　异常处理实例

```
1    #include <iostream>
2    #include <exception>
3    using namespace std;
4
5    int main()
6    {
7      cout << "Input two integers: ";
8      int a, b, c;
9      try
10     {
11         cin >> a >> b;
12         if (b == 0)
13             throw overflow_error("Divided by zero.");
14         if (b < 0)
15             throw b;
16         if (a < b)
17             throw "The Result is zero.";
18         c = a / b;
19         cout << a << " / " << b << " = " << c << endl;
20     }
21     catch (const char * str)
22     {
23         cout << str << endl;
24     }
25         catch (int& val)
26     {
27         cout << val << " is negative." << endl;
28     }
29     catch (const exception& exp)
30     {
31         cout << exp.what() << endl;
32     }
33         catch (...)
34     {
35         cout << "There are exceptions." << endl;
36     }
37   }
```

在程序段 9-1 中，第 2 行的代码“#include <exception>”将头文件 exception 包括到程序中，程序中第 29 行的类 exception 的定义位于该头文件中。

在 main()函数中，第 7 行的语句“cout << "Input two integers: ";”输出提示信息

“Input two integers:”。

第 8 行的语句“int a,b,c;”定义整型变量 a、b 和 c。

第 9～36 行为 try-catch 结构,其中,第 9～20 行为 try 语句块,第 11 行的语句“cin >> a >> b;”输入变量 a 和 b 的值。

第 12 行和第 13 行为一个 if 结构,如果 b 等于 0,则抛出异常“throw overflow_error("Divided by zero.");”并退出 try 语句组。C++语言提供了一些标准的异常类,如 overflow_error(上溢出)、underflow_error(下溢出)、bad_alloc(new 动态分配内存失败)和 out_of_range(参数值越界)等,这些异常类均派生自类 exception。如果第 13 行被执行且抛出了 overflow_error 异常,那么该异常将被第 29～32 行的 catch 语句捕获,第 31 行的语句“cout << exp. what() << endl;”将输出异常的信息“Divided by zero.”。

第 14 行和第 15 行为一个 if 结构,如果 b 小于 0,则抛出变量 b 并退出 try 语句组。该异常若被抛出,则被第 25～28 行的 catch 语句捕获,第 27 行的语句“cout << val << " is negative." << endl;”将输出 val 的值和信息“ is negative.”。

第 16 行和第 17 行为一个 if 结构,如果 a 小于 b,则抛出异常并退出 try 语句组。该异常为一个字符串,若该异常被抛出,则被第 21～24 行的 catch 语句捕获,第 23 行的语句“cout << str << endl;”将输出捕获的信息字符串 str 的内容。

第 18 行的语句“c=a / b;”执行 a 除以 b 并将商赋给变量 c。

第 19 行的语句“cout << a << " / " << b << "=" << c << endl;”输出 a/b 的结果。

当 try 语句中出现了第 21～32 行的 catch 语句无法捕获的异常时,第 33～36 行的 catch 语句将捕获它,并执行第 35 行的语句“cout << "There are exceptions." << endl;”输出信息“There are exceptions.”。

程序段 9-1 的执行结果如图 9-1 所示。

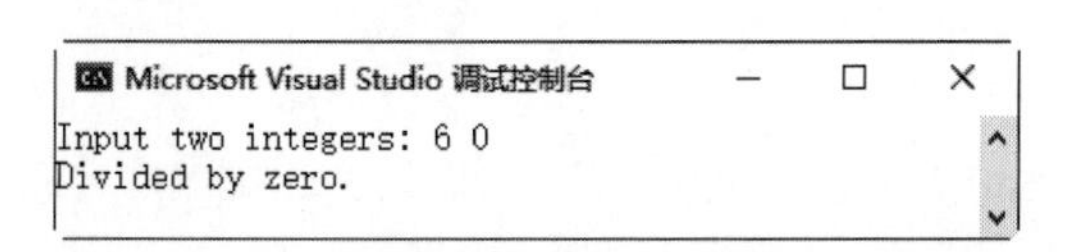

图 9-1 程序段 9-1 的一个执行结果

9.2 文本文件操作

文件操作包括写入文件和读出文件内容两类操作,分别借助类 ofstream 和 ifstream 实现。具体方法为:首先创建 ofstream 或 ifstream 类型的文件对象,然后调用 open()方法(或称函数)打开文件,接着进行写入文件或从文件中读出内容的操作,最后,调用 close()方法关闭文件。在打开文件时需要指定文件的工作模式,如表 9-1 所示。

表 9-1 文件工作模式

工 作 模 式	含 义
ios_base::out	以只写方式打开文件
ios_base::in	以只读方式打开文件

续表

工 作 模 式	含　　义
ios_base::app	以追加方法打开文件，新写入的内容位于文件末尾
ios_base::binary	以二进制形式打开文件(默认以文本文件打开)
ios_base::trunc	打开文件时，若文件已存在，则覆盖该文件(即重新创建新文件，为默认设置)

程序段 9-2 展示了文本文件的读写操作方法。

视频讲解

程序段 9-2　文本文件读写操作

```
1    #include <iostream>
2    #include <fstream>
3    #include <string>
4    using namespace std;
5
6    int main()
7    {
8      ofstream ofile;
9      try
10     {
11         ofile.open("test.txt", ios_base::out);
12         if (ofile.is_open())
13         {
14             cout << "A file \"test.txt\" is created." << endl;
15             ofile << "We have: " << 20 << " apples." << endl;
16             ofile << "We are rich." << endl;
17             cout << "The file-write operations have finished." << endl;
18             ofile.close();
19         }
20     }
21     catch (...)
22     {
23         if (ofile.is_open())
24             ofile.close();
25         cout << "There is an exception." << endl;
26     }
27
28     string str;
29     int i;
30     ifstream ifile;
31     try
32     {
33         ifile.open("test.txt", ios_base::in);
34         if (ifile.is_open())
35         {
36             cout << "A file \"test.txt\" is open. It's content is:" << endl;
37             getline(ifile, str, ':');
38             cout << str << ": ";
39             ifile >> i;
40             cout << i;
```

```
41              getline(ifile, str);
42              cout << str << endl;
43              getline(ifile, str);
44              cout << str << endl;
45              cout << "The file - read operations have finished." << endl;
46              ifile.close();
47          }
48      }
49      catch (...)
50      {
51          if (ifile.is_open())
52              ifile.close();
53          cout << "There is an exception." << endl;
54      }
55  }
```

在程序段 9-2 中，第 2 行的代码“#include < fstream >”将头文件 fstream 包括到程序中，头文件 fstream 包含了文件操作相关的类。

在 main()函数中，第 8 行的语句“ofstream ofile;”创建只写的文件对象 ofile。

第 9～26 行为 try-catch 结构。这里先介绍 catch 语句的含义，当 try 语句中遇到异常时，可能导致 ofile 文件对象没有关闭，在 catch 语句中，第 23 行和第 24 行为一个 if 结构，第 23 行的语句“if (ofile.is_open())”判断 ofile 文件对象是否处于打开状态，如果是，则第 24 行的语句“ofile.close();”将其关闭。第 25 行的语句“cout << "There is an exception." << endl”输出提示信息“There is an exception.”。

在第 9～20 行的 try 语句中，第 11 行的语句“ofile.open("test.txt",ios_base::out);”以只写方式(创建并)打开文件 test.txt，该文件位于项目文件所在的目录下。第 12～19 行为一个 if 结构，如果 ofile 文件对象处于打开状态(第 12 行为真)，则执行下述第 14～18 行的语句：

第 14 行的语句“cout << "A file \"test.txt\" is created." << endl;”向显示器输出提示信息“A file "test.txt" is created.”。

第 15 行的语句“ofile << "We have: " << 20 << " apples." << endl;”向文件对象 ofile 写入“We have: 20 apples.”。

第 16 行的语句“ofile << "We are rich." << endl;”向文件对象 ofile 写入“We are rich.”。

第 17 行的语句“cout << "The file-write operations have finished." << endl;”向显示器输入提示信息“The file-write operations have finished.”。

第 18 行的语句“ofile.close();”关闭文件对象 ofile。

上述操作将在项目文件所在的目录创建文件 test.txt，其内容为：

We have: 20 apples.

We are rich.

下述操作为从文件 test.txt 中读出数据，这里使用了 getline()函数。

第 28 行的语句“string str;”定义字符串变量 str。

第 29 行的语句“int i;”定义整型变量 i。

第 30 行的语句“ifstream ifile;”定义只读文件对象 ifile。

第 31～54 行为一个 try-catch 结构，这里先介绍第 49～54 行的 catch 结构的含义。若第 31～48 行的 try 语句中出现异常而跳出，则 catch 结构将捕获该异常，在 catch 结构中，第 51 行的语句“if (ifile.is_open())”判断 ifile 对象是否处于打开状态，如果是，则第 52 行的语句“ifile.close();”将 ifile 关闭。文件对象处于打开状态时，将占用大量的存储空间，而将其关闭则释放这些存储空间。第 53 行“cout << "There is an exception." << endl;”输出提示信息“There is an exception.”。可见，这里的 catch 语句可有效地防止文件对象因程序异常退出而没有关闭的现象发生。

在第 31～48 行的 try 语句中，第 33 行的语句“ifile.open("test.txt",ios_base::in);”以只读方式打开文件 test.txt，该文件必须位于项目文件所在的目录下，否则，需使用完整的路径，形如“D:\\MyCPPWork\\MySolution\\MyPrj0902\\test.txt”。

第 34～47 行为一个 if 结构，当第 34 行的语句“if (ifile.is_open())”判定 ifile 处于打开状态时，将执行下面第 36～46 行的语句：

第 36 行的语句“cout << "A file \"test.txt\" is open. It's content is: " << endl;”在显示器上输出提示信息“A file "test.txt" is open. It's content is:”。

第 37 行的语句“getline(ifile,str,':');”从 ifile 文件对象中读入字符串直到遇到字符“:”为止，将读入的字符串(不包含“:”)赋给 str。

第 38 行的语句“cout << str << ":";”输出字符串 str 的值和“:”。

第 39 行的语句“ifile >> i;”从文件对象 ifile 中读入一个整型值，赋给变量 i。

第 40 行的语句“cout << i;”在显示器上输出变量 i 的值。

第 41 行的语句“getline(ifile,str);”从文件对象 ifile 中读入一行字符串，赋给 str。这是 getline()函数的默认用法，遇到回车换行符结束，相当于语句“getline(ifile,str,'\n');”。

第 42 行的语句“cout << str << endl;”在显示器上输出字符串 str。

第 43 行的语句“getline(ifile,str);”从文件对象 ifile 中读入一行字符串，赋给 str。

第 45 行的语句“cout << "The file-read operations have finished." << endl;”在显示器上输出提示信息“The file-read operations have finished.”。

第 46 行的语句“ifile.close();”关闭文件对象 ifile。

在读写文件时，文件对象将使用一个文件“指针”指示文件的读写位置。当文件被打开时，文件指针指向文件的头部，向文件写入内容或从文件读出内容后，文件指针将移动到写入内容或读出内容的后部。例如，在第 37 行中语句“getline(ifile,str,':');”将文件指针移动到“:”后面；第 39 行的语句“ifile >> i;”从当前的文件指针开始读入整型值，文件指针移动到整型值后面；第 41 行语句“getline(ifile,str);”将从新的文件指针位置读到这一行的末尾。

程序段 9-2 实现了文本文件的读写操作，其执行结果如图 9-2 所示。

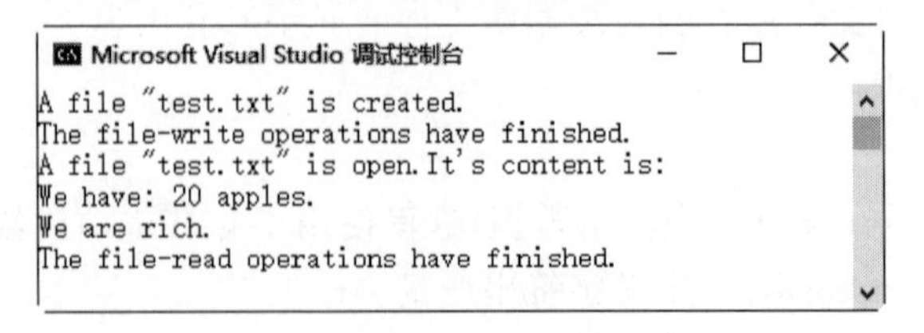

图 9-2　程序段 9-2 的执行结果

下面的程序段 9-3 从文件中读入一组数据，并计算这些数据的和。在项目文件所在的目录下创建一个文件 mydat.txt，并输入 12 个数据，如图 9-3 所示。

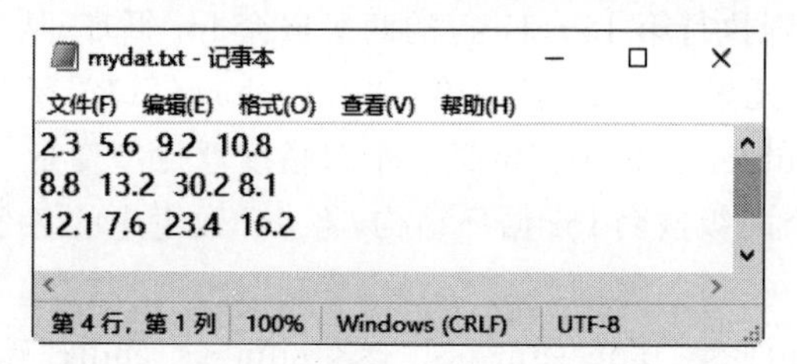

图 9-3　文本文件 mydat.txt

程序段 9-3　从文件中读入数值的实例

视频讲解

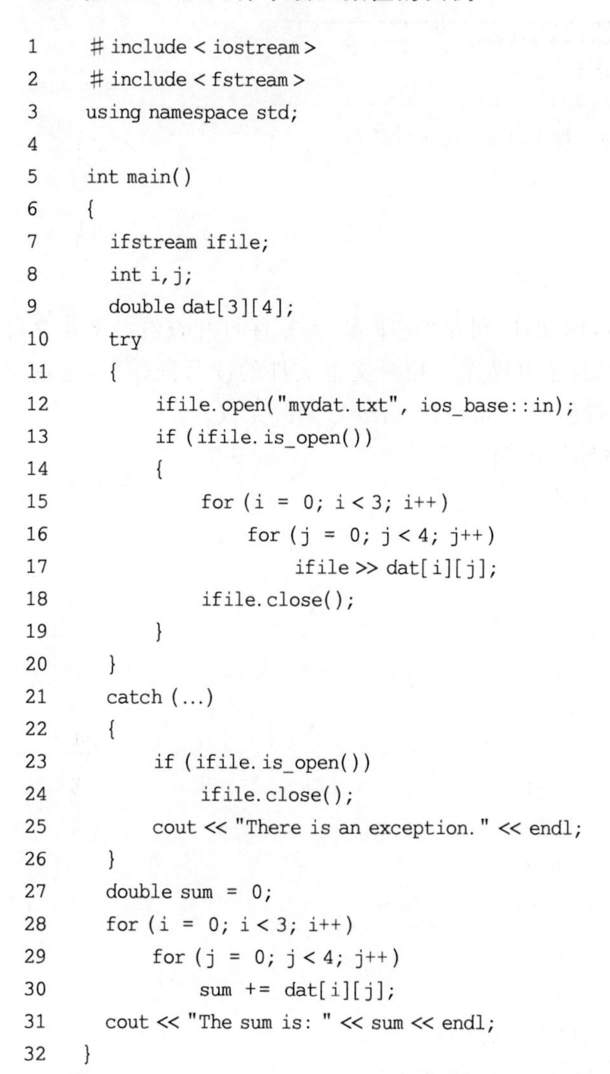

```
1    #include <iostream>
2    #include <fstream>
3    using namespace std;
4
5    int main()
6    {
7      ifstream ifile;
8      int i,j;
9      double dat[3][4];
10     try
11     {
12         ifile.open("mydat.txt", ios_base::in);
13         if (ifile.is_open())
14         {
15             for (i = 0; i < 3; i++)
16                 for (j = 0; j < 4; j++)
17                     ifile >> dat[i][j];
18             ifile.close();
19         }
20     }
21     catch (...)
22     {
23         if (ifile.is_open())
24             ifile.close();
25         cout << "There is an exception." << endl;
26     }
27     double sum = 0;
28     for (i = 0; i < 3; i++)
29         for (j = 0; j < 4; j++)
30             sum += dat[i][j];
31     cout << "The sum is: " << sum << endl;
32   }
```

在程序段 9-3 的 main()函数中，第 7 行的语句“ifstream ifile;”定义只读文件 ifile。

第 8 行的语句“int i,j;”定义整型变量 i 和 j。

第 9 行的语句“double dat[3][4];”定义一个双精度浮点型二维数组 dat。

第10～26行为一个try-catch结构，其中，第12行的语句“ifile.open("mydat.txt",ios_base::in);”打开只读文件mydat.txt。第13～19行为一个if结构，若ifile文件对象处于打开状态(第13行为真)，则执行第15～17行的两级嵌套for循环，从ifile文件对象中读入数据，赋给dat数组的各个元素。第18行的语句“ifile.close();”关闭ifile文件对象。

第27行的语句“double sum=0;”定义一个双精度浮点型变量sum，并初始化为0。

第28～30行为一个两级嵌套for循环结构，将dat数组中的各个元素求和，将和值保存在sum变量中。

第31行的语句“cout << "The sum is: " << sum << endl;”输出提示信息“The sum is:”和sum的值。

程序段9-3的执行结果如图9-4所示。

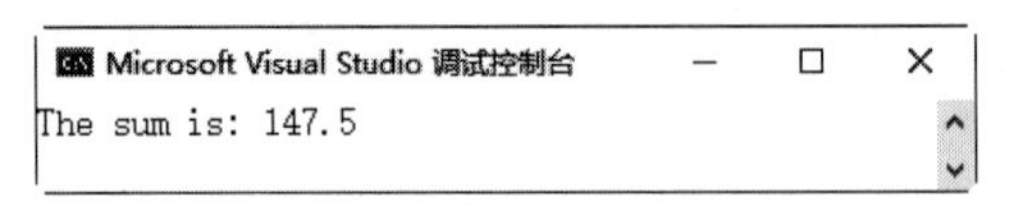

图9-4　程序段9-3的执行结果

9.3　二进制文件操作

文本文件是由ASCII码组成的可读文件，可由“记事本”等软件打开查看。文本文件的读写操作类似于键盘的输入与显示器的输出操作。相对文本文件的读写操作，二进制文件的读写是一种格式化的读写操作，一般借助read()和write()函数完成。

程序段9-4为二进制文件的读写操作实例。

视频讲解

程序段9-4　二进制文件的读写实例

```
1     #include <iostream>
2     #include <fstream>
3     #include <iomanip>
4     using namespace std;
5
6     int main()
7     {
8       struct Student
9       {
10          string name[30];
11          char gender = 'F';
12          string no[30];
13          int age = 0;
14          double score = 0;
15      }st[4];
16      st[0] = { "Guan Yu", 'F',"001",23,96.5 };
17      st[1] = { "Liu Bei", 'F',"002",22,98.5 };
18      st[2] = { "Zhang Fei", 'F',"003",20,93.5 };
19      st[3] = { "Sun Shangxiang", 'M',"004",24,95.5 };
20      ofstream ofile;
21      try
```

```
22      {
23          ofile.open("myfile.dat", ios_base::out | ios_base::binary);
24          if (ofile.is_open())
25          {
26              for (int i = 0; i < 4; i++)
27              {
28                  ofile.write((const char * )&st[i], sizeof(st[i]));
29              }
30              ofile.close();
31          }
32      }
33      catch (...)
34      {
35          if (ofile.is_open())
36              ofile.close();
37          cout << "There is an exception." << endl;
38      }
39
40      Student stud[4];
41      ifstream ifile;
42      try
43      {
44          ifile.open("myfile.dat", ios_base::in | ios_base::binary);
45          if (ifile.is_open())
46          {
47              for (int i = 0; i < 4; i++)
48              {
49                  ifile.read((char * )&stud[i], sizeof(Student));
50              }
51              ifile.close();
52          }
53      }
54      catch (...)
55      {
56          if (ifile.is_open())
57              ifile.close();
58          cout << "There is an exception." << endl;
59      }
60      cout << left;
61      for (int i = 0; i < 4; i++)
62      {
63          cout << setw(17) << stud[i].name <<
64                  setw(6) << stud[i].gender <<
65                  setw(8) << stud[i].no <<
66                  setw(6) << stud[i].age <<
67                  setw(6) << stud[i].score << endl;
68      }
69  }
```

在程序段 9-4 的 main()函数中，第 8～15 行定义了结构体类型 Student 以及一个 Student 类型的一维数组 st，数组 st 具有 4 个元素。

第 16 行的语句“st[0]={ "Guan Yu",'F',"001",23,96.5 };”给 st[0]赋值。第 17～19 行的语句依次为 st[1]、st[2]和 st[3]赋值。

第 20 行的语句“ofstream ofile;”定义只写的文件对象 ofile。

第 21～38 行为一个 try-catch 结构。在 try 语句中，第 23 行的语句“ofile.open("myfile.dat",ios_base::out | ios_base::binary);”以二进制只读文件方式创建并打开文件 myfile.dat。

第 24～31 行为一个 if 结构，如果第 24 行的语句“if (ofile.is_open())”为真，则执行第 26～30 行的语句。其中，第 26～29 行为一个 for 结构，第 26 行的语句“for (int i=0; i < 4; i++)”表示循环变量 i 从 0 按步长 1 递增至 3，对每个 i，执行一次第 28 行的语句“ofile.write((const char *)&st[i],sizeof(st[i]));”，该语句调用 write()函数将 st[i]写入到文件对象 ofile 中，write()函数的两个参数依次为写入缓冲区的首地址(必须为 const char * 类型)和写入数据的长度(以字节为单位)。

第 40 行的语句“Student stud[4];”定义 Student 类型的一维数组 stud，数组长度为 4。

第 41 行的语句“ifstream ifile;”定义只读文件对象 ifile。

第 42～59 行为一个 try-catch 结构。在 try 语句中，第 44 行的语句“ifile.open("myfile.dat",ios_base::in | ios_base::binary);”表示以二进制只读文件方式打开文件 myfile.dat。

第 45～52 行为一个 if 结构，当第 45 行的语句“if (ifile.is_open())”判断 ifile 文件对象处于打开状态时，将执行第 46～52 行的代码。第 47～50 行为一个 for 结构，循环变量 i 从 0 按步长 1 递增至 3 时(第 47 行)，对于每个 i，执行一次第 49 行的语句“ifile.read((char *)&stud[i], sizeof(Student));”，使用 read()函数从 ifile 文件对象中读取长度为 sizeof(Student)字节的数据赋给 stud[i]。函数 read()的两个参数依次表示读取的数据存放的内存首地址(必须为 char * 类型)和读取的数据的长度(以字节为单位)。第 51 行的语句“ifile.close();”关闭文件对象 ifile。

第 60 行的语句“cout << left;”设定输出格式为左对齐方式。

第 61～68 行为一个 for 结构，循环变量 i 从 0 开始按步长 1 递增至 3(第 61 行)，对于每个 i，执行一次第 63～67 行的语句(这是一条语句)，用于输出结构体数组元素 stud[i]的各个成员。

程序段 9-4 的执行结果如图 9-5 所示。

```
Microsoft Visual Studio 调试控制台
Guan Yu          F      001     23     96.5
Liu Bei          F      002     22     98.5
Zhang Fei        F      003     20     93.5
Sun Shangxiang   M      004     24     95.5
```

图 9-5　程序段 9-4 的执行结果

类似于程序段 9-2，程序段 9-5 实现的功能为先将一些数据写入到文件，然后，再读出该文件中的内容，并将这些内容显示在显示器上。

不同于文本文件的读写，二进制文件的读写，必须以一定的格式写入和读出。特别是二进制文件内容的读出，必须使用与写入相同的格式才可以正确地读出文件内容。

9.4 本章小结

本章介绍了处理程序异常的 try-catch 结构及其程序设计方法，在程序设计过程中，将可能出现异常的语句放在 try 语句中，每个 try 语句至少要有一个 catch()函数紧随其后，也可以有多个重载的 catch()函数。应有一个“catch(...)”语句放在其他所有 catch()函数的后面作为最后的 catch()函数，可以捕获那些其他 catch()函数无法捕获的异常，这是一种良好的程序设计习惯。

本章详细介绍了文本文件和二进制文件的读写操作方式，这两种方式均以流的方式操作。文本文件的写入操作可等价于将文本文件视为输出设备(而显示器就是标准的输出设备)，使用流输出符“<<”实现写文件操作；文本文件的读入操作可等价于将文本文件视为输入设备(而键盘就是标准的输入设备)，使用流输入符“>>”实现读文件操作。二进制文件的读写一般使用格式化的方式，借助文件对象的 write()方法将指定首地址和长度的一段内容写入文件中，在读出时，必须以与写入时相同的格式使用文件对象的 read 方法将指定首地址和长度的内容从文件中读出来。

习题

1. 编写程序实现 16 位长的整数(short 类型)间的四则运算，使用 try-catch 结构捕获并处理其溢出异常。

2. 将给定的文本写入一个文本文件 myprod. txt 中，并使用“记事本”软件查看写入内容是否正确。写入文件中的内容为：

```
苹果: 3.78 元/斤
桃: 5.83 元/斤
番茄: 3.75 元/斤
樱桃: 8.35 元/斤
```

3. 编写程序，读取第 2 题中的文件 myprod. txt，并计算购买 3 斤苹果、5 斤桃、4 斤番茄和 2 斤樱桃需要多少钱。

4. 编写程序创建一个二进制文件，向其中写入以下矩阵数据：

$$\begin{bmatrix} 8.3 & 9.1 & 10.23 & 5.42 \\ 19.2 & 4.54 & 7.22 & 18.34 \\ 21.2 & 8.34 & 9.18 & 6.33 \end{bmatrix}$$

然后，读出其中的数值，并输出该矩阵的转置矩阵。

第 10 章

动 态 数 组

C++语言标准模板库提供了动态数组类 vector，位于头文件 vector 中，在程序中使用动态数组类 vector，需要包括该头文件“#include <vector>”。动态数组的特点在于可在数组的尾部动态添加新的元素和删除元素，这两种操作速度非常快。也可以向动态数组中插入元素，这种操作比在数组尾部添加元素速度要慢一些。由于动态数组类属于标准模板库，它内部集成了一个遍历其元素的指针，称为“迭代器”，通过迭代器可以快速访问动态数组的各个元素。

本章的学习目标：

- 了解动态数组与普通数组的区别
- 掌握动态数组的初始化和基本操作
- 学会使用迭代器访问动态数组的元素
- 掌握 lambda 函数的设计方法
- 熟练掌握伪随机数发生器程序设计

10.1 动态数组初始化

定义动态数组的方式为：“vector<变量类型声明符> 动态数组名”，例如，“vector < double > v1;”表示定义一个双精度型动态数组 v1。这里的“<变量类型声明符>”为动态数组元素的变量类型。

在定义动态数组时，可以指定数组的大小，例如，“vector < double > v1(10);”表示定义一个双精度动态数组 v1，包含 10 个元素，各个元素均赋初值 0。

在定义动态数组时，可为数组赋初始值，例如，“vector < double > v1 = {3.4,8.9,10.3};”表示定义动态数组 v1，用列表“{3.4,8.9,10.3}”初始化为 v1，此时，数组 v1 的长度为 3，其元素依次为 v1[0]=3.4、v1[1]=8.9、v1[2]=10.3。

vector 为动态数组类，因此 vector 定义的变量本质上为对象或实例，这里，为了表达简洁且不引起歧义，统一将 vector 定义的对象称为动态数组。

动态数组的公有成员方法 size 返回数组中元素的个数。

动态数组的定义与初始化如程序段 10-1 所示。

视频讲解

程序段 10-1　动态数组的定义与初始化实例

```
1    #include <iostream>
```

```
2    #include <vector>
3    using namespace std;
4
5    int main()
6    {
7      vector<int> v1(2);
8      v1[0] = 10;
9      v1[1] = 6;
10     for (int i = 0; i < v1.size(); i++)
11         cout << v1[i] << " ";
12     cout << endl;
13
14     vector<double> v2 = { 3.4,8.9,10.3,9.4 };
15     for (int i = 0; i < v2.size(); i++)
16         cout << v2[i] << " ";
17     cout << endl;
18   }
```

在程序段 10-1 中，第 2 行的代码“#include <vector>”将头文件 vector 包括到程序中，在程序中可以定义和使用动态数组。

在 main()函数内部，第 7 行的语句“vector<int> v1(2);”定义动态数组 v1，其元素为整型，数组的大小为 2，即包含 2 个元素，元素均初始化为 0。

第 8 行的语句“v1[0]=10;”将 10 赋给动态数组 v1 的第 0 个元素 v1[0]。动态数组的元素索引号从 0 开始。动态数组的元素访问可以使用一般数组的方法，即使用数组名加上“[ ]”及元素的索引号访问。

第 9 行的语句“v1[1]=6;”将 6 赋给动态数组 v1 的 v1[1]。

第 10 行和第 11 行为一个 for 结构，输出动态数组 v1 中的各个元素。这里的 v1.size()返回动态数组 v1 中元素的个数。

第 14 行的语句“vector<double> v2={ 3.4,8.9,10.3,9.4 };”定义动态数组 v2，v2 的元素类型为 double，并使用列表“{ 3.4,8.9,10.3,9.4 }”初始化 v2，因此，v2 有 4 个元素，依次为 v2[0]=3.4、v2[1]=8.9、v2[2]=10.3、v2[4]=9.4。

第 15 行和第 16 行为一个 for 结构，输出动态数组 v2 的各个元素。

程序段 10-1 的执行结果如图 10-1 所示。

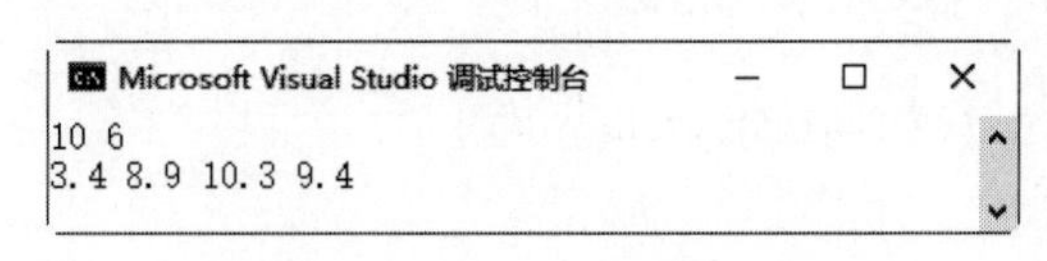

图 10-1 程序段 10-1 的执行结果

10.2 动态数组基本操作

动态数组的基本操作包括数组复制、添加元素、插入元素、删除元素等。

创建具有相同元素的动态数组的语法为“vector <变量类型> 动态数组名(元素个数,元素值)”，例如，语句“vector<int> v1(6,5);”将创建一个动态数组 v1，具有 6 个元素，每个元素的值均为 5。

将一个动态数组复制为另一个动态数组的语句为："vector <变量类型> 动态数组名(被复制的动态数组名)"，例如，语句"vector < int > v2(v1);"将 v1 复制到动态数组 v2，此时 v1 和 v2 的内容是相同的，但占有不同的存储空间。

动态数组 vector 只能在数组的尾部添加新的元素，其语法为"动态数组名. push_back(添加的元素)"，例如，语句"v1. push_back(8);"将向动态数组 v1 的末尾添加一个元素 8，要求在定义 v1 时其元素应为整型。

向动态数组 vector 中插入元素是一种费时的操作，因为需要为动态数组开辟额外的存储空间，以保存数组中需要移动的元素。插入元素的语法为"动态数组名. insert(迭代器，插入的元素值)"，这里使用动态数组内部的位置指针即"迭代器"定位要插入的位置，其中，"动态数组名. begin()"和"动态数组名. end()"分别表示指向动态数组首部元素和尾部元素的迭代器指针。例如，语句"v1. insert(v1. begin()＋2,100);"表示在动态数组的第二个位置处插入元素 100，注意，首元素的位置索引号为 0。

删除动态数组最后一个元素的方法为 pop_back，例如，语句"v1. pop_back();"删除动态数组 v1 的最后一个元素。

程序段 10-2 介绍了动态数组的基本操作。

视频讲解

程序段 10-2 动态数组的基本操作实例

```
1     #include <iostream>
2     #include <vector>
3     using namespace std;
4
5     int main()
6     {
7       vector<int> v1(6, 5);
8       cout << "Original v1: " << endl;
9       for (int i = 0; i < v1.size(); i++)
10          cout << v1[i] << " ";
11      cout << endl;
12      vector<int> v2(v1);
13      cout << "Original v2: " << endl;
14      for (int i = 0; i < v2.size(); i++)
15          cout << v2[i] << " ";
16      cout << endl;
17      vector<int> v3(v2.begin(),v2.begin() + 3);
18      v3[0] = 10;
19      v3[1] = 6;
20      v3.push_back(8);
21      v3.push_back(3);
22      cout << "Original v3: " << endl;
23      for (int i = 0; i < v3.size(); i++)
24          cout << v3[i] << " ";
25      cout << endl;
26      v3.pop_back();
27      cout << "v3 after a pop_back: " << endl;
28      for (int i = 0; i < v3.size(); i++)
```

```
29          cout << v3[i] << " ";
30      cout << endl;
31      v3.insert(v3.begin() + 2, 100);
32      cout << "v3 after insert 100 at 2rd index:" << endl;
33      for (int i = 0; i < v3.size(); i++)
34          cout << v3[i] << " ";
35      cout << endl;
36      v3.insert(v3.end() - 1, 3, 300);
37      cout << "v3 after insert {300,300,300} at (end() - 1)th index:" << endl;
38      for (int i = 0; i < v3.size(); i++)
39          cout << v3[i] << " ";
40      cout << endl;
41  }
```

在程序段10-2的main函数中，第7行的语句“vector<int> v1(6,5);”定义了一个动态数组v1，其元素为整型，具有6个元素，每个元素的值都是5。

第8行的语句“cout << "Original v1: " << endl;”输出字符串提示信息“Original v1:”。

第9行和第10行为一个for结构，输出v1的全部元素，此时将输出6个5。

第12行的语句“vector<int> v2(v1);”创建动态数组v2，将v1中的元素复制给v2。

第13行的语句“cout << " Original v2: " << endl;”输出字符串提示信息“Original v2:”。

第14行和第15行为一个for结构，输出v2的各个元素，此时，将输出6个5。

第17行的语句“vector<int> v3(v2.begin(),v2.begin()+3);”创建一个动态数组v3，使用v2的前3个元素初始化v3，或者说将v2的前3个元素复制到v3中，此时的v3为3个5。

第18行的语句“v3[0]=10;”将10赋给v3[0]，此时，v3[0]由原来的5变为10。

第19行的语句“v3[1]=6;”将6赋给v3[1]，此时，v3[1]由原来的5变为6。

第20行的语句“v3.push_back(8);”在v3的末尾添加一个新的元素8。

第21行的语句“v3.push_back(3);”在v3的末尾添加一个新的元素3。

第22行的语句“cout << " Original v3: " << endl;”输出字符串提示信息“Original v3:”。

第23行和第24行为一个for结构，输出v3的各个元素，此时的v3为“10 6 5 8 3”。

第26行的语句“v3.pop_back();”删除v3末尾的一个元素，此时的v3为“10 6 5 8”。

第27行的语句“cout << "v3 after a pop_back: " << endl;”输出字符串提示信息“v3 after a pop_back:”。

第28行和第29行为一个for结构，输出v3的各个元素，此时将输出“10 6 5 8”。

第31行的语句“v3.insert(v3.begin()+2,100);”在v3的第二个索引位置插入元素100，此时的v3为“10 6 100 5 8”。

第32行的语句“cout << "v3 after insert 100 at 2rd index: " << endl;”输出字符串提示信息“v3 after insert 100 at 2rd index:”。

第33行和第34行为一个for结构，输出v3的各个元素，此时将输出“10 6 100 5 8”。

第36行的语句“v3.insert(v3.end()−1,3,300);”在v3的倒数第一个索引位置添加3

个 300,这里的“3”表示添加的元素的个数,“300”表示添加的元素的值,此时的 v3 为“10　6　100　5　300　300　300　8”。

第 37 行的语句“cout << "v3 after insert {300,300,300} at (end()－1)th index: " << endl;”输出字符串提示信息“v3 after insert {300,300,300} at (end()－1)th index:”。

第 38 行和第 39 行为一个 for 结构,输出 v3 的各个元素,此时将输出“10　6　100　5　300　300　300　8”。

程序段 10-2 的执行结果如图 10-2 所示。

```
Microsoft Visual Studio 调试控制台
Original v1:
5 5 5 5 5 5
Original v2:
5 5 5 5 5 5
Original v3:
10 6 5 8 3
v3 after a pop_back:
10 6 5 8
v3 after insert 100 at 2rd index:
10 6 100 5 8
v3 after insert {300,300,300} at (end()-1)th index:
10 6 100 5 300 300 300 8
```

图 10-2　程序段 10-2 的执行结果

10.3　迭代器访问动态数组元素

迭代器本质上为动态数组中的指针(广义的迭代器是标准模板类库中的模板类,称为泛型指针),称为“迭代器”是指该指针主要用于遍历动态数组中的元素。

定义动态数组的迭代器的语法为“vector <变量类型>::iterator　迭代器名”或者“vector <变量类型>::const_iterator　迭代器名”,前者定义普通的迭代器;后者定义常量迭代器,不能改变迭代器所指向的元素。例如,“vector < int >::iterator p1＝v1. begin();”定义指向动态数组 v1 的迭代器 p1,p1 指向 v1 的首元素;“vector < int >::const_iterator p2＝v1. begin();”定义指向动态数组 v1 的常量迭代器 p2,p2 指向 v1 的首元素。

程序段 10-3 展示了迭代器的用法。

视频讲解

程序段 10-3　指向动态数组的迭代器用法实例

```
1    #include < iostream >
2    #include < vector >
3    #include < algorithm >
4    using namespace std;
5    int main()
6    {
7      vector < int > v1  =  { 8,3,2,10,6,12,5,7,21,14 };
8      cout << "The elements of v1: " << endl;
9      for (auto e : v1)
10         cout << e << " ";
11     cout << endl;
12
13     vector < int >::iterator p1  =  v1.begin();
```

```
14      for (; p1 < v1.end(); p1++)
15          * p1 * = 2;
16      cout << "The elements of 2 * v1: " << endl;
17      for(p1 = v1.begin();p1 < v1.end();p1++)
18          cout << * p1 << " ";
19      cout << endl;
20
21      auto p2 = v1.begin();
22      cout << "The elements of v1: " << endl;
23      while (p2 < v1.end())
24      {
25          * p2 / = 2;
26          cout << * p2 << " ";
27          p2++;
28      }
29      cout << endl;
30
31      cout << "The elements of v1: " << endl;
32      vector < int >::const_iterator p3 = v1.begin();
33      do
34      {
35          cout << * p3 << " ";
36          p3++;
37      } while (p3 < v1.end());
38      cout << endl;
39
40      vector < int >::iterator pos = find(v1.begin(), v1.end(), 12);
41      if (pos != v1.end())
42      {
43          cout << "The position of 12 is at: ";
44          cout << distance(v1.begin(), pos)<< endl;
45      }
46  }
```

在程序段 10-3 中，第 3 行的代码“#include < algorithm >”将头文件 algorithm 包括到程序中，因为第 40 行的 find()函数的声明位于头文件 algorithm 中。

在 main()函数中，第 7 行的语句“vector < int > v1＝{ 8,3,2,10,6,12,5,7,21,14 };”定义动态数组 v1，用列表“{ 8,3,2,10,6,12,5,7,21,14 }”初始化。

第 8 行的语句“cout << "The elements of v1: " << endl;”输出字符串提示信息“The elements of v1:”。

第 9 行和第 10 行为一个 foreach 结构，输出 v1 中的全部元素。

第 13 行的语句“vector < int >::iterator p1＝v1. begin();”定义指向动态数组 v1 的迭代器 p1，p1 指向动态数组 v1 的首元素。

第 14 行和第 15 行为一个 for 结构，循环执行条件为“p1 < v1. end()”，表示迭代器 p1 没有递增到指向 v1 的末尾。循环执行的语句为“ * p1 ＊＝2;”(第 15 行)，表示将迭代器 p1 指向的元素的值乘以 2。“ * p1”表示迭代器 p1 当前指向的元素值。

第 16 行的语句“cout << "The elements of 2 * v1: " << endl;”输出字符串提示信息

"The elements of 2 * v1:"。

第 17 行和第 18 行为一个 for 结构，迭代器 p1 从 v1.begin()递增到 v1.end()－1，输出"*p1"的值。

第 21 行的语句"auto p2＝v1.begin();"使用 auto 类型声明符定义变量 p2，此时的 p2 根据其所赋的值 v1.begin()自动识别为迭代器类型。

第 22 行的语句"cout << "The elements of v1: " << endl;"输出字符串提示信息"The elements of v1:"。

第 23～28 行为一个 while 结构，其中，第 25 行"*p2 /＝2;"将 p2 指向的元素的值除以 2；第 26 行"cout << *p2 << " ";"输出 p2 所指的元素的值；第 27 行"p2++;"表示 p2 指针累加 1，即迭代器指向下一个元素。

第 31 行的语句"cout << "The elements of v1: " << endl;"输出字符串提示信息"The elements of v1:"。

第 32 行的语句"vector<int>::const_iterator p3＝v1.begin();"定义指向动态数组的常量迭代器 p3，p3 指向 v1 的首元素。

第 33～37 行为一个 do-while 结构，借助于迭代器 p3 输出动态数组 v1 中的各个元素。

第 40 行的语句"vector<int>::iterator pos＝find(v1.begin(),v1.end(),12);"调用 find()函数查找元素 12 出现在动态数组 v1 的位置。find()函数具有 3 个参数，依次为动态数组的查找起始地址、查找终止地址和待查找的元素。find()函数返回结果为一个指针，表现为指向动态数组的迭代器。这里将 find()的返回值赋给迭代器 pos。

第 41～45 行为一个 if 结构。如果 pos 不等于 v1.end()，即第 41 行判断为真，表示 find()函数成功找到了待查找的元素，pos 保存了查找到的元素的地址。于是，第 43 行"cout << "The position of 12 is at: ";"输出字符串提示信息"The position of 12 is at:"；第 44 行"cout << distance(v1.begin(),pos)<< endl;"调用 distance()函数返回查找到的元素的索引号(注意，索引号从 0 开始)。这里，distance()函数具有两个参数，均为迭代器类型，返回两个迭代器间的索引值。

程序段 10-3 的执行结果如图 10-3 所示。

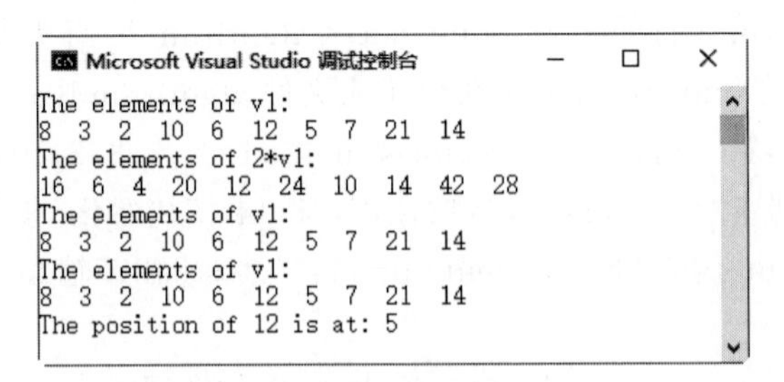

图 10-3 程序段 10-3 的执行结果

10.4 lambda 函数

lambda 函数的语法为"[可选项列表](参数列表){函数体;}"。lambda 函数是没有函数名的函数，其中，"可选项列表"用作 lambda 函数的局部变量，可为空；"参数列表"为传递到“函数体”的参数，类似于函数的参数；“函数体”一般只有几条语句，且常常返回逻辑值。lambda 函数常用作谓词。程序段 10-4 展示了 lambda 函数的用法。

程序段 10-4　lambda 函数用法实例

视频讲解

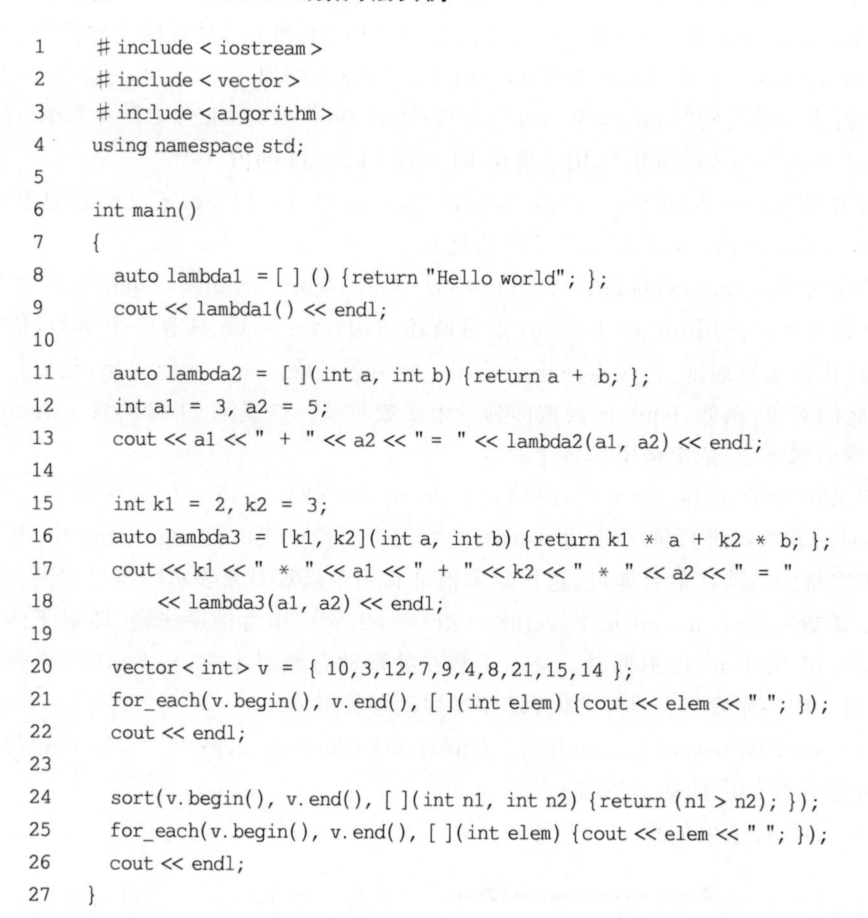

```
1   #include <iostream>
2   #include <vector>
3   #include <algorithm>
4   using namespace std;
5
6   int main()
7   {
8     auto lambda1 = [ ] () {return "Hello world"; };
9     cout << lambda1() << endl;
10
11    auto lambda2 = [ ](int a, int b) {return a + b; };
12    int a1 = 3, a2 = 5;
13    cout << a1 << " + " << a2 << " = " << lambda2(a1, a2) << endl;
14
15    int k1 = 2, k2 = 3;
16    auto lambda3 = [k1, k2](int a, int b) {return k1 * a + k2 * b; };
17    cout << k1 << " * " << a1 << " + " << k2 << " * " << a2 << " = "
18         << lambda3(a1, a2) << endl;
19
20    vector<int> v = { 10,3,12,7,9,4,8,21,15,14 };
21    for_each(v.begin(), v.end(), [ ](int elem) {cout << elem << " "; });
22    cout << endl;
23
24    sort(v.begin(), v.end(), [ ](int n1, int n2) {return (n1 > n2); });
25    for_each(v.begin(), v.end(), [ ](int elem) {cout << elem << " "; });
26    cout << endl;
27  }
```

在程序段 10-4 中，第 3 行的代码“#include <algorithm>”将头文件 algorithm 包括到程序中，是因为第 21 行使用了其中的 for_each()函数，第 24 行使用了其中的 sort()函数。

在 main()函数中，第 8 行的语句“auto lambda1 =[] () {return "Hello world!"; };”定义了一个 lambda 函数，函数名为 lambda1，其可选参数列表为空，参数列表为空，函数体为“return "Hello world!";”表示返回字符串“Hello world!”。必须使用 auto 变量类型声明符作为 lambda 函数的声明符，根据赋值号“=”右边的 lambda 函数自动设定函数的类型。

第 9 行的语句“cout << lambda1() << endl;”调用 lambda1()函数，输出字符串“Hello world!”。

第 11 行的语句“auto lambda2=[](int a,int b) {return a+b; };”定义了一个 lambda 函数，函数名为 lambda2，具有两个整型参数 a 和 b，函数体为“return a+b;”返回 a 与 b 的和。

第 12 行的语句“int a1=3,a2=5;”定义两个整型变量 a1 和 a2，并分别赋初值 3 和 5。

第 13 行的语句“cout << a1 << "+" << a2 << "=" << lambda2(a1,a2) << endl;”调用

lambda2()函数,输出 a1 与 a2 的和。

第 15 行的语句“int k1=2,k2=3;”定义两个整型变量 k1 和 k2,并分别赋初值 2 和 3。

第 16 行的语句“auto lambda3=[k1,k2](int a,int b) {return k1 * a+k2 * b; };”定义了一个 lambda 函数,函数名为 lambda3,具有两个可选项 k1 和 k2,具有两个整型参数 a 和 b,函数体为“return k1 * a+k2 * b;”返回 k1*a+k2*b 的值。

第 17~18 行为一条语句“cout << k1 << " * " << a1 << "+" << k2 << " * " << a2 << "="<< lambda3(a1,a2) << endl;”,用于输出 k1*a1+k2*a2 的值。

第 20 行的语句“vector < int > v={ 10,3,12,7,9,4,8,21,15,14 };”定义动态数组 v,并用列表“{ 10,3,12,7,9,4,8,21,15,14 }”初始化 v。

第 21 行的语句“for_each(v. begin(),v. end(),[](int elem) {cout << elem << " "; });”中,对于迭代器可以使用 for_each 语句(不是循环结构),for_each 具有 3 个参数,依次为循环搜索的迭代器起始地址、迭代器终止地址和一个函数对象。所谓函数对象,是指具有类似于函数功能的对象,例如,lambda 函数即为一个函数对象。这里第 21 行的含义表示从动态数组头部遍历到末尾,依次输出其各个元素。

第 24 行的语句“sort(v. begin(),v. end(),[](int n1,int n2) {return (n1 > n2); });”调用 sort 函数对动态数组进行排序,这里 sort()函数的声明位于头文件 algorithm 中,其具有 3 个参数,依次排序的迭代器首地址、迭代器末地址和一个函数对象表示的排序法则。这里使用 lambda 函数“[](int n1,int n2) {return (n1 > n2); }”作为排序法则,即对于两个参数 n1 和 n2,当 n1 大于 n2 时返回真。sort 函数在处理动态数组 v 时,按 lambda 函数返回为真的条件将 v 中的元素进行排序,即按降序排列动态数组 v。

第 25 行“for_each(v. begin(),v. end(),[](int elem) {cout << elem << " "; });”与第 21 行相同,这里输出排好序的动态数组 v。

程序段 10-4 的执行结果如图 10-4 所示。

```
Microsoft Visual Studio 调试控制台
Hello world!
3 + 5= 8
2 * 3 + 3 * 5 = 21
10  3  12  7  9  4  8  21  15  14
21  15  14  12  10  9  8  7  4  3
```

图 10-4 程序段 10-4 的执行结果

lambda 函数可用于为查找动态数组中的特定元素指定条件。程序段 10-5 展示了 lambda 函数和 find()函数组合查找特定元素的方法。

视频讲解

程序段 10-5 lambda 函数与 find()函数组合查找特定元素实例

```
1    #include <iostream>
2    #include <vector>
3    #include <algorithm>
4    using namespace std;
5
6    int main()
7    {
8      vector <int> v = { 8,3,12,10,6,12,5,7,21,12 };
```

```
9       cout << "The elements of v: " << endl;
10      for_each(v.begin(), v.end(), [ ](int elem) {cout << elem << " "; });
11      cout << endl;
12
13      auto n1 = count(v.begin(), v.end(), 12);
14      cout << "The number of 12 is: "<< n1 << endl;
15
16      cout << "The position of 12 is at: ";
17      vector< int >::iterator pos1 = v.begin();
18      do
19      {
20          pos1 = find(pos1, v.end(), 12);
21          if (pos1 != v.end())
22          {
23              cout << distance(v.begin(), pos1) << " ";
24              pos1++;
25          }
26      } while (pos1 != v.end());
27      cout << endl;
28
29      cout << "The number greater than or equal to 10: " << endl;
30      vector< int >::iterator pos2 = v.begin();
31      do
32      {
33          pos2 = find_if(pos2, v.end(), [ ](int n) {return n >= 10; });
34          if (pos2 != v.end())
35          {
36              cout << * pos2 <<" at "<< distance(v.begin(), pos2) << ". ";
37              pos2++;
38          }
39      } while (pos2 != v.end());
40      cout << endl;
41  }
```

在程序段 10-5 的 main()函数中，第 8 行的语句“vector < int > v={ 8,3,12,10,6,12,5,7,21,12 };”定义动态数组 v，并用列表“{ 8,3,12,10,6,12,5,7,21,12 }”初始化 v。

第 9 行的语句“cout << "The elements of v: " << endl;”输出提示字符串提示信息“The elements of v:”。

第 10 行的语句“for_each(v.begin(),v.end(),[](int elem) {cout << elem << " "; });”使用 for_each()函数和 lambda 语句输出动态数组 v 中的全部元素。

第 13 行的语句“auto n1=count(v.begin(),v.end(),12);”调用 count()函数统计动态数组 v 中元素 12 出现的次数，count()具有 3 个参数，依次统计的起始迭代器、终止迭代器和要统计的元素值。count()函数的返回值为 unsigned long long 类型，可以使用 auto 类型使编译器自动识别，也可以使用 size_t 类型。注意：size_t 是 C++语言宏定义的类型，为 unsigned long long 类型。第 13 行的语句可以写为“size_t n1=count(v.begin(),v.end(),12);”。

第 14 行的语句“cout << "The number of 12 is: "<< n1 << endl;”输出第 13 行统计得到的元素 12 在动态数组 v 中的个数 n1 的值。

第 16 行的语句“cout << "The position of 12 is at: ";”输出字符串提示信息“The position of 12 is at:”。

第 17 行的语句“vector<int>::iterator pos1=v.begin();”定义迭代器 pos1 指向动态数组的首地址。

第 18～26 行为一个 do-while 结构，循环执行第 20～25 行直到迭代器指向动态数组的末尾。第 20 行的语句“pos1=find(pos1,v.end(),12);”调用 find()函数从动态数组 v 的 pos1 指针开始查找第一个元素值为 12 的元素，直到 v 的末尾。第 21～25 行为一个 if 结构，如果 pos1 没有指向 v 的末尾(第 21 行为真)，则输出找到的元素的位置(第 23 行)，将 pos1 指向下一个位置(第 24 行)。如果 pos1 指向了 v 的末尾，则说明查找完成将跳出第 18～26 行的 do-while 循环。这里的 do-while 结构将输出动态数组 v 中包含的元素 12 的所有位置。

第 29 行的语句“cout << "The number greater than or equal to 10: " << endl;”输出字符串提示信息“The number greater than or equal to 10:”。

第 30 行的语句“vector<int>::iterator pos2=v.begin();”定义迭代器 pos2，指向动态数组 v 的头部。

第 31～39 行为一个 do-while 结构，循环执行第 33～38 行直到迭代器 pos2 指向动态数组 v 的末尾(即 v 的最后一个元素的下一个位置)。第 33 行的语句“pos2=find_if(pos2,v.end(),[](int n) {return n >=10; });”调用 find_if()函数查找 v 中大于或等于 10 的元素，find_if()函数具有 3 个参数，依次查找动态数组的起始位置、终止位置和查找需满足的条件(这里借助 lambda 函数)，返回查到的元素位置指针。第 34～38 行为一个 if 结构，如果 pos 没有指向 v 的尾部(即 v 的最后一个元素的下一个位置，第 34 行为真)，则执行第 36 行和第 37 行输出 pos2 指向的位置的值及其索引号，并将 pos2 移动到下一个位置。这个 do-while 结果将输出 v 中大于或等于 10 的元素的值及其索引号。

程序段 10-5 的执行结果如图 10-5 所示。

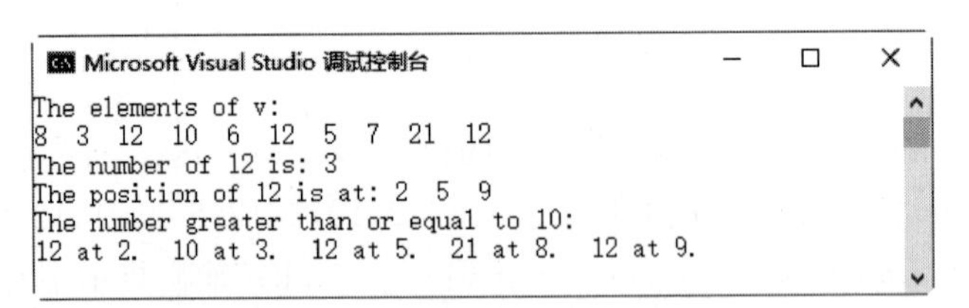

图 10-5 程序段 10-5 的执行结果

10.5 deque 数组类

在程序设计中，vector 动态数组可替代常规的数组，但是，vector 动态数组只能在其末尾添加和删除元素。C++语言中还集成了另一个比 vector 更灵活的动态数组 deque，deque 动态数组不但可以在其末尾添加和删除元素，还可以在其开头添加和删除元素。

设 d1 为一个 deque 数组，在其头部添加和删除元素的方法为“d1.push_front(元素)”和“d1.pop_front(元素)”，在其尾部添加和删除元素的方法为“d1.push_back(元素)”和

“d1.pop_back(元素)”。deque数组在其尾部添加和删除元素的方法与vector数组的方法相同。同样地,deque数组可以作为普通数组访问,也可以借助迭代器访问,并且支持vector数组上的统计、查找和排序等方法。deque数组可以称为双向动态数组。动态数组的首部(或头部)指的是索引号为0的元素位置,而尾部指的是最后一个元素的下一个位置。

程序段10-6展法了deque双向动态数组类的用法。

程序段10-6　deque数组类的用法实例

视频讲解

```
1    #include <iostream>
2    #include <deque>
3    #include <algorithm>
4    using namespace std;
5
6    int main()
7    {
8        deque<int> d1 = {19,23,8,12,20,11,14,5,9,24};
9        cout << "The original d1: " << endl;
10       deque<int>::iterator p1 = d1.begin();
11       for (; p1 < d1.end(); p1++)
12           cout << *p1 << " ";
13       cout << endl;
14
15       d1.push_front(50);
16       d1.push_front(35);
17       d1.push_back(33);
18       d1.push_back(32);
19       cout << "Revised d1: " << endl;
20       for (auto e : d1)
21           cout << e << " ";
22       cout << endl;
23       for (int i = 0; i < d1.size(); i++)
24           cout << d1[i] << " ";
25       cout << endl;
26
27       sort(d1.begin(), d1.end());
28       cout << "Sorted d1: " << endl;
29       for (int i = 0; i < d1.size(); i++)
30           cout << d1[i] << " ";
31       cout << endl;
32
33       reverse(d1.begin(), d1.end());
34       cout << "Sorted d1 in descending order: " << endl;
35       for (int i = 0; i < d1.size(); i++)
36           cout << d1[i] << " ";
37       cout << endl;
38
39       auto loc = find(d1.begin(), d1.end(), 11);
40       cout << "11 at position: " << distance(d1.begin(),loc) << endl;
41
42       d1.pop_front();
```

```
43      d1.pop_back();
44      cout << "Revised d1: " << endl;
45      for (int i = 0; i < d1.size(); i++)
46          cout << d1[i] << " ";
47      cout << endl;
48
49      d1.clear();
50  }
```

在程序段10-6中，第2行的预编译指令“#include <deque>”将头文件deque包括到程序中，双向动态数组将使用该头文件。

在main()函数中，第8行的语句“deque<int> d1={ 19,23,8,12,20,11,14,5,9,24};”定义双向动态数组d1，用列表“{ 19,23,8,12,20,11,14,5,9,24 }”初始化d1。

第9行的语句“cout << "The original d1: " << endl;”输出字符串“The original d1:”。

第10行的语句“deque<int>::iterator p1=d1.begin();”定义双向数组d1的迭代器p1，p1指向d1的首部。

第11行和第12行为一个for结构，迭代器p1从双向数组d1的首部顺序移动到尾部，逐次输出迭代器指向的元素。该for结构输出双向数组d1的全部元素。

第15行的语句“d1.push_front(50);”在d1的首部添加元素50，添加的元素将成为新的首部元素。

第16行的语句“d1.push_front(35);”在d1的首部添加元素35。

第17行的语句“d1.push_back(33);”在d1的尾部添加元素33。

第18行的语句“d1.push_back(32);”在d1的尾部添加元素32。

第19行的语句“cout << "Revised d1: " << endl;”输出字符串“Revised d1:”。

第20行和第21行为一个foreach结构，输出添加了新的元素后的d1的全部元素。

第23行和第24行为一个for结构，输出d1的全部元素，这里使用了常规数组的元素表示方法，例如，d1[i]表示d1的第i个元素，i从0开始索引。

第27行的语句“sort(d1.begin(),d1.end());”调用sort()函数对双向动态数组d1排序，默认为升序排列。sort()函数的两个参数依次为排序的数组的首地址和尾地址。

第28行的语句“cout << "Sorted d1: " << endl;”输出字符串“Sorted d1:”。

第29行和第30行为一个for结构，输出排序后的d1的全部元素。

第33行的语句“reverse(d1.begin(),d1.end());”调用reverse函数将数组的元素翻转排列，reverse函数的两个参数依次为数组的首地址和尾地址。

第34行的语句“cout << "Sorted d1 in descending order: " << endl;”输出字符串提示信息“Sorted d1 in descending order:”。

第35行和第36行为一个for结构，输出d1的全部元素，此时，d1中的元素以降序排列。

第39行的语句“auto loc=find(d1.begin(),d1.end(),11);”调用find函数在d1中查找元素11第一次出现的位置，赋给loc。

第40行的语句“cout << "11 at position: " << distance(d1.begin(),loc) << endl;”调用distance()函数计算loc的索引号，并输出元素11的索引位置。如果不能确定元素11是否

在 d1 中,则应使用 if 结构,即在第 39 行和第 40 行间插入一条语句“if(loc! =d1. end())”。

第 42 行的语句“d1. pop_front();”删除 d1 的首元素。

第 43 行的语句“d1. pop_back();”删除 d1 的最后一个元素。

第 44 行的语句“cout << "Revised d1: " << endl;”输出字符串提示信息“Revised d1:”。

第 45 行和第 46 行为一个 for 结构,输出 d1 的全部元素。

第 49 行的语句“d1. clear();”清除 d1 的全部元素。deque 双向数组和 vector 单向数组均可以使用 clear 方法清除其全部元素。

程序段 10-6 的执行结果如图 10-6 所示。

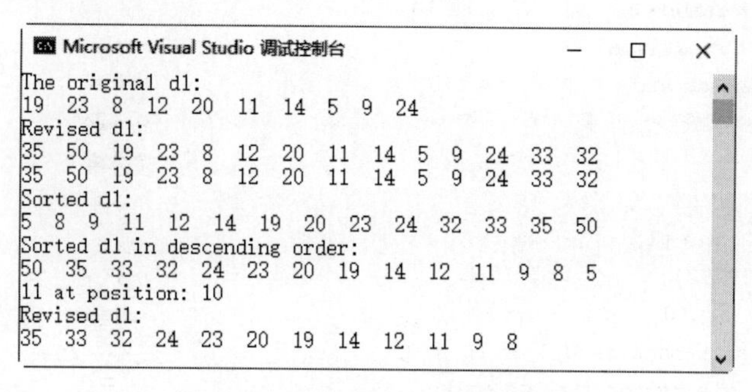

图 10-6 程序段 10-6 的执行结果

10.6 伪随机数

伪随机数是一种重要的计算机资源,在密码学和信息处理等研究领域中应用广泛。在 C++语言中,生成整数 a 至整数 b 间的均匀分布的整数的方法为:

(1) 调用函数“srand(大整数)”生成伪随机数发生器的“种子”。伪随机数发生器的原理为 x=(种子 * m+n) % k,这里的 m、n 和 k 均为预设的大整数常数,x 为得到的伪随机整数。

(2) 使用表达式“rand() % (b−a+1)+a”得到一个 a 至 b 间的均匀分布的伪随机数。

此外,还可以借助于头文件 random 生成伪随机数,此时,生成一个整数 a 至整数 b 间的均匀分布的整数的方法为:

(1) 定义生成器“default_random_engine gen;”。

(2) 定义离散均匀分布器“uniform_int_distribution<int> dist1(a,b);”。

(3) 结合分布器和生成器得到一个整数 a 至整数 b 间的均匀分布的伪随机数“dist(gen)”。或者通过 bind 函数绑定生成器和分布器,即“auto bind1=bind(dist1,gen);”,然后,调用 bind1()生成伪随机数。

如果生成实数 a 至 b 间的均匀分布的伪随机数,则使用连接均匀分布器“uniform_real_distribution<double> dist2 (a,b);”。

若是生成均值为 u、标准差为 se 的正态分布 N(u,se),需使用正态分布器“normal_distribution<double> dist3(u,se);”。

若是生成二项分布

$$P(b \mid p)=\begin{cases} p, & b=true \\ 1-p, & b=false \end{cases}$$

则使用生成器“bernoulli_distribution dist4(p);”,此时的伪随机数为逻辑值。

下面程序段10-7介绍了伪随机数的用法。

视频讲解

程序段 10-7 伪随机数用法实例

```
1	#include <iostream>
2	#include <cstdlib>
3	#include <vector>
4	#include <random>
5	#include <functional>
6	using namespace std;
7	
8	int main()
9	{
10	  vector<int> v1;
11	  srand(299792);
12	  for (int i = 0; i < 10; i++)
13	      v1.push_back(rand() % 10 + 1);
14	  cout << "The vector v1:" << endl;
15	  for (int i = 0; i < 10; i++)
16	      cout << v1[i] << " ";
17	  cout << endl;
18	
19	  default_random_engine gen;
20	  uniform_int_distribution<int> dist1(10, 20);
21	  for (int i = 0; i < 10; i++)
22	      v1.push_back(dist1(gen));
23	  cout << "The new v1:" << endl;
24	  for (int i = 0; i < v1.size(); i++)
25	      cout << v1[i] << " ";
26	  cout << endl;
27	
28	  vector<double> v2;
29	  uniform_real_distribution<double> dist2(1, 10);
30	  auto bind1 = bind(dist2, gen);
31	  for (int i = 0; i < 10; i++)
32	      v2.push_back(bind1());
33	  cout << "The vector v2: " << endl;
34	  for (int i = 0; i < v2.size(); i++)
35	      cout << v2[i] << " ";
36	  cout << endl;
37	
38	  vector<double> v3;
39	  normal_distribution<double> dist3(0, 1);
40	  for (int i = 0; i < 10; i++)
41	      v3.push_back(dist3(gen));
42	  cout << "The vector v3: " << endl;
43	  for (int i = 0; i < v3.size(); i++)
44	      cout << v3[i] << " ";
```

```
45        cout << endl;
46
47        vector < bool > v4;
48        bernoulli_distribution dist4(0.5);
49        for (int i = 0; i < 10; i++)
50            v4.push_back(dist4(gen));
51        cout << "The vector v4: " << endl;
52        for (int i = 0; i < v4.size(); i++)
53        {
54            if (v4[i])
55                cout << "true ";
56            else
57                cout << "false ";
58        }
59        cout << endl;
60    }
```

在程序段 10-7 中,第 2 行的预编译指令“#include <cstdlib>”包括了头文件 cstdlib,该头文件中包括了第 11 行的 srand()函数及第 13 行的 rand()函数的声明。第 4 行的预编译指令“#include <random>”将头文件 random 包括到程序中,该头文件包含了伪随机数发生器相关的函数的声明。第 5 行的预编译指令“#include <functional>”将头文件 functional 包括到程序中,该头文件中包含了第 30 行的 bind()函数的声明。

在 main()函数内部,第 10 行的语句“vector < int > v1;”定义动态数组 v1。

第 11 行的语句“srand(299792);”调用 srand 函数生成伪随机数发生器的“种子”。

第 12 行和第 13 行为一个 for 结构,循环执行第 13 行 10 次。第 13 行的语句“v1.push_back(rand() % 10+1);”中,“rand() % 10+1”生成一个 1～10 的伪随机整数,然后,将该伪随机整数添加到 v1 的尾部。因此,这个 for 结构生成一个长度为 10 的伪随机整数数组。

第 14 行的语句“cout << "The vector v1: " << endl;”输出字符串提示信息“The vector v1:”。

第 15 行和第 16 行为一个 for 结构,输出 v1 的全部元素。

第 19 行的语句“default_random_engine gen;”定义伪随机数生成器对象 gen。

第 20 行的语句“uniform_int_distribution < int > dist1(10,20);”定义整型的均匀分布器对象 dist1,为 10～20 的离散均匀分布。

第 21 行和第 22 行为一个 for 结构,循环执行第 22 行 10 次。第 22 行的语句“v1.push_back(dist1(gen));”调用“dist1(gen)”生成一个 10～20 的离散均匀分布伪随机数,然后,将该伪随机数添加到 v1 数组的尾部。

第 23 行的语句“cout << " The new v1: " << endl;”输出字符串提示信息“The new v1:”。

第 24 行和第 25 行为一个 for 结构,输出 v1 的全部元素,此时的 v1 的前 10 个元素为 1～10 的均匀分布的伪随机整数,后 10 个元素为 10～20 的均匀分布的伪随机整数。

第 28 行的语句“vector < double > v2;”定义动态数组 v2。

第 29 行的语句“uniform_real_distribution < double > dist2(1,10);”定义实型均匀分布器对象 dist2,为 1～10 的双精度浮点型均匀分布。

第 30 行的语句“auto bind1＝bind(dist2,gen);”定义调用 bind()函数绑定分布器对象 dist2 和生成器对象 gen,得到一个 bind1 函数对象。

第 31 行和第 32 行为一个 for 结构,循环执行第 32 行 10 次。第 32 行的语句“v2. push_back(bind1());”调用“bind1()”生成一个 1～10 的均匀分布的伪随机数,然后,将该伪随机数添加到 v2 数组的尾部。

第 33 行的语句“cout << "The vector v2: " << endl;”输出字符串提示信息“The vector v2:”。

第 34 行和第 35 行为一个 for 结构,输出动态数组 v2 的全部元素。

第 38 行的语句“vector < double > v3;”定义动态数组 v3。

第 39 行的语句“normal_distribution < double > dist3(0,1);”定义标准正态分布器对象 dist3,其均值为 0,标准差为 1。

第 40 行和第 41 行为一个 for 结构,循环执行第 41 行 10 次。第 41 行的语句“v3. push_back(dist3(gen));”调用“dist3(gen)”生成一个标准正态分布的伪随机数,然后,将该伪随机数添加到 v3 数组中。

第 42 行的语句“cout << "The vector v3: " << endl;”输出字符串“The vector v3:”。

第 43 行和第 44 行为一个 for 结构,输出 v3 的全部元素,即输出 v3 中的 10 个标准正态分布的伪随机数。

第 47 行的语句“vector < bool > v4;”定义动态数组 v4,其中的元素为逻辑值 true 或 false。

第 48 行的语句“bernoulli_distribution dist4(0.5);”定义二项分布 dist4,得到真的概率为 0.5(得到假的概率为 1－0.5)。

第 49 行和第 50 行为一个 for 结构,循环执行第 50 行 10 次。第 50 行的语句“v4. push_back(dist4(gen));”调用“dist4(gen)”生成一个二项分布的伪随机数(为逻辑值),然后,将该伪随机数添加到 v4 的末尾。

第 51 行的语句“cout << "The vector v4: " << endl;”输出字符串“The vector v4:”。

第 52～58 行为一个 for 结构,输出 v4 数组的全部元素。由于 v4 数组中的元素均为逻辑值,直接输出时,逻辑真将输出 1,逻辑假将输出 0,这里使用 if-else 结构,将逻辑真输出为 true,逻辑假输出为 false。

程序段 10-7 的执行结果如图 10-7 所示。

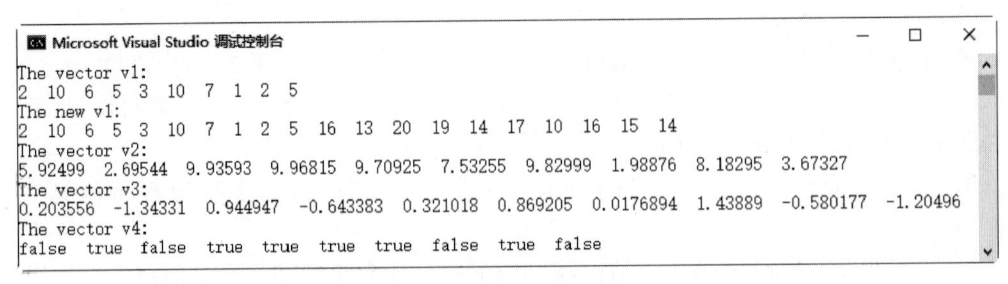

图 10-7 程序段 10-7 的执行结果

10.7　本章小结

本章详细介绍了动态数组的定义和使用方法。C++语言具有两种动态数组：一种为vector数组类，vector数组类可以替代常规的数组，是应用最为广泛的数组类型；另一种为deque数组类，相对于vector数组类，deque可以称为双向数组类，deque数组类对应于数据结构中的双向队列。相对于deque数组类，vector也称为单向数组类，对应于数据结构中的单向队列。注意，在使用vector动态数组和deque动态数组时，向数组中插入元素是一种费时的工作，如果需要频繁地向数组中插入元素，则应使用链表。链表将在第11章介绍。动态数组在使用完成后，可以调用其clear()方法清除其中的元素，释放动态数组占据的存储空间。本章还介绍了伪随机数的生成方法，重点介绍了均匀分布、正态分布和二项分布形式的伪随机数生成方法，伪随机数序列一般保存在动态数组中。

习题

1. 设计一个动态数组，用1～10的整数初始化该数组，并求数组的每个元素的平方。

2. 设计一个动态数组，初始化列表为"{3,5,7,1,12,19,31,20,22,14}"，编写程序实现列表的降序排列，并输出排序后的动态数组。

3. 设计一个动态数组，初始化列表为"{81,20,45,23,71,22,43,72,81,46}"，找出数组中小于50的元素的个数和它们的索引位置。

4. 编写程序生成一个双向数组，初始化列表为"{37,20,65,18,90,24,52}"，在数组的头部添加原数组中所有元素的和，在数组的尾部添加原数组中所有元素的异或值。

5. 编写程序生成一个长度为300的伪随机数序列，伪随机数服从0～10上的均匀分布，输出这个序列的直方图。序列的直方图用每个元素出现在序列中的次数的数组表示。

第 11 章 链　　表

数组是 C++语言中应用最为广泛的数据类型，数组具有数据存取速度快的优点，但是由于数组元素在内存空间中是顺序存放的，所以在向数组中插入一个元素或者删除一个元素时，需要移动插入或删除位置之后的那些数组元素。当一个数据序列需要频繁地执行数据的插入和删除操作时，应使用链表。

链表结构如图 11-1 所示。

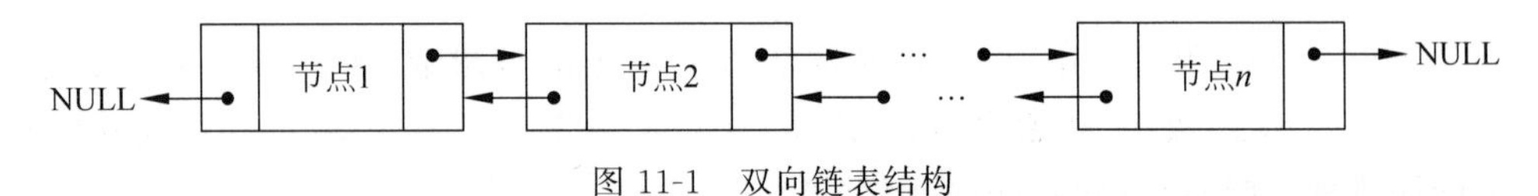

图 11-1　双向链表结构

在图 11-1 中给出一个双向链表的结构，该链表包括 n 个节点，每个节点由 3 部分组成，即指向前一个节点的指针、指向后一个节点的指针和节点数据，其中，节点数据可为单个数据(例如整数)或多个数据，也可以为结构体变量和对象等数据形式。

C++语言的标准模板类库集成了链表的模板类，使得链表操作和动态数组的操作类似。11.1 节和 11.2 节将首先介绍自定义链表的方法，为后续的"数据结构"课程打基础；然后，再介绍链表模板类的定义和使用方法，建议初学者直接使用链表模板创建和使用链表。

本章的学习目标：

- 了解链表的意义和应用场景
- 掌握借助于结构体设计链表的方法
- 熟练应用链表模板类设计单向和双向链表

11.1　单向链表

单向链表结构如图 11-2 所示。

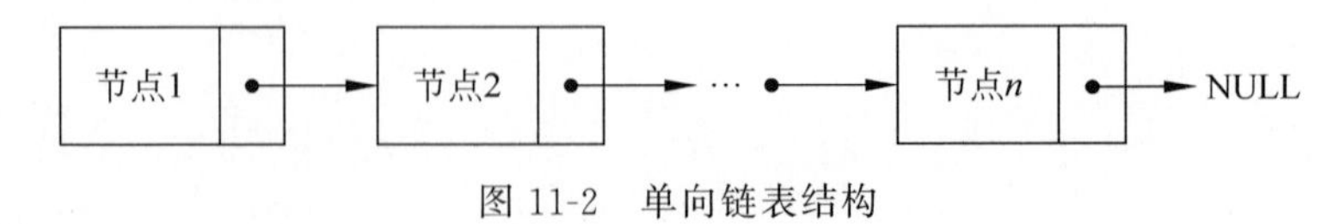

图 11-2　单向链表结构

图 11-2 为包括 n 个节点的单向链表，每个节点包括两部分，其一为节点数据，可以为单个数据或多个数据，也可以为结构体变量或对象；其二为指向下一个节点的指针。链表的

第一个节点称为表头。

链表的节点一般借助于结构体类型实现，例如：

```
1    struct node
2    {
3      int dat;
4      node * next;
5    };
```

定义了一个结构体 node，其中包含了一整型成员 dat 和一个指向结构体 node 类型的指针 next。

程序段 12-1 介绍了单向链表的创建、删除、链表遍历与数据显示、删除节点、插入节点以及追加节点的方法。由于程序较长，对程序语句的分析内容穿插于代码中。

程序段 11-1　单向链表实例

```
1    #include < iostream >
2    using namespace std;
3
4    struct node
5    {
6      int dat;
7      node * next;
8    };
```

第 4～8 行定义了结构体类型 node，用于表示链表的一个节点，其中包含一个数据成员 dat 和一个指向结构体本身的指针 next。

```
9    node * myCreate(int * a, int n);
10   void myDelete(node * head);
11   void myDisp(node * head);
12   void myDeleteNode(node * & head, int n);
13   void myInsertNode(node * & head, int n, int v);
14   void myAppendNode(node * head, int v);
15
```

第 9 行的 myCreate()函数为创建单向链表的函数，返回值为指向结构体 node 类型的指针，两个参数分别为指向整型的指针 a 和整型变量 n。myCreate()函数表示使用长度为 n 的数组 a 创建一个单向链表。

第 10 行的 myDelete()函数，具有一个指向结构体 node 类型的参数，表示链表的表头 head。myDelete()函数将删除表头为 head 的链表中的全部元素。

第 11 行的 myDisp()函数具有一个参数，为表头 head。myDisp()函数表示遍历表头为 head 的单向链表，并显示链表中的全部元素。

第 12 行的 myDeleteNode()函数具有两个参数，依次为表头 head 和整型参数 n，这里使用的类型“node * &”表示指向结构体 node 的指针的引用。myDeleteNode()函数用于删除表头为 head 的单向链表的第 n 个节点，这里表头对应着第 1 个节点。

第 13 行的 myInsertNode()函数具有 3 个参数，依次为表头 head、整型参数 n 和整型参数 v，表示在表头为 head 的单向链表的第 n 个位置插入元素 v，表头对应着第 1 个位置。

第 14 行的 myAppendNode 函数具有两个参数，依次为表头 head 和整型参数 v，表示在表头为 head 的单向链表末尾添加一个节点，其值为 v。

```
16  int main()
17  {
18    int a[10] = { 3,8,9,11,7,13,17,21,12,18 };
19
20    node * head = myCreate(a, 10);
21    cout << "The original Link - table:" << endl;
22    myDisp(head);
23
```

第 18 行定义整型变量 a，共有 10 个元素，初始化值为列表“{ 3,8,9,11,7,13,17,21,12,18 }”。

第 20 行调用 myCreate()函数使用长度为 10 的数组 a 创建一个链表，表头用 head 表示。

第 21 行输出字符串"The original Link-table："。

第 22 行调用 myDisp()函数显示表头为 head 的单向链表中的全部元素。

```
24    myDeleteNode(head, 4);
25    cout << "Delete the 4th node:" << endl;
26    myDisp(head);
27
```

第 24 行调用 myDeleteNode()函数删除表头为 head 的单向链表中的第 4 个元素，表头对应第 1 个元素。

第 25 行输出字符串“Delete the 4th node:”。

第 26 行调用 myDisp()函数显示表头为 head 的单向链表中的全部元素，此时显示的结果比第 22 行显示的结果少了第 4 个元素。

```
28    myInsertNode(head, 4, 33);
29    cout << "Insert 33 at the 4th node: " << endl;
30    myDisp(head);
31
```

第 28 行调用 myInsertNode()函数在表头为 head 的单向链表的第 4 个节点位置插入一个节点，其值为 33。

第 29 行输出字符串提示信息“Insert 33 at the 4th node:”。

第 30 行调用 myDisp()函数显示表头为 head 的单向链表中的全部元素，此时显示的结果比第 26 行显示的结果多了第 4 个元素。

```
32    myAppendNode(head,15);
33    cout << "Append 15 at the end:" << endl;
34    myDisp(head);
35
36    myDelete(head);
37  }//end of main
38
```

第 32 行调用 myAppendNode()函数在表头为 head 的单向链表末尾添加一个节点，节点值为 15。

第 33 行输出字符串提示信息“Append 15 at the end:”。

第 34 行调用 myDisp()函数显示表头为 head 的单向链表中的全部元素，此时显示的结果比第 30 行显示的结果多了最后一个元素。

第 36 行调用 myDelete()函数释放表头为 head 的单向链表占据的存储空间。

```
39  node * myCreate(int * a, int n)
40  {
41    node * head, * p;
42    head = new node;
43    p = head;
44    for (int i = 0; i < n - 1; i++)
45    {
46        p -> dat = a[i];
47        p -> next = new node;
48        p = p -> next;
49    }
50    p -> dat = a[n - 1];
51    p -> next = NULL;
52    return head;
53  }
54
```

第 39～53 行为 myCreate()函数，使用长度为 n 的数组 a 创建一个单向链表，返回新创建的链表的表头。

第 41 行定义指向结构体 node 类型的指针 head 和 p，head 用作表头。

第 42 行使用 new 开辟一个 node 类型的存储空间(节点)，使用 head 指向该空间(节点)。

第 43 行将 p 指向 head 指向的存储空间(节点)。

第 44～49 行为一个 for 结构，循环执行第 46～48 行 n−1 次。第 46 行将 p 指向的节点的值赋为 a[i]；第 47 行将 p 指向的节点的 next 指针指向一个新的空间(节点)；第 48 行将 p 指向的下一个节点赋给 p。因此，这个 for 结构将 n−1 个节点链接起来，然后，p 指向第 n 个节点。

第 50 行将 p 指向的第 n 个节点的数据赋为 a[n−1]；第 51 行将 p 指向的第 n 个节点的指针赋为 NULL。

第 52 行返回单向链表的表头指针 head。

```
55  void myDelete(node * head)
56  {
57    node * p, * q;
58    p = head;
59    while (p -> next != NULL)
60    {
61        q = p;
62        p = p -> next;
```

```
63          delete q;
64      }
65      if (p != NULL)
66          delete p;
67  }
68
```

第55～67行为myDelete()函数，用于删除表头为head的单向链表。

第57行定义指向结构体node类型的指针p和q。

第58行将表头head赋给p。

第59～64行为一个while结构，如果指针p指向的下一个节点不为空，则循环执行第61～63行。第61行将p赋给q，第62行将p指向的下一个节点赋给p，第63行释放q指向的节点。注意，把“p指向的节点”、“p节点”或“节点p”视为同一个概念，即p；而“p指向的下一个节点”和“p的下一个节点”是同一个概念，是指“p->next”。第59～64行的循环用于释放掉单向链表的除最后一节节点外的全部节点，此时的p指向最后一个节点。

第65行和第66行为一个if结构，如果节点p非空，则第66行释放该节点占据的存储空间。

```
69  void myDisp(node * head)
70  {
71      node * p = head;
72      while (p -> next != NULL)
73      {
74          cout << p -> dat << " ";
75          p = p -> next;
76      }
77      if (p != NULL)
78          cout << p -> dat << " ";
79      cout << endl;
80  }
81
```

第69～80行为myDisp()函数，用于显示表头为head的单向链表中的全部元素。

第71行定义指向结构体node类型的指针p，将p指向head。

第72～76行为一个while结构，如果p指向的下一个节点非空，则循环执行第74行和第75行。第74行输出p节点的数据；第75行将p指向下一个节点。因此，该while结构输出单向链表的除最后一个节点外的全部节点的数据，然后，p指向最后一个节点。

第77行和第78行为一个if结构，如果p非空，则第78行输出节点p的数组。

```
82  void myDeleteNode(node * & head, int n)
83  {
84      node * p = head, * q = head;
85      if (n == 1)
86      {
87          head = p -> next;
88          delete p;
89      }
```

```
90      else
91      {
92          for (int i = 1; i <= n - 1; i++)
93          {
94              q = p;
95              p = p->next;
96          }
97          q->next = p->next;
98          delete p;
99      }
100 }
101
```

第 82～100 行为 myDeleteNode()函数，用于删除表头为 head 的单向链表的第 n 个节点。

第 84 行定义两个指向结构体 node 类型的指针 p 和 q，均指向 head。

第 85～99 行为一个 if-else 结构，如果删除的节点为表头，即 n 等于 1，则执行第 87 行和第 88 行；否则，删除的节点是表头指针外的某个节点，将执行第 92～98 行的语句。

若要删除表头，则第 87 行将表头 head 指向下一个节点，第 88 行释放表头节点。

若要删除表头指针外的第 n 个节点，第 92～96 行的 for 结构将 q 指向第 n－1 个节点，将 p 指向第 n 个节点。第 97 行将 q 指向的下一个节点设为 p 指向的下一个节点，即将第 n－1 个节点与第 n+1 个节点链接起来。第 98 行释放节点 p。

```
102 void myInsertNode(node * & head, int n, int v)
103 {
104   node * p = head, * q = head;
105   if (n == 1)
106   {
107       q = new node;
108       q->dat = v;
109       q->next = head;
110       head = q;
111   }
112   else
113   {
114       for (int i = 1; i <= n - 1; i++)
115       {
116           q = p;
117           p = p->next;
118       }
119       q->next = new node;
120       q->next->dat = v;
121       q->next->next = p;
122   }
123 }
124
```

第 102～123 行为 myInsertNode()函数，向表头为 head 的单向链表的第 n 个位置插入一个节点，其数据为 v，表头 head 为第 1 个位置。

第 104 行定义指向结构体 node 类型的指针 p 和 q，均指向 head。

第 105～122 行为一个 if-else 结构，如果在表头位置插入节点，则执行第 107～110 行；如果在表头之外的位置插入节点，则执行第 114～121 行的语句。

当在表头位置（即第 1 个位置）插入节点时，第 107 行令 q 指向新开辟的节点；第 108 行将参数 v 赋给 q 节点的数据成员 dat；第 109 行将 q 节点指向的下一个节点设为 head；第 110 行将 q 作为新的 head。

当在表头位置外的第 n 个位置插入节点时，第 114～118 行的 for 结构将 q 指向第 n－1 个节点，将 p 指向第 n 个节点。第 119 行为 q 节点的下一个节点开辟一个新的存储空间；第 120 行将参数 v 赋给 q 节点的下一个节点的数据成员 dat；第 121 行将 q 节点的下一个节点指向的下一个节点设为 p 节点。这样，将新插入的节点作为第 n 个节点，原来的第 n 个节点（p 节点）作为第 n+1 个节点。

```
125  void myAppendNode(node * head, int v)
126  {
127    node * p = head;
128    while (p->next != NULL)
129    {
130        p = p->next;
131    }
132    node * q = new node;
133    q->dat = v;
134    q->next = NULL;
135    p->next = q;
136  }
```

第 125～136 行为 myAppendNode()函数，在表头为 head 的单向链表末尾添加一个新节点，节点的数据成员为 v。

第 127 行定义指向结构体 node 类型的指针 p，初始化 p 指向 head。

第 128～131 行的 for 结构使指针 p 指向表头为 head 的单向链表的最后一个元素。

第 132 行定义一个新的节点 q，并为其分配存储空间。

第 133 行将参数 v 赋给节点 q 的数据成员。

第 134 行将节点 q 指向的下一个节点设为空。

第 135 行将节点 p 指向的下一个节点设为 q。这样，将节点 q 链接到单向链表中。

程序段 11-1 的执行结果如图 11-3 所示。

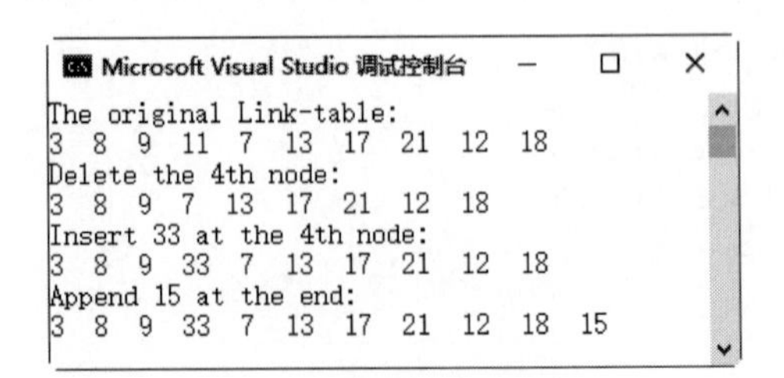

图 11-3 程序段 11-1 的执行结果

11.2 双向链表

双向链表的结构如图 11-4 所示。

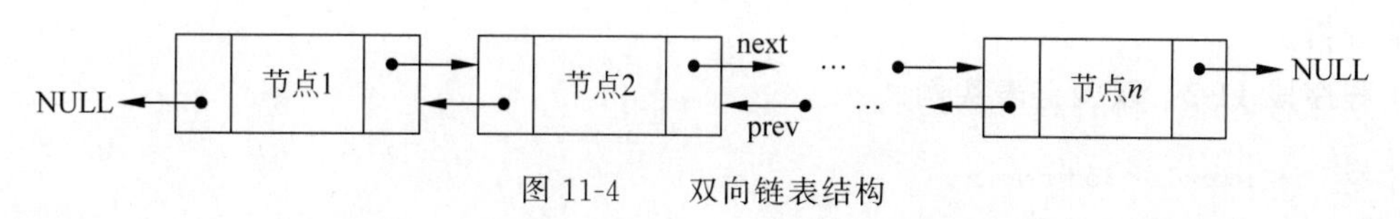

图 11-4 双向链表结构

由图 11-4 可知，双向链表的每个节点由 3 部分构成，即指向下一个节点的指针、指向前一个节点的指针和本节点的数据成员。第一个节点称为表头，最后一个节点称为表尾，双向链表常常同时使用表头和表尾来表示，这里仅使用表头表示双向链表。

定义一个双向链表常用结构体类型，例如

```
1    struct node
2    {
3      int dat;
4      node * prev;
5      node * next;
6    };
```

定义了一个可作为双向链表节点的结构体 node 类型，具有 3 个成员，即整型成员 dat、指向 node 类型的指针 prev 和指向 node 类型的指针 next。prev 指针用作双向链表中本节点指向前一个节点的指针，next 用于本节点指向下一个节点的指针，如图 11-4 所示。

在双向链表中，添加或删除一个节点时，需要同时考虑相邻节点的 prev 和 next 指针。例如，对于 node 类型的节点，在图 11-4 中添加第 i 个节点，需要的操作如下：

(1) 将指针从双向链表表头移动到第 i－1 个节点，记 q 为该节点；

(2) 继续移动指针到第 i 个节点，记 p 为该节点；

(3) 将 q 指向的下一个节点设为新添加的节点，即令 q-> next＝new node；

(4) 将新添加的节点的下一个节点设为 p 节点，即 q-> next-> next＝p；

(5) 将 p 节点的前一个节点设为新添加的节点，即 p-> prev＝q-> next；

(6) 将新添加的节点的前一个节点设为 q 节点，即 q-> next-> prev＝q。

这样，将在第 i 个位置处插入一个新的节点。

如果添加的节点为表头，则

(1) 创建一个新的节点，记为 q；

(2) 将表头 head 指向前一个节点的指针指向 q；

(3) 将 q 指向下一个节点的指针指向表头 head；

(4) 将 q 指向前一个节点的指针指向 NULL；

(5) 将 q 赋给 head 作为新的表头。

这样，在双向链表的表头处插入一个新的节点。

双向链表的优势在于在链表中插入一个数据，只需要调整插入位置的“左邻右舍”的节点，而不需要像数组那样插入位置后的元素均需要调整。因此，链表中插入数据是非常快的操作。链表广泛应用于编写嵌入式实时操作系统等软件设计中。

程序段 11-2 为双向链表的实例，展示了双向链表的创建、删除、显示全部节点元素、删除某个节点、插入某个节点、追加一个节点和求链表中节点的个数的功能。请结合程序段 11-1 对比分析程序段 11-2 的功能，由于程序段 11-2 较长，故在程序段内部插入了算法的功能分析。

视频讲解

程序段 11-2　双向链表实例

```
1    #include <iostream>
2    using namespace std;
3
4    struct node
5    {
6      int dat;
7      node * prev;
8      node * next;
9    };
```

第 4～9 行定义结构体类型 node，包含数据成员 dat 和两个指向 node 类型的指针 prev 与 next。

```
10   node * myLTCreate(int * a, int n);
11   void myLTDelete(node * head);
12   void myLTDisp(node * head);
13   void myLTDeleteNode(node * & head, int n);
14   void myLTInsertNode(node * & head, int n, int v);
15   void myLTAppendNode(node * head, int v);
16   int myLTSize(node * head);
17
```

第 10 行的函数 myLTCreate()用长度为 n 的整型数组 a 创建一个双向链表，返回双向链表的表头。第 11 行的函数 myLTDelete()清除表头为 head 的双向链表的全部节点。第 12 行的函数 myLTDisp()显示表头为 head 的双向链表中的全部节点数据。第 13 行的函数 myLTDeleteNode()用于删除表头为 head 的双向链表中的第 n 个节点，表头为第 1 个节点。第 14 行的函数 myLTInsertNode 向表头为 head 的双向链表中的第 n 个位置插入一个节点，节点数据为 v。第 15 行的函数 myLTAppendNode 在表头为 head 的双向链表末尾添加一个新节点，节点数据为 v。第 16 行的函数 myLTSize 返回表头为 head 的双向链表中节点的总数。

```
18   int main()
19   {
20     int a[10] = { 3,8,9,11,7,13,17,21,12,18 };
21
22     node * head = myLTCreate(a, 10);
23     cout << "The original Link - table:" << endl;
24     myLTDisp(head);
25     cout << "The length: " << myLTSize(head) << endl;
26
```

第 20 行定义整型数组 a，初始化为列表“{ 3,8,9,11,7,13,17,21,12,18 }”。

第 22 行调用 myLTCreate 函数由长度为 10 的数组 a 创建一个双向链表，表头为 head。

第 23 行输出字符串“The original Link-table:”。

第 24 行调用 myLTDisp 函数显示表头为 head 的双向链表中的全部元素。

第 25 行调用 myLTSize 显示表头为 head 的双向链表的节点总个数，此时，输出“The length: 10”。

```
27      myLTDeleteNode(head, 4);
28      cout << "Delete the 4th node:" << endl;
29      myLTDisp(head);
30      cout << "The length: " << myLTSize(head) << endl;
31
```

第 27 行调用 myLTDeleteNode()函数删除表头为 head 的双向链表的第 4 个节点。

第 28 行输出字符串提示信息“Delete the 4th node:”。

第 29 行调用 myLTDisp()函数显示表头为 head 的双向链表中的全部元素，此时的输出结果比第 24 行的输出结果少第 4 个元素。

第 30 行调用 myLTSize()显示表头为 head 的双向链表的节点总个数，此时，输出“The length: 9”。

```
32      myLTInsertNode(head, 4, 33);
33      cout << "Insert 33 at the 4th node: " << endl;
34      myLTDisp(head);
35      cout << "The length: " << myLTSize(head) << endl;
36
```

第 32 行调用 myLTInsertNode()在表头为 head 的双向链表的第 4 个节点处插入一个新节点，节点的值为 33。

第 33 行输出字符串提示信息“Insert 33 at the 4th node:”。

第 34 行调用 myLTDisp()函数显示表头为 head 的双向链表中的全部元素，此时的输出结果比第 29 行的输出结果多了第 4 个元素。

第 35 行调用 myLTSize()显示表头为 head 的双向链表的节点总个数，此时，输出“The length: 10”。

```
37      myLTAppendNode(head, 15);
38      cout << "Append 15 at the end:" << endl;
39      myLTDisp(head);
40      cout << "The length: " << myLTSize(head) << endl;
41
42      myLTDelete(head);
43  }
44
```

第 37 行调用 myLTAppendNode()函数在表头为 head 的双向链表末尾添加一个新节点，节点的值为 15。

第 38 行输出字符串“Append 15 at the end:”。

第39行调用myLTDisp()函数显示表头为head的双向链表中的全部元素，此时的输出结果比第34行的输出结果多了最后一个元素。

第40行调用myLTSize()显示表头为head的双向链表的节点总个数，此时，输出“The length：11”。

第42行调用myLTDelete()删除表头为head的整个双向链表。

```
45  node * myLTCreate(int * a, int n)//n>1
46  {
47    node * head, * p, * q;
48    head = new node;
49    head->prev = NULL;
50    p = head;
51    q = head;
52    for (int i = 0; i < n - 1; i++)
53    {
54        p->dat = a[i];
55        p->next = new node;
56        q = p->next;
57        q->prev = p;
58        p = q;
59    }
60    p->dat = a[n - 1];
61    p->next = NULL;
62    return head;
63  }
64
```

第45～63行为myLTCreate()函数，由长度为n的数组a创建一个双向链表，返回双向链表的表头。

第47行定义指向结构体node类型的3个指针head、p和q。

第48行使head指向一个新开辟的节点。

第49行使head指向的前一个节点为空，这里head为双向链表的表头。

第50行使p指向head。第51行使q指向head。

第52～59行为一个for结构，循环执行第54～58行n－1次。第54行将p节点的数据成员设为a[i]；第55行为p节点的下一个节点开辟一个存储空间；第56行p节点的下一个节点赋给q；第57行将q指向的前一个节点设为p；第58行将q赋给p。这个for结构共创建了具有n－1个节点的双向链表，此时的p为最后一个节点。

第60行将p节点的数据成员赋为a[n－1]；第61行将p指向的下一个节点设为空。

第62行返回表头head。

```
65  void myLTDelete(node * head)
66  {
67    node * p, * q;
68    p = head;
69    while (p->next != NULL)
70    {
71        q = p;
```

```
72          p = p->next;
73          delete q;
74      }
75      if (p != NULL)
76          delete p;
77  }
78
```

第 65～77 行为 myLTDelete()函数，删除表头为 head 的双向链表。

第 67 行定义指向结构体 node 类型的指针 p 和 q。

第 68 行使 p 指向 head。

第 69～74 行为一个 while 结构，当 p 指向的下一个节点非空时，执行第 71～73 行。第 71 行将 p 节点赋给 q；第 72 行将 p 节点的下一个节点赋给 p；第 73 行释放 q 节点。这个 while 结构将释放双向链表的前 n－1 个节点，然后，p 指向第 n 个节点。

第 75～76 行为一个 if 结构，如果 p 节点为非空，则第 76 行释放 p 节点。

```
79  void myLTDisp(node * head)
80  {
81      node * p = head;
82      while (p->next != NULL)
83      {
84          cout << p->dat << " ";
85          p = p->next;
86      }
87      if (p != NULL)
88          cout << p->dat << " ";
89      cout << endl;
90  }
91
```

第 79～90 行为 myLTDisp()函数，显示表头为 head 的双向链表的全部元素。

第 81 行定义指向结构体 node 类型的指针 p，p 指向表头 head。

第 82～86 行为一个 while 结构，当 p 指向的下一个节点非空，则循环执行第 84 行和第 85 行。第 84 行输出节点 p 的数据成员 dat；第 85 行将 p 指向 p 的下一个节点。这个 while 结构输出双向链表的前 n－1 个节点的数据，此时，p 指向最后一个节点。

第 87 行判断 p 是否为空，否则，第 88 行输出节点 p 的数据成员 dat。

```
92  void myLTDeleteNode(node * & head, int n)
93  {
94      node * p = head, * q = head;
95      if (n == 1)
96      {
97          head = p->next;
98          head->prev = NULL;
99          delete p;
100     }
101     else if (n < myLTSize(head))
102     {
```

```
103         for (int i = 1; i <= n - 1; i++)
104         {
105             q = p;
106             p = p->next;
107         }
108         q->next = p->next;
109         p->next->prev = q;
110         delete p;
111     }
112     else if (n == myLTSize(head))
113     {
114         for (int i = 1; i <= n - 1; i++)
115         {
116             q = p;
117             p = p->next;
118         }
119         q->next = NULL;
120         delete p;
121     }
122     else
123     {
124         cout << "Out of range!" << endl;
125     }
126 }
127
```

第 92～126 行为函数 myLTDeleteNode，用作删除表头为 head 的双向链表中的第 n 个节点。

第 94 行定义指向结构体 node 类型的指针 p 和 q，均初始化为 head。

第 95～125 行为一个 if-elseif-elseif-else 结构，当删除第一个节点(即表头)时，执行第 97～99 行；当删除第 2 至倒数第 2 个节点时，执行第 103～10 行；当删除最后一个节点时，执行第 114～120 行；当参数 n 大于双向链表的长度时，执行第 124 行，输出出错提示信息“Out of range!”。

当删除第 1 个节点时，第 97 行将 head 指向 head 的下一个节点；第 98 行将新 head 节点指向前一个节点的指针设为 NULL；第 99 行释放 p 节点(即释放原来的 head 节点)。

当删除的第 n 个节点位于第 2 个至倒数第 2 个节点间时，第 103～107 行的 for 结构使 q 指向第 n−1 个节点，使 p 指向第 n 个节点；第 108 行将 q 的下一个节点设为 p 的下一个节点；第 109 行将 p 的下一个节点指向前一个节点的指针指向 q；第 110 行释放 p 节点，即释放第 n 个节点。

当删除最后一个节点时，第 114～118 行的 for 结构将 q 指向倒数第 2 个节点，即第 n−1 个节点，将 p 指向最后一个节点，即第 n 个节点。第 119 行将 q 指向的下一个节点设为空。第 120 行释放节点 p，即释放第 n 个节点。

```
128 void myLTInsertNode(node *& head, int n, int v)
129 {
130   node * p = head, * q = head;
131   if (n == 1)
```

```
132     {
133         q = new node;
134         q->dat = v;
135         q->next = head;
136         q->prev = NULL;
137         head->prev = q;
138         head = q;
139     }
140     else if (n <= myLTSize(head))
141     {
142         for (int i = 1; i <= n - 1; i++)
143         {
144             q = p;
145             p = p->next;
146         }
147         q->next = new node;
148         q->next->dat = v;
149         q->next->next = p;
150         q->next->prev = q;
151         p->prev = q->next;
152     }
153     else
154     {
155         cout << "Out of range!" << endl;
156     }
157 }
158
```

第128～157行为myLTInsertNode()函数，向表头为head的双向链表中的第n个节点处插入一个新节点，节点的值为v。

第130行定义指向结构体node类型的指针p和q，均指向head。

第131～156行为一个if-elseif-else结构，如果插入的位置为表头，则执行第133～138行；如果插入的位置位于第2个节点至最后一个节点间，则执行第142～151行；如果插入的位置超过了双向链表的长度，则执行第155行，输出出错提示信息“Out of range!”。

如果插入的位置为表头，则第133行使q指向一个新开辟的节点；第134行将参数v赋给节点q的数据成员dat；第135行将head作为q指向的下一个节点；第136行q指向的前一个节点设为空；第137行将head指向前一个节点的指针指向q；第138行将q赋给head作为新的表头。

如果插入的第n个位置位于第2个节点至最后一个节点间，则第142～146行使q指向第n－1个节点，使p指向第n个节点；第147行将q指向下一个节点的指针指向一个新开辟的节点；第148行将新节点的数据成员赋为v；第149行将新节点的指向下一个节点的指针指向p；第150行将新节点的指向前一个节点的指针指向q；第151行将p指向前一个节点的指针指向新节点。这样，将新节点插入到第n－1个节点与第n个节点间。

```
159 void myLTAppendNode(node * head, int v)
160 {
161     node * p = head;
```

```
162     while (p->next != NULL)
163     {
164         p = p->next;
165     }
166     node * q = new node;
167     q->dat = v;
168     q->next = NULL;
169     p->next = q;
170     q->prev = p;
171 }
172
```

第159～171行为myLTAppendNode()函数，在表头为head的双向链表末尾添加一个新节点，节点的数据为v。

第161行定义指向结构体node类型的指针p，p指向head。

第162～165行为一个while结构，使p指向双向链表的最后一个节点。

第166行定义指向结构体node类型的指针q，q指向一个新开辟的节点。

第167行将参数v赋给新节点q的数据成员。

第168行将新节点q指向下一个节点的指针指向空。

第169行将p指向下一个节点的指针指向q。

第170行将q指向前一个节点的指针指向p。这里的q作为双向链表的最后一个节点。

```
173 int myLTSize(node * head)
174 {
175   int res = 0;
176   node * p = head;
177   if (p != NULL)
178   {
179       res = 1;
180       while (p->next != NULL)
181       {
182           p = p->next;
183           res++;
184       }
185   }
186   return res;
187 }
```

第173～187行的myLTSize()函数返回表头为head的双向链表的节点个数。

第175行定义整型变量res，并初始化为0。

第176行定义指向结构体node类型的指针p，使p指向head。

第177～185行为一个if结构，如果p不为空，即双向链表不为空时，第179行将res设为1。第180～184行为一个while结构，当p指向下一个节点的指针不为空时，p的下一个节点赋给p，同时，计数用的变量res自增1。这样while结构实现了从第2个节点至最后一个节点的计数。res保存了双向链表中的节点总数。

第186行返回双向链表中的节点总数res。

程序段 11-2 的执行结果如图 11-5 所示。

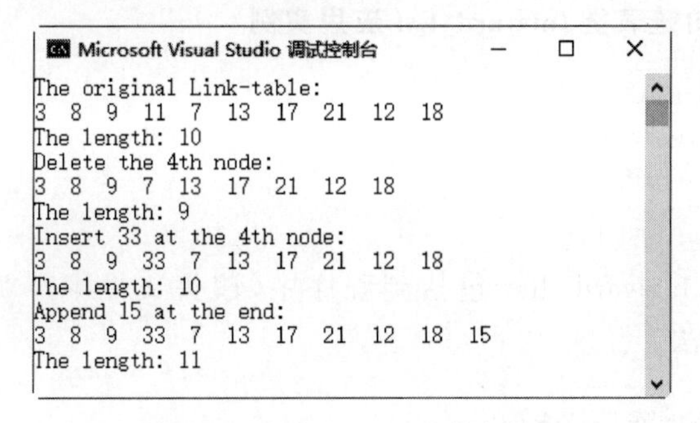

图 11-5 程序段 11-2 的执行结果

11.3 单向链表模板类

C++语言集成了单向链表模板类 forward_list，该模板类定义的单向链表常用的方法有：

(1) push_front()方法——在单向链表的前端添加元素。

(2) pop_front()方法——删除单向链表的第一个元素。

(3) begin()方法——返回指向单向链表的第一个元素的指针(以迭代器形式)。

(4) end()方法——返回单向链表的结尾(以迭代器形式，指的是单向链表的最后一个元素的下一个地址)。

(5) clear()方法——清除单向链表。

(6) insert_after()方法——在指定的位置后插入一个元素，其中指定的位置为迭代器形式。

(7) erase_after()方法——将指定的位置后的元素删除，其中指定的位置为迭代器形式。

(8) sort()方法——默认情况下将链表中的元素按升序排列。例如，“list. sort()”将链表对象 list 中的节点按其值的升序排列。可以使用 lambda 函数实现降序排列，例如“list. sort([](int n1,int n2) {return n1 > n2; });”将链表对象的节点按其值的降序排列。

(9) reverse()方法——将单向链表的节点顺序颠倒，例如，原来的第一个节点变为最后一个节点。

(10) remove()方法——删除单向链表中与 remove 的参数值相等的全部节点。例如：“list. remove(10);”将删除链表 list 中所有值为 10 的节点。

(11) unique()方法——将单向链表中的相邻重复元素删除(只保留一个)。例如，链表 list 为“10,3,5,7,10,7,4,3,10,5,8,6,12”，调用“list. sort();”再调用“list. unique();”后，list 将变为“3,4,5,6,7,8,10,12”。unique 方法可以使用 lambda 表达式，在上述基础上，继续调用“list. unique([](int n1,int n2) {return abs(n1−n2) < 3; });”，将得到“3,6,10”，即把相邻元素差小于 3 的元素删除(只保留第一个)。

使用 forward_list 单向链表类，将使得单向链表的操作实用且方便。程序段 11-3 为使用单向链表类的实例。

视频讲解

程序段 11-3　单向链表类 forward_list 应用实例

```
1    #include <iostream>
2    #include <forward_list>
3    using namespace std;
4
```

第 3 行将头文件 forward_list 包括到程序中，该头文件中声明了单向链表模板类 forward_list 相关的方法。

```
5    template <typename mytype>
6    void disp(const mytype& list)
7    {
8        auto elem = list.begin();
9        while (elem != list.end())
10       {
11           cout << *elem << " ";
12           elem++;
13       }
14       cout << endl;
15   }
16
```

第 5～15 行为模板函数 disp()，用于显示 list 中的全部元素。第 5 行声明了类型名称 mytype。

在 disp()函数内部，第 8 行定义迭代器 elem，指向 list 的首部。

第 9～13 行为一个 while 结构，若 elem 不是指向 list 的尾部(注意：尾部是最后一个元素的下一个位置)，则循环执行第 11 行和第 12 行。第 11 行输出 elem 所指向的元素；第 12 行迭代器指向单向链表的下一个节点。

```
17   template <typename mytype1, typename mytype2>
18   void myInsert(mytype1& list, int n, mytype2 v)
19   {
20     auto pos = list.begin();
21     for (int i = 0; i < n - 2; i++)
22         pos++;
23     list.insert_after(pos, v);
24   }
25
```

第 17～24 行为模板函数 myInsert()，在单向链表 list 的第 n 个节点处插入一个新节点(首节点视为第 1 个节点)，节点值为 v。第 17 行声明了类型名称 mytype1 和 mytype2，其中，mytype1 将具体化为“forward_list <变量类型>”类型，mytype2 具体化为“forward_list <变量类型>”中的“变量类型”。

在 myInsert()函数内部，第 20 行定义迭代器 pos，指向 list 的首部，这里使用了 auto 类型，根据 list 的情况自动转化为迭代器。

第 21 行和第 22 行为一个 for 结构，将 pos 指向 list 中的第 n－2 个位置。

第 23 行调用 insert_after 在第 n－2 个位置后插入一个新节点,节点值为 v。这里相当于在第 n－1 个位置插入新节点,list 的节点索引位置从 0 开始,所以,若将 list 的节点位置视为从 1 开始,则相当于在第 n 个位置插入新节点。

```
26    template < typename mytype >
27    void myDelete(mytype& list, int n)
28    {
29      if (n == 1)
30      list.pop_front();
31      else
32      {
33          auto pos = list.begin();
34          for (int i = 0; i < n - 2; i++)
35              pos++;
36          list.erase_after(pos);
37      }
38    }
39
```

第 26～38 行为模板函数 myDelete,将 list 的第 n 个节点删除(首节点视为第 1 个节点)。

在 myDelete 函数内部,第 29～37 行为一个 if-else 结构,如果删除第一个点,则执行第 30 行的 pop_front 函数完成;如果删除的第 n 个节点不是表头,则执行第 33～36 行:第 33 行定义迭代器 pos,指向 list 的首部;第 34 行和第 35 行为一个 for 结构,将 pos 指向第 n－2 个节点(这里 list 的索引号从 0 开始);第 36 行调用 erase_after 函数将 pos 之后的节点删除,即删除第 n－1 个节点(按索引号从 0 计),因此,视表头为第 1 个节点时,相当于删除了第 n 个节点。

```
40    int main()
41    {
42      forward_list < int > list1 = { 3, 8, 9, 11, 7, 13, 17, 21, 12, 18 };
43
44      cout << "The original list1:" << endl;
45      forward_list < int >::const_iterator elem = list1.begin();
46      while(elem!= list1.end())
47      {
48          cout << * elem << " ";
49          elem++;
50      }
51      cout << endl;
52
```

第 42 行定义单向链表 list1,用列表“{ 3,8,9,11,7,13,17,21,12,18 }”初始化链表中的各个节点。

第 44 行输出字符串提示信息“The original list1:”。

第 45 行定义迭代器 elem,指向 list1 的首部。

第 46～50 行为一个 while 结构,当 elem 不是指向 list1 的尾部(注意:尾部是指链表的最后一个节点的下一个位置)时,循环执行第 48 行和第 49 行。第 48 行输出 elem 指向的节点的值;第 49 行使 elem 指向下一个节点。这样,该 while 结构输出 list1 的全部元素。

```
53      list1.pop_front();
54      cout << "Delete the 1st node:" << endl;
55      disp(list1);
56
```

第 53 行调用 pop_font 方法将 list1 单向链表的首节点删除。

第 54 行输出字符串"Delete the 1st node:"。

第 55 行调用 disp()函数输出 list1 中的全部元素,此时的输出结果比第 46～50 行的输出结果少了首元素 3。

```
57      list1.push_front(33);
58      cout << "Insert befor head:" << endl;
59      disp(list1);
60
```

第 57 行调用 push_front()函数在 list1 首部前添加一个新节点,节点的值为 33。

第 58 行输出字符串"Insert befor head:"。

第 59 行调用 disp()函数输出 list1 中的全部元素,此时的输出结果比第 55 行的输出结果多了首元素 33。

```
61      myInsert(list1, 3, 88);
62      cout << "Insert at the 3rd position:" << endl;
63      disp(list1);
64
```

第 61 行调用 myInsert()函数在 list1 的第 3 个节点位置处插入 88(list1 的表头记为第 1 个节点)。

第 62 行输出字符串提示信息“Insert at the 3rd position:”。

第 63 行调用 disp 函数输出 list1 中的全部元素,此时的输出结果比第 59 行的输出结果多了第 3 个元素 88。

```
65      myDelete<forward_list<int>>(list1, 3);
66      cout << "Delete the 3rd node:" << endl;
67      disp(list1);
68
```

第 65 行调用 myDelete()函数删除 list1 的第 3 个节点(list1 的表头记为第 1 个节点)。这里使用了“myDelete <forward_list <int>>”泛型形式,对于模板函数,其中的泛型部分“<forward_list <int>>”可以省略,如第 61 行的 myInsert()函数和第 63 行的 disp()函数的调用形式(第 61 行的完整调用形式为 myInsert <forward_list <int>,int>(list1,3,88))。

```
69      list1.clear();
70
71      forward_list<double> list2{ 2.3,5.6 };
```

```
72      cout << "The original list2: " << endl;
73      disp(list2);
74
75      myInsert(list2, 1, 3.14);
76      cout << "Insert a number:" << endl;
77      disp(list2);
78
79      list2.clear();
80  }
```

第 69 行调用 clear()方法清除 list1 单向链表。

第 71 行定义单向链表 list2，使用列表“{ 2.3，5.6 }”初始化 list2，这里 list2 中的元素为双精度浮点型。

第 72 行输出字符串"The original list2："。

第 73 行调用 disp()函数输出 list2 的全部元素。

第 75 行调用 myInsert()函数在 list2 的第 1 个节点处插入一个新节点，新节点的值为 3.14。

第 76 行输出字符串提示信息“Insert a number:”。

第 77 行调用 disp 函数输出 list2 的全部元素，此时的输出结果比第 73 行的输出结果多了第 2 个元素 3.14。

程序段 11-3 的执行结果如图 11-6 所示。

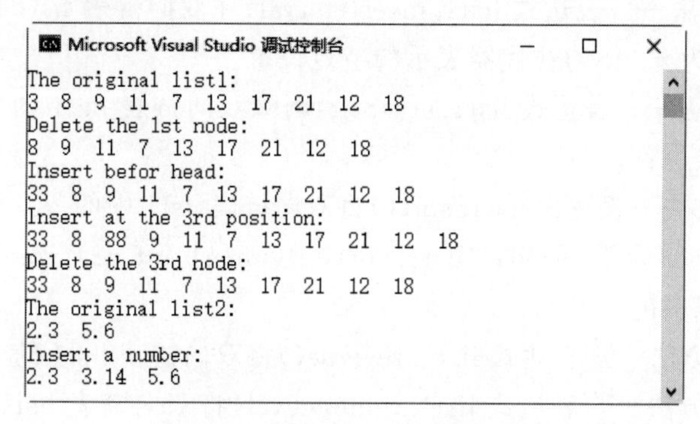

图 11-6　程序段 11-3 的执行结果

单向链表可以借助 foreach 结构输出链表中的全部元素，程序段 11-3 中的第 45～50 行可以被下述语句替换：

```
1     for (auto e : list1)
2     {
3       cout << e << " ";
4     }
5     cout << endl;
```

11.4　双向链表模板类

C++语言集成了双向链表模板类 list，位于头文件 list 中。

设 list1 为一个双向链表模板类对象,则双向链表的主要操作有:

(1) size()方法——表达式 list1.size()将返回双向链表 list1 的节点总数(或称长度)。

(2) push_front()方法——在双向链表的表头之前插入一个新节点,作为新的表头,push_front()方法的参数为节点的值。

(3) pop_front()方法——删除双向链表的表头节点,第 2 个节点作为新的表头。

(4) push_back()方法——在双向链表的最后一个节点后插入一个新的节点,push_back()方法的参数为插入的节点的值。

(5) pop_back()方法——删除双向链表的最后一个节点。

(6) front()方法——表达式 list1.front()返回双向链表 list1 表头节点的元素值。

(7) back()方法——表达式 list1.back()返回双向链表 list1 最后一个节点的元素值。

(8) begin()方法——表达式 list1.begin()得到双向链表 list1 的表头指针(以迭代器形式)。

(9) end()方法——表达式 list1.end()得到双向链表 list1 的尾部指针(以迭代器形式),尾部指针指向链表的最后一个节点的下一个位置。

(10) cbegin()方法和 cend()方法——cbegin()方法和 begin()方法作用类似;cend()方法与 end()方法类似;带上“c”前缀的方法返回的迭代器为常量迭代器,即 const_iterator,迭代器指向的内容视为常量(迭代器本身可变)。

(11) clear()方法——表达式 list1.clear()清除双向链表 list1 的全部节点。

(12) insert()方法——表达式 list1.insert(it,val)在双向链表 list1 的 it 位置前插入一个新节点,节点的值为 v。it 为迭代器表示的节点位置。

(13) erase()方法——表达式 list1.erase(it)删除双向链表 list1 的 it 位置处的节点,it 为迭代器表示的节点位置。

(14) sort()方法——表达式 list1.sort()将双向链表 list1 中的节点按其值的升序排列。sort()方法支持 lambda 函数,例如:“list1.sort([](int n1,int n2){return n1 > n2;});”将按降序方式排列双向链表 list1。

(15) reverse()方法——表达式 list1.reverse()将双向链表 list1 的节点颠倒顺序。

(16) remove()方法——表达式 list1.remove(val)将双向链表 list1 中值为 val 的全部节点删除。

(17) unique()方法——表达式 list1.unique()将双向链表 list1 中相邻的重复元素删除(只保留一个),该方法支持 lambda 函数。

(18) emplace_front()方法和 emplace_back()方法——这两个方法分别在双向链表的表头节点前和最后一个节点后添加一个新节点,这两个方法的参数均为节点的“值对”。所谓“值对”,是指将两个值组合在一起,使用关键字 pair 定义,例如,“pair<int,int> p1;”则 p1.first 为“值对”的第一个值,p1.second 为“值对”的第二个值。例如,下面的语句说明了 emplace_front()方法的用法:

```
1    list<pair<int,int>> list2;
2    list2.emplace_front(10, 11);
3    list2.emplace_front(12,13);
4    cout << "The list2: " << endl;
```

```
5    for (auto e : list2)
6        cout << "("<< e.first << ", "<< e.second <<") ";
7    cout << endl;
8    list2.clear();
```

第 1 行定义双向链表 list2，其中每个节点包含一个值对。第 2 行调用 emplace_front()方法在 list2 的表头前插入一个值对(10,11)。第 3 行调用 emplace_front()方法在 list2 的表头前插入一个值对(12,13)。第 4 行输出字符串“The list2:”。第 5 行和第 6 行为一个 for 结构，输出 list2 中的全部元素，这里输出“(12,13) (10,11)”。第 8 行调用 clear()方法清除双向链表 list2。

(19) emplace()方法——emplace()方法类似于 insert()方法，但是插入的节点的值为“值对”。

程序段 11-4 展示了双向链表的常用方法。

程序段 11-4　双向链表应用实例

```
1    #include <iostream>
2    #include <list>
3    using namespace std;
4
5    template <typename mytype>
6    void disp(const mytype& list)
7    {
8        for (auto e : list)
9            cout << e << " ";
10       cout << endl;
11   }
12
```

第 2 行的预编译指令包括了头文件 list，该头文件包含了双向链表类。

第 5～11 行为模板函数 disp()，用于显示双向链表 list 中的全部元素。第 5 行声明了类型名称 mytype。

在 disp()函数内部，第 8 行和第 9 行为一个 foreach 结构，输出双向链表 list 中的全部元素。

```
13   template <typename mytype1, typename mytype2>
14   void myInsert(mytype1& list, int n, mytype2 v)
15   {
16     if (n == 1)
17         list.push_front(v);
18     else if (n <= list.size())
19     {
20         auto pos = list.begin();
21         for (int i = 0; i < n - 1; i++)
22             pos++;
23         list.insert(pos, v);
24     }
25     else
```

```
26      {
27          cout << "Out of range!" << endl;
28      }
29  }
30
```

第 13～29 行为模板函数 myInsert()，在双向链表中的第 n 个节点前插入一个新节点，新节点的值为 v。这里，表头节点记为第 1 个节点。

在 myInsert()函数内部，如果在表头插入一个新节点，则执行第 17 行，即调用 push_front()方法添加一个新表头，表头节点的值为 v；如果插入位置位于表头外的其他位置，则执行第 20～23 行；如果插入位置超过了双向链表的长度，则执行第 27 行输出出错信息“Out of range!”。

当插入位置 n 位于表头外的其他位置时，第 20 行定义迭代器 pos，指向双向链表的表头；第 21 行和第 22 行为一个 for 结构，使 pos 指向第 n－1 个节点（在双向链表中，节点的起始索引号为 0）；第 23 行调用 insert()方法在 pos 位置前插入一个新节点，新节点的值为 v。如果视双向链表的表头节点为第 1 个节点，则 pos 节点为第 n 个节点。从而第 20～23 行在双向链表的第 n 个节点前插入一个值为 v 的新节点。

```
31  template < typename mytype >
32  void myDelete(mytype& list, int n)
33  {
34    if (n == 1)
35        list.pop_front();
36    else if(n <= list.size())
37    {
38        auto pos = list.begin();
39        for (int i = 0; i < n - 1; i++)
40            pos++;
41        list.erase(pos);
42    }
43    else
44    {
45        cout << "Out of range!" << endl;
46    }
47  }
48
```

第 31～47 行为 myDelete()函数，删除双向链表 list 中的第 n 个节点（表头节点视为第 1 个节点）。

在 myDelete()函数中，如果删除表头节点，则执行第 35 行调用 pop_front()方法删除表头；如果删除的第 n 个节点为表头之外的节点，则执行第 38～41 行。第 38 行定义迭代器 pos，指向双向链表 list 的表头；第 39～40 行为一个 for 结构，将 pos 指向双向链表的第 n 个节点（视表头节点为第 1 个节点）。第 41 行调用 erase()方法删除 pos 节点，即删除第 n 个节点。当参数 n 大于双向链表的长度时，执行第 45 行，输出出错信息“Out of range!”。

```
49  int main()
50  {
```

```
51      list< int> list1{ 9,11,5,8,12,20,14,7,6,17 };
52      cout << "The original list1: " << endl;
53      for (auto e : list1)
54          cout << e << " ";
55      cout << endl;
56
```

在 main()函数中,第 51 行定义双向链表 list1,用列表"{ 9,11,5,8,12,20,14,7,6,17}"初始化其各个节点。

第 52 行输出字符串提示信息"The original list1:"。

第 53 行和第 54 行为一个 foreach 结构,输出 list1 中的全部元素。

```
57      list1.push_front(100);
58      list1.push_front(110);
59      list1.push_back(200);
60      list1.push_back(210);
61      cout << "The new list1: " << endl;
62      auto p = list1.begin();
63      for (int i = 0; i < list1.size(); i++, p++)
64      cout << *p << " ";
65      cout << endl;
66
```

第 57 行调用 push_front()方法为 list1 添加一个新的表头,其值为 100。

第 58 行调用 push_front()方法为 list1 添加一个新的表头,其值为 110。

第 59 行调用 push_back()方法在 list1 末尾添加一个新的节点,其值为 200。

第 60 行调用 push_back()方法在 list1 末尾添加一个新的节点,其值为 210。

第 61 行输出字符串"The new list1:"。

第 62 行定义迭代器 p,指向 list1 的表头。

第 63 行和第 64 行为一个 for 结构,借助于迭代器 p 输出 list1 的全部元素。此时的 list1 将为"110,100,9,11,5,8,12,20,14,7,6,17,200,210"。

```
67      list1.pop_front();
68      list1.pop_back();
69      list1.insert(list1.begin(), 150);
70      list1.insert(list1.end(), 180);
71      cout << "Delete and Insert at both head and back:" << endl;
72      for (auto p = list1.begin(); p != list1.end(); p++)
73          cout << *p << " ";
74      cout << endl;
75
```

第 67 行调用 pop_front()方法删除表头节点,原链表中的第 2 个节点成为新的表头。

第 68 行调用 pop_back()方法删除链表中的最后一个节点。

第 69 行调用 insert()方法在表头前插入一个新节点,新节点将作为新的表头,其值为 150。

第 70 行调用 insert()方法在 list1 的末尾插入一个新节点,新节点将作为 list1 的最后一个节点，其值为 180。

第 71 行输出字符串"Delete and Insert at both head and back："。

第 72 行和第 73 行为一个 for 结构，输出 list1 的全部元素，此时的 list1 为“150，100，9，11，5，8，12，20，14，7，6，17，200，180”。

```
76      list1.erase(list1.begin());
77      cout << "Delate at head:" << endl;
78      for (auto p = list1.begin(); p != list1.end(); p++)
79          cout << *p << " ";
80      cout << endl;
81
```

第 76 行调用 erase()方法删除 list1 的表头，双向链表中原来的第 2 个节点将作为新的表头。

第 77 行输出字符串提示信息“Delate at head:”。

第 78 行和第 79 行为一个 for 结构，输出 list1 中的全部元素，此时的 list1 为“100，9，11，5，8，12，20，14，7，6，17，200，180”。

```
82      cout << "Head of list:" << list1.front() <<
83          ", Back of list:" << list1.back() << endl;
84
```

第 82 行和第 83 行为一条语句，调用 front()方法和 back()方法输出双向链表 list1 的第一个元素和最后一个元素，输出结果为“Head of list：100，Back of list：180”。

```
85      myInsert(list1, 5, 160);
86      cout << "Insert at the 5th node:" << endl;
87      for (auto p = list1.begin(); p != list1.end(); p++)
88          cout << *p << " ";
89      cout << endl;
90
```

第 85 行调用 myInsert 函数在双向链表 list1 的第 5 个节点前插入一个新节点，其值为 160。注意：这里表头节点视为第 1 个节点。

第 86 行输出字符串“Insert at the 5th node:”。

第 87 行和第 88 行为一个 for 结构，输出 list1 的全部元素，其输出结果为“100，9，11，5，160，8，12，20，14，7，6，17，200，180”。

```
91      myDelete(list1, 14);
92      cout << "Delete the 14th node:" << endl;
93      for (auto p = list1.begin(); p != list1.end(); p++)
94          cout << *p << " ";
95      cout << endl;
96
97      list1.clear();
98  }
```

第 91 行调用 myDelete()函数删除双向链表 list1 的第 14 个节点。

第 92 行输出字符串提示信息“Delete the 14th node:”。

第 93 行和第 94 行为一个 for 结构，其中，p 为迭代器，初始态的 p 指向双向链表 list1 的表头节点，循环终止条件为 p 指向 list1 的末尾，每次循环迭代器步进 1(即前进一个节点)。注意，这里双向链表的末尾 list1. end()是指双向链表的最后一个节点的下一个位置。for 结构的循环体为第 94 行，输出迭代器指向的节点的值。此时的双向链表 list1 为“100，9，11，5，160，8，12，20，14，7，6，17，200”。

第 95 行输出一个空行。

第 97 行调用 clear()方法释放双向链表 list1，即清空 list1。

程序段 11-4 的执行结果如图 11-7 所示。

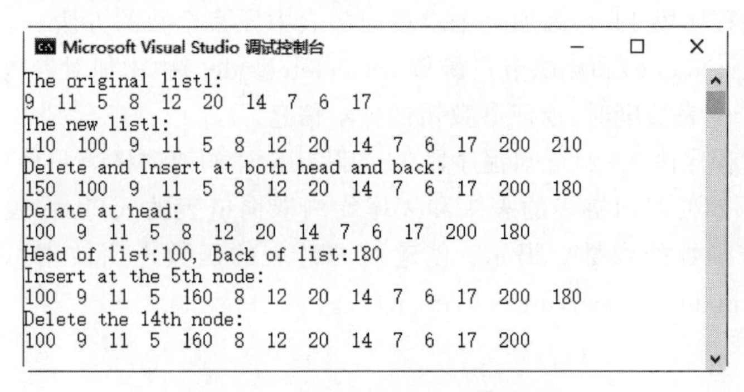

图 11-7　程序段 11-4 的执行结果

除了使用列表对双向链表初始化外，还可以借助于动态数组初始化双向链表，例如：

```
1    vector < int > v{3,4,7,10,13,8};
2    list < int > list3(v.begin(),v.end() - 2);
```

这里，第 1 行定义了动态数组 v，并初始化为“3，4，7，10，13，8”。第 2 行定义双向链表 list3，使用动态数组 v 的第 1 个至倒数第 3 个元素初始化，即 list3 为“3，4 ，7，10”。

此外，还有两个常用双向链表初始化方法，例如，可借助“list < int > list4(5)；”创建具有 5 个节点的双向链表，每个节点的值均为 0；可借助“list < int > list4(5，16)；”创建具有 5 个节点的双向链表，每个节点的值均为 16。

11.5　本章小结

本章内容分为两部分：11.1 节和 11.2 节为第一部分，介绍了使用结构体类型创建单向链表和双向链表的方法，这部分内容为后续的“数据结构”课程学习奠定基础，同时，也展示了链表的具体设计方法；11.3 节和 11.4 节为第二部分，这两节使用 C++语言提供的单向链表模板类和双向链表模板类实现了链表的操作，这两节中完全隐藏了链表的结构，通过提供链表相关的操作大大简化了链表的使用。对于初学者来说，后者的学习和使用更加简便。链表是设计嵌入式操作系统的重要数据结构和方法，在程序设计和数据处理领域占据极其重要的地位。

习题

1. 使用自定义链表方法创建一个双向链表，并将列表"{5,8,10,3,7,11,2,12}"中的数据依次赋给各个节点。然后，反向遍历链表，输出链表中的数据。

2. 使用双向链表模板类创建一个链表，初始化链表中共有12个整型数据，每个数据均为1，然后，在链表中的第3、5、7、9个位置依次插入数据13、15、17、19，然后，遍历链表输出其中的全部数据。

3. 仔细阅读程序段11-1，添加一个求单向链表中元素个数的方法mySize()，并在插入节点函数myInsertNode()和删除节点函数myDeleteNode()中添加对参数n的合法性判定语句，即当n大于链表长度时，返回参数错误提示信息。

4. 仔细阅读程序段11-2，可知程序段11-2默认创建的双向链表只使用了表头，请重新设计程序列段11-2，使双向链表的表头和表尾均为双向链表的入口，将表头和表尾作为程序段11-2中各个函数的参数。提示：创建双向链表的函数声明使用"void myLTCreate(node * & head,node * & tail,int * a,int n);"。

第12章

字　符　串

在C++语言中，字符串有两种表示方式，即字符数组和字符串类string。字符数组不能动态调整字符串的长度，使用指向字符的指针和动态内存分配虽然可以定义动态字符串，但是这种动态字符串作为类的数据成员时，需为类编写“复制构造方法”。借助于string类创建字符串可有效地解决上述字符数组和指向字符的指针等面临的问题。本章将详细介绍借助string类创建的字符串的操作方法。string类是C++语言标准模板类库中的成员，在程序中使用string类，需包括头文件string，即“#include <string>”。

本章的学习目标：

- 了解字符串相关的各类操作函数
- 掌握字符串连接、插入、删除等操作方法
- 学会借助于迭代器操作字符串
- 熟练掌握字符串的查找和替换操作方法

12.1　字符串基本操作

借助于string类定义字符串对象的语句为“string 对象名;”。本章中将“字符串对象”称为“字符串变量”或“字符串”，因为后者更容易理解。

定义字符串变量时可以为字符串赋初值，例如，“string str1("Hello world!");”表示定义字符串变量str1，并赋初始值“Hello world!”；或者写为“string str1="Hello world!";”。

可以向字符串变量赋常量字符串，例如，“string str1; str1="Hello world!";”表示定义字符串变量str1，并为其赋值“Hello world!”。

由于string类属于标准模板类库，其定义的(对象)变量可以使用迭代器访问变量中的各个字符成员，如程序段12-1所示。

程序段12-1　string变量中单个字符的访问实例

视频讲解

```
1    #include <iostream>
2    #include <string>
3    using namespace std;
4
5    int main()
6    {
7      string str1;
8      str1 = "Hello world!";
```

```
9       string::iterator it = str1.begin();
10      for (; it != str1.end(); it++)
11          cout << * it << " ";
12      cout << endl;
13
14      for (int i = 0; i < str1.length(); i++)
15          cout << str1[i] << " ";
16      cout << endl;
17
18      for (int i = 0; i < str1.size(); i++)
19          cout << str1[i] << " ";
20      cout << endl;
21
22      for (auto e : str1)
23          cout << e << " ";
24      cout << endl;
25
26      cout << "First char: " << str1.front() << ", Last char: " << str1.back() << endl;
27      str1.clear();
28  }
```

在程序段 12-1 中,第 2 行的预编译指令“# include < string >”将头文件 string 包括到程序中,该头文件包含了 string 模板类。

在 main()函数中,第 7 行的语句“string str1;”定义了字符串变量 str1。

第 8 行的语句“str1="Hello world!";”将常量字符串“Hello world!”赋给字符串变量 str1。

第 9 行的语句“string::iterator it=str1. begin();”定义迭代器 it,指向字符串 str1 的首字符。

第 10 行和第 11 行为一个 for 结构,循环条件为迭代器 it 不是指向字符串 str1 的末尾,这里的 str1. end()表示字符串的最后一个字符的下一个位置,循环体为第 11 行,输出迭代器 it 指向的字符值。因此,该 for 结构输出字符串 str1 中各个字符,以空格分隔各个字符。

第 14 行和第 15 行为一个 for 结构,用于输出字符串 str1 的各个字符。循环变量为 i,从 0 按步长 1 累加到 str1. length(),这里 str1. length()返回字符串的长度,即字符串中的字符个数。循环体为第 15 行的语句“cout << str1[i] << " ";”,字符串中的各个字符可以借助“[ ]”加上索引号访问,索引号从 0 开始计数。

第 18 行和第 19 行为一个 for 结构,用于输出字符串 str1 的各个字符。这里使用 str1. size()得到字符串的长度,方法 size()和第 14 行的方法 length()作用相同,都是返回字符串的长度。

第 22 行和第 23 行为一个 foreach 结构,用于输出字符串 str1 的各个字符。

上述介绍了 4 种输出字符串中各个字符的方法,除了迭代器外,还可以借助“[ ]”访问字符串中的单个字符。

访问字符串的首字符可以借助于 front()方法,访问字符串的尾字符可以借助 back()方法。第 26 行借助这两个方法,输出了字符串 str1 的首字符和尾字符。

第 27 行的语句“str1. clear();”调用 clear()方法清除字符串。

程序段 12-1 的执行结果如图 12-1 所示。

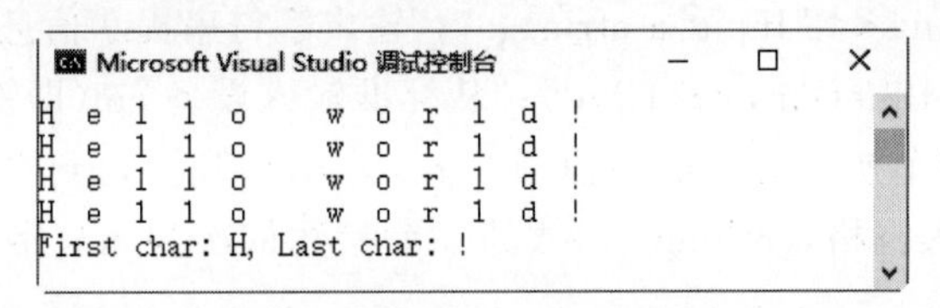

图 12-1 程序段 12-1 的执行结果

字符串变量在创建时可以使用常量字符串初始化,也可以由键盘输入,还可以借助 assign()方法为字符串变量赋值,字符串变量可借助 c_str()方法转化为 C 语言风格的字符串(即以'\0'结尾的字符数组)。程序段 12-2 介绍了字符串的赋值方法。

程序段 12-2 字符串赋值实例

视频讲解

```
1   #include <iostream>
2   #include <string>
3   using namespace std;
4
5   int main()
6   {
7     string str1;
8     cout << "Input a string: ";
9     getline(cin,str1,'\n');
10    cout << "str1 = " << str1 << endl;
11
12    string str2(str1);
13    cout << "str2 = " << str2 << endl;
14
15    char * cstr = new char[str2.length() + 1];
16    strcpy_s(cstr, str2.length() + 1, str2.c_str());
17    cout << "cstr = " << cstr << endl;
18
19    string str3(10, 'a');
20    cout << "str3 = " << str3 << endl;
21
22    string str4 = "Flying over the sea and the mountain.";
23    cout << "str4 = " << str4 << endl;
24    string str5;
25    str5.assign(str4);
26    cout << "str5 = " << str5 << endl;
27    str5.assign(str4.begin() + 7, str4.end());
28    cout << "new str5 = " << str5 << endl;
29    str5.assign(str4, 0, 6);
30    cout << "str5 (str4:0->0+6) = " << str5 << endl;
31    str5.assign(str4, 7, 8);
32    cout << "str5 (str4: 7->7+8) = " << str5 << endl;
33  }
```

在程序段 12-2 的 main()函数中,第 7 行的语句“string str1;”定义字符串变量 str1。

第 8 行的语句“cout << "Input a string: ";”输出字符串提示信息“Input a string:”。

第 9 行的语句“getline(cin,str1,'\n');”从标准输入设备 cin(即键盘)输入字符串变量 str1 的值,直到遇到回车换行符。如果使用“cin >> str1;”时,遇到空格时则结束输入;而 getline()函数可以输入空格,getline()函数的 3 个参数依次为 cin、字符串变量和标志输入结束的结束字符。

第 10 行的语句“cout << "str1=" << str1 << endl;”输出字符串 str1。

第 12 行的语句“string str2(str1);”等价于“string str2=str1;”将 str1 赋给 str2。

第 13 行的语句“cout << "str2=" << str2 << endl;”输出字符串 str2。

第 15 行的语句“char * cstr=new char[str2.length()+1];”定义指向字符类型的指针 cstr,指向大小为 str2.length()+1 个字节的存储空间,这里“+1”是为“\0”预留空间。

第 16 行的语句“strcpy_s(cstr,str2.length()+1,str2.c_str());”调用 strcpy_s()函数将 str2 转化的字符数组形式的字符串复制到 cstr 中。strcpy_s()函数是 Visual Studio 开发环境下独有的函数,具有 3 个参数,依次复制的目标字符串、复制的字符串长度加 1、复制的源字符串。

第 17 行的语句“cout << "cstr=" << cstr << endl;”输出字符数组形式的字符串 cstr。

第 19 行的语句“string str3(10,'a');”定义字符串 str3,并用 10 个字符'a'初始化该字符串。

第 20 行的语句“cout << "str3=" << str3 << endl;”输出字符串 str3。

第 22 行的语句“string str4="Flying over the sea and the mountain.";”定义字符串 str4,并用字符串常量"Flying over the sea and the mountain."初始化 str4。

第 23 行的语句“cout << "str4=" << str4 << endl;”输出字符串 str4。

第 24 行的语句“string str5;”定义字符串 str5。

第 25 行的语句“str5.assign(str4);”将字符串 str4 赋给字符串 str5。

第 26 行的语句“cout << "str5=" << str5 << endl;”输出字符串 str5。

第 27 行的语句“str5.assign(str4.begin()+7,str4.end());”将字符串 str4 的第 7 个字符至最后一个字符赋给字符串 str5(字符串的首字符为第 0 个字符,str5 中原有的字符串被丢弃)。

第 28 行的语句“cout << "new str5=" << str5 << endl;”输出新的 str5 字符串。

第 29 行的语句“str5.assign(str4,0,6);”将 str4 中从第 0 个字符开始的长度为 6 的字符串赋给 str5。

第 30 行的语句“cout << "str5 (str4: 0->0+6)=" << str5 << endl;”输出 str5 字符串。

第 31 行的语句“str5.assign(str4,7,8);”将 str4 中从第 7 个字符开始的长度为 8 的字符串赋给 str5。

第 32 行的语句“cout << "str5 (str4: 7->7+8)=" << str5 << endl;”输出新的 str5 字符串。

程序段 12-2 的执行结果如图 12-2 所示。

```
Microsoft Visual Studio 调试控制台
Input a string: Hello world!
str1 = Hello world!
str2 = Hello world!
cstr = Hello world!
str3 = aaaaaaaaaa
str4 = Flying over the sea and the mountain.
str5 = Flying over the sea and the mountain.
new str5 = over the sea and the mountain.
str5 (str4:0->0+6) = Flying
str5 (str4: 7->7+8) = over the
```

图 12-2　程序段 12-2 的执行结果

12.2　宽字符串模板类

在 C++语言中，中文字符占据 2 个字节，需要使用宽字符模板类 wstring 存取中文字符，wstring 位于头文件 string 中，wstring 类的操作方法与 string 类相似。程序段 12-3 为 wstring 类的字符串对象存取中文字符的实例。

程序段 12-3　宽字符串存取中文字符实例

视频讲解

```
1   #include <iostream>
2   #include <string>
3   using namespace std;
4
5   int main()
6   {
7     wstring str = L"三人行,必有吾师!Teacher.";
8     for (auto e : str)
9         cout << e << " ";
10    cout << endl;
11
12    wcout.imbue(locale("chs"));
13    for (auto e : str)
14        wcout << e << " ";
15    cout << endl;
16
17    wstring::iterator it = str.begin();
18    for (; it != str.end(); it++)
19        wcout << * it << " ";
20    cout << endl;
21  }
```

在程序段 12-3 的 main()函数中，第 7 行的语句"wstring str＝L"三人行，必有吾师！Teacher."；"定义宽字符串 str，并赋值初值"三人行，必有吾师！ Teacher."。这里的"L"表示将字符串中的每个字符以 2 个字节存储，实际上是以 Unicode 码存储。

第 8 行和第 9 行为一个 foreach 结构，输出字符串 str 中的每个字符，这里使用 cout 将输出每个字符的 Unicode 码，如图 12-3 所示。

第 12 行的语句"wcout.imbue(locale("chs"))；"设置使用本地语言（中文）输出。这里的 wcout 是宽字符输出函数(而 wcin 是宽字符输入函数)。

第 13 行和第 14 行为一个 foreach 结构,使用 wcout 输出 str 字符串,此时,将输出中文字符,如图 12-3 所示。

第 17 行的语句"wstring::iterator it=str.begin();"定义迭代器 it,指向 str 的首部。

第 18~19 行为一个 for 结构,使用 wcout 和迭代器 it 输出 str 字符串,此时将输出中文字符,如图 12-3 所示。

程序段 12-3 的执行结果如图 12-3 所示。

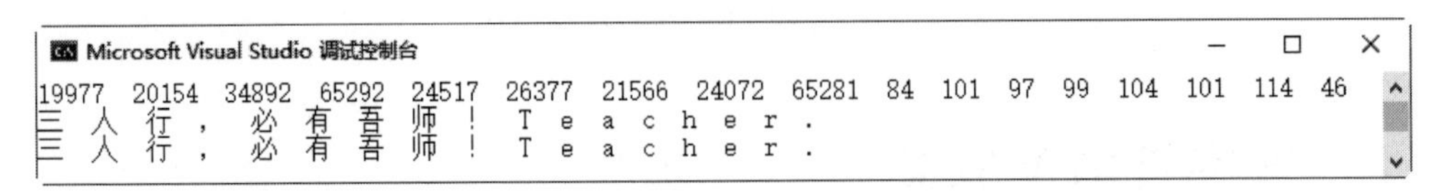

图 12-3 程序段 12-3 的执行结果

12.3 字符串合并与分解操作

本节将介绍字符串的合并、追加、提取、插入和删除等常用操作,相关的方法有 append()、substr()、insert()和 erase()等。

12.3.1 append()方法

两个字符串的合并可以借助"+"号实现,或者借助于 append()方法在一个字符串后追加另一个字符串。append()方法可将一个字符串对象、字符串常量、字符串对象的部分子串或者指定数目的字符等追加到另一个字符串的末尾。

程序段 12-4 介绍了字符串的合并与追加操作。

视频讲解

程序段 12-4 字符串合并与追加操作实例

```
1    #include <iostream>
2    #include <string>
3    using namespace std;
4
5    int main()
6    {
7      string str1 = "Welcome to ";
8      string str2 = "our class.";
9      string str3;
10     str3 = str1 + str2;
11     cout << str3 << endl;
12
13     string str4 = " Please Come in.";
14     str3.append(str4);
15     cout << str3 << endl;
16
17     str3 = str1 + str2;
18     str3.append(str4.begin() + 7, str4.end());
19     cout << str3 << endl;
```

```
20
21      str3 = str1 + str2;
22      str3.append(" Please.");
23      cout << str3 << endl;
24
25      str3 = str1 + str2;
26      str3.append(str4,7,5).append(".");
27      cout << str3 << endl;
28
29      str3 = str1 + str2;
30      str3.append(5,'o');
31      cout << str3 << endl;
32  }
```

在程序段12-4的main()函数中，第7行的语句“string str1＝"Welcome to ";”定义字符串str1，初值为"Welcome to"。

第8行的语句“string str2＝"our class. ";”定义字符串str2，初值为"our class. "。

第9行的语句“string str3;”定义字符串变量str3。

第10行的语句“str3＝str1＋str2;”使用“＋”号连接两个字符串，将合并后的字符串赋给str3，此时的str3为"Welcome to our class. "。

第11行的语句“cout << str3 << endl;”输出字符串str3。

第13行的语句“string str4＝" Please Come in. ";”定义字符串str4，初值为" Please Come in. "。

第14行的语句“str3. append(str4);”将str4追加到str3末尾，此时，str4保持不变，str3成为"Welcome to our class. Please Come in. "。这里展示了将一个字符串追加到另一个字符串的末尾的方法。

第15行输出字符串str3。

第17行的语句“str3＝str1＋str2;”重新设置str3为"Welcome to our class. "。

第18行的语句“str3. append(str4. begin()＋7,str4. end());”将str4的第7个字符至最后一个字符追加到str3的末尾。注意：str4的首字符为第0个字符，str4的第7个字符为空格。此时的str3为"Welcome to our class. Come in. "。这里展示了将一个字符串中的部分子串追加到另一个字符串末尾的方法。

第19行输出字符串str3。

第21行的语句“str3＝str1＋str2;”重新设置str3为"Welcome to our class. "。

第22行的语句“str3. append(" Please. ");”将字符串常量" Please. "追加到str3的末尾，此时str3为"Welcome to our class. Please. "。这里展示了将字符串常量追加到另一个字符串末尾的方法。

第23行输出字符串str3。

第25行的语句“str3＝str1＋str2;”重新设置str3为"Welcome to our class. "。

第26行的语句“str3. append(str4,7,5). append(". ");”调用了两个append()方法，先将str4的第7个字符开始的长度为5的字符串(即"Come"，注意，以空格开头，包含空格共5个字符)追加到str3末尾，然后，再将“.”追加到新的str3的末尾，此时的str3为

"Welcome to our class. Come."。这里展示了将一个字符串从某个字符开始的指定长度的子串追加到另一个字符串末尾的方法。

第 27 行输出字符串 str3。

第 29 行的语句"str3=str1+str2;"重新设置 str3 为"Welcome to our class."。

第 30 行的语句"str3.append(5,'o');"将 5 个字符'o'追加到 str3 的末尾，此时的 str3 为"Welcome to our class. ooooo"。这里展示了将指定数目的字符追加到另一个字符串末尾的方法。

程序段 12-4 的执行结果如图 12-4 所示。

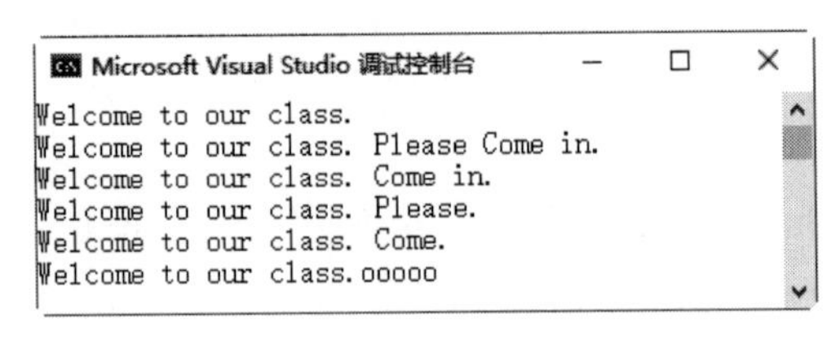

图 12-4　程序段 12-4 的执行结果

12.3.2　substr()方法

借助于 substr 方法可以获得字符串的子串。设 str 为字符串对象，则 substr()的语法为：

(1) str.substr(位置，长度)：提取 str 中自"位置"开始长度为"长度"的子串，注意：str 的首字符的位置为 0。例如，str(3,5)表示提取 str 的第 3～7 个字符，提取的子串的长度为 5。这里，"位置"和"长度"的类型为 size_t，即 unsigned long long 类型。

(2) str.substr(位置)：提取 str 中自"位置"开始至其末尾的子串。例如，str.substr(3)表示提取字符串 str 中第 3 个字符以后的全部字符。

程序段 12-5 展示了字符串提取方法的用法。

程序段 12-5　substr()方法用法实例

```
1    #include <iostream>
2    #include <string>
3    using namespace std;
4
5    int main()
6    {
7      string str1 = "There must be one out of there who can be my teacher.";
8      cout << str1 << endl;
9      string str2, str3, str4;
10     str2 = str1.substr(14);
11     cout << str2 << endl;
12     size_t pos = 6;
13     str3 = str1.substr(pos, 4);
14     cout << str3 << endl;
15     str4 = str1.substr(0, 14) + str1.substr(42);
16     cout << str4 << endl;
17   }
```

在程序段 12-5 的 main()函数中，第 7 行定义字符串 str1，并赋初值为"There must be one out of there who can be my teacher."。

第 8 行输出字符串 str1。

第 9 行定义字符串变量 str2、str3、str4。

第 10 行调用 substr(14)将 str1 的第 14 个字符开始至其末尾的字符赋给 str2，此时的 str2 为"one out of there who can be my teacher."。

第 11 行输出字符串 str2。

第 12 行的语句"size_t pos=6;"定义无符号长整型变量 pos，并赋值 6。

第 13 行调用 substr 将 str1 的第 6～9 个字符赋给 str3，第 13 行中的"4"表示提取的子串的长度为 4。此时的 str3 为"must"。

第 14 行输出字符串 str3。

第 15 行的语句"str4=str1.substr(0,14)+str1.substr(42);"将 str1 的前 14 个字符和 str1 的第 42 个字符之后的字符合并为一个字符串赋给 str4，此时的 str4 为"There must be my teacher."。

第 16 行输出字符串 str4。

程序段 12-5 的执行结果如图 12-5 所示。

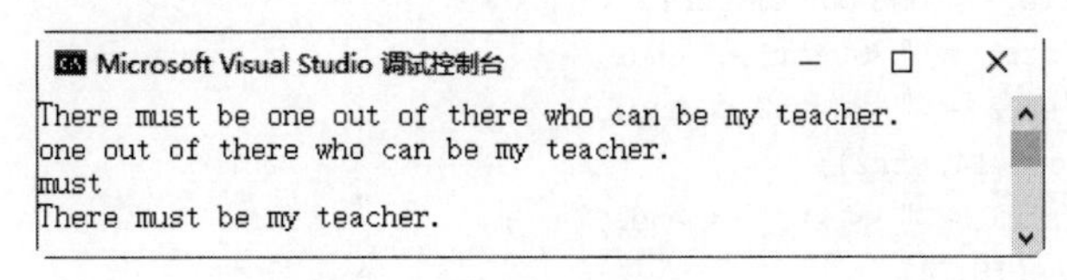

图 12-5　程序段 12-5 的执行结果

12.3.3　insert()和 erase()方法

设 str1 和 str2 为两个字符串对象，则插入方法 insert()的用法有：

(1) str1.insert(位置，str2)——将 str2 插入到 str1 的"位置"处，str1 中原"位置"处及其后的字符向后平移。这里 str1 的首字符的位置索引为 0。

(2) str1.insert(位置 1，str2，位置 2，子串长度)——将 str2 中自"位置 2"开始的长度为"子串长度"的子串插入到字符串 str1 的"位置 1"处。

(3) str1.insert(位置，字符串常量)——将"字符串常量"插入到字符串 str1 的"位置"处。

(4) str1.insert(位置，字符串常量，n)——将"字符串常量"的前 n 个字符插入到 str1 的"位置"处。

(5) str1.insert(位置，n，字符常量)——将 n 个"字符常量"插入到 str1 的"位置"处。

(6) str1.insert(迭代器，n，字符常量)——将 n 个"字符常量"插入到 str1 的"迭代器"位置处。

(7) str1.insert(迭代器，字符串常量)——将"字符串常量"插入到字符串 str1 的"迭代器"位置处。

(8) str1.insert(迭代器，str2.迭代器起始位置，str2.迭代器终止位置)——将 str2 中以迭代器表示的位置间的子串插入到 str1 的“迭代器”位置处，注意，不含“迭代器终止位置”处的字符。

erase()方法的用法如下：

(1) str1.erase(迭代器)——删除 str1 的“迭代器”位置的字符。

(2) str1.erase(迭代器 1，迭代器 2)——删除 str1 的“迭代器 1”和“迭代器 2”表示的位置之间的字符(不含迭代器 2 的位置处的字符)。

(3) str1.erase(位置，长度)——删除 str1 的“位置”开始的长度为“长度”的子串，这里，str1 的首字符的位置索引为 0。

程序段 12-6 展示了字符串的插入和删除操作。

视频讲解

程序段 12-6 insert 方法和 erase 方法实例

```
1    #include <iostream>
2    #include <string>
3    using namespace std;
4
5    int main()
6    {
7      string str1 = "There must be my teacher.";
8      string str2 = "one out of three ";
9      cout << "str1 = " << str1 << endl;
10     cout << "str2 = " << str2 << endl;
11     str1.insert(14,str2);
12     cout << "str1 = " << str1 << endl;
13     str1.erase(18, 4);
14     cout << "str1 = " << str1 << endl;
15     string::iterator it = str1.begin();
16     str1.erase(it + 17);
17     cout << "str1 = " << str1 << endl;
18     str1.erase(it + 17, it + 25);
19     cout << "str1 = " << str1 << endl;
20     str1.insert(it + 17, ' ');
21     cout << "str1 = " << str1 << endl;
22     str1.insert(it + 18, str2.begin() + 4,str2.begin() + 8);
23     cout << "str1 = " << str1 << endl;
24     str1.insert(22, str2, 8, 8);
25     cout << "str1 = " << str1 << endl;
26     str1.insert(31, "who can be ");
27     cout << "str1 = " << str1 << endl;
28   }
```

在程序段 12-6 的 main()中，第 7 行定义字符串 str1，并赋初值为"There must be my teacher."。

第 8 行定义字符串 str2，并赋初值为"one out of three "。第 9 行输出字符串 str1。

第 10 行输出字符串 str2。

第 11 行的语句“str1.insert(14,str2);”调用 insert()方法将 str2 插入到 str1 的第 14 个字符处。str1 的首字符索引号为 0，其第 14 个字符为“m”，插入后的 str1 为"There must be one out of three my teacher."。

第 12 行输出字符串 str1。

第 13 行的语句“str1. erase(18,4);”调用 erase()方法将 str1 中第 18～21 个字符删除，即将“out ”删除，这里的“4”表示删除的字符的个数。之后的 str1 为"There must be one of three my teacher. "。

第 14 行输出字符串 str1。

第 15 行的语句“string::iterator it＝str1. begin();”定义迭代器 it，指向 str1 的首字符。

第 16 行的语句“str1. erase(it＋17);”调用 erase 方法删除 str1 的第 17 个字符(为一个空格)。此时的 str1 为"There must be oneof three my teacher. "。

第 17 行输出字符串 str1。

第 18 行的语句“str1. erase(it＋17,it＋25);”调用 erase()方法删除 str1 的第 17～24 个字符，此时的 str1 为“There must be one my teacher. ”。

第 19 行输出字符串 str1。

第 20 行的语句“str1. insert(it＋17,' ');”调用 inset()方法在 str1 的第 17 个字符处插入一个空格，此时，str1 为"There must be one my teacher. "。

第 21 行输出字符串 str1。

第 22 行的语句“str1. insert(it＋18,str2. begin()＋4,str2. begin()＋8);”调用 insert()方法在 str1 的第 18 个字符处插入 str2 的第 4～7 个字符，此时，str1 为"There must be one out my teacher. "。

第 23 行输出字符串 str1。

第 24 行的语句“str1. insert(22,str2,8,8);”将 str2 的第 8～15 个字符插入 str1 的第 22 个字符处，此时，str1 为"There must be one out of three my teacher. "。

第 25 行输出字符串 str1。

第 26 行的语句“str1. insert(31,"who can be ");”在 str1 的第 31 个字符处插入字符串常量"who can be"，此时 str1 为"There must be one out of three who can be my teacher. "。

第 27 行输出字符串 str1。

程序段 12-6 的执行结果如图 12-6 所示。

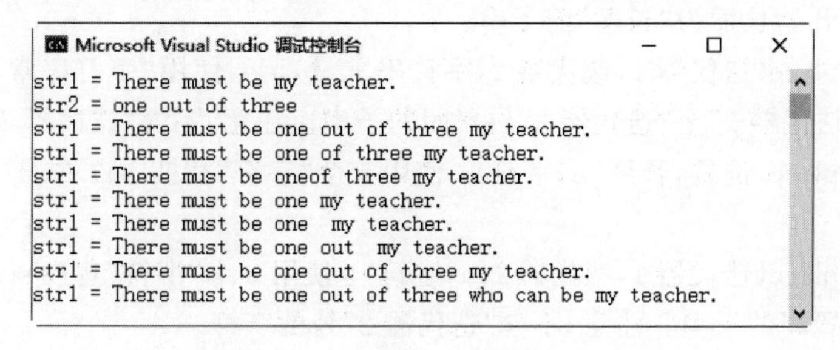

图 12-6　程序段 12-6 的执行结果

12.4　字符串查找与替换操作

本节将介绍字符串的查找、替换与大小写字母转换等操作。string 模板类提供了 insert()

和 replace()方法实现字符串的查找与替换，借助 transform()方法可以实现字符串内英文字母的大小写转换。

12.4.1 find()方法与 replace()方法

字符串模板类支持在字符串对象中查找特定的字符串或字符，可借助方法 find()实现，设 str1 和 str2 为两个字符串，则 find()方法的用法有：

(1) str1.find(str2)：返回 str2 首次出现在 str1 中的位置，以匹配后的 str2 的首字符的位置作为返回值。

(2) str1.find(str2,pos)：从 str1 的第 pos 个字符开始查找字符串 str2，返回与 str2 首次匹配的位置。

(3) str1.find(字符串常量)：返回"字符串常量"首次出现在 str1 中的位置。

(4) str1.find(字符串常量,pos)：从 str1 的第 pos 个字符开始查找"字符串常量"，返回与"字符串常量"首次匹配的位置。

(5) str1.find(字符)：返回"字符"首次出现在 str1 中的位置。

(6) str1.find(字符,pos)：从 str1 的第 pos 个字符开始查找"字符"，返回与"字符"首次匹配的位置。

(7) str1.find(字符串常量,pos,n)：从 str1 的第 pos 个字符开始查找"字符串常量"的前 n 个字符，返回与"字符串常量"的前 n 个字符首次匹配的位置。

当 find 函数无法匹配时，返回"string::npos"。

string 模板类的 replace 方法支持字符串替换操作，replace()方法的用法如下：

(1) str1.replace(位置,长度,字符串变量或字符串常量)：使用"字符串变量或字符串常量"替换 str1 中自"位置"开始长度为"长度"的子串。

(2) str1.replace(迭代器 1,迭代器 2,字符串变量或字符串常量)：使用"字符串变量或字符串常量"替换 str1 中"迭代器 1"至"迭代器 2"位置间的子串。注意，不含"迭代器 2"处的字符。

(3) str1.replace(位置,长度,字符串常量,n)：使用"字符串常量"的前 n 个字符替换 str1 中自"位置"开始长度为"长度"的子串。

(4) str1.replace(迭代器 1,迭代器 2,字符串常量,n)：使用"字符串常量"的前 n 个字符替换 str1 中"迭代器 1"至"迭代器 2"位置间的子串。注意，不含"迭代器 2"处的字符。

(5) str1.replace(位置,长度,n,字符)：使用 n 个"字符"替换 str1 中自"位置"开始长度为"长度"的子串。

(6) str1.replace(迭代器 1,迭代器 2,n,字符)：使用 n 个"字符"替换 str1 中"迭代器 1"至"迭代器 2"位置间的子串。注意，不含"迭代器 2"处的字符。

(7) str1.replace(迭代器 1,迭代器 2,str2 的迭代器 1,str2 的迭代器 2)：使用 str2 中的"str2 的迭代器 1"至"str2 的迭代器 2"间的子串替换 str1 中"迭代器 1"至"迭代器 2"位置间的子串。注意，不含 str2 中"str2 的迭代器 2"处的字符，也不含 str1 中"迭代器 2"处的字符。

如果将 str1 中特定的字符串替换为 str2，则需要先执行查找操作，若查找"特定的字符串"成功，则记录下该字符串出现在 str1 中的位置和其长度，再执行相应的替换操作。程序段 12-7 介绍了字符串查找和替换的操作方法。

程序段 12-7　find()方法和 replace()方法应用实例

```
1    #include <iostream>
2    #include <string>
3    using namespace std;
4
5    int main()
6    {
7      string str1 = "abcdefghijklmnoabcdefghi";
8      string str2 = "def";
9      cout << "str1 = " << str1 << endl;
10     cout << "str2 = " << str2 << endl;
11     size_t n = str1.find(str2);
12     cout << "str2 at: " << n << endl;
13     n = str1.find("cdkk", 10, 2);
14     if (n != string::npos)
15       cout << "cd at: " << n << endl;
16     else
17         cout << "Not found." << endl;
18     n = str1.find('m');
19     cout << "m at: " << n << endl;
20
21     str1.replace(0, 4, "AB");
22     cout << "str1 = " << str1 << endl;
23     str1.replace(str1.begin() + 4, str1.begin() + 8, "EF");
24     cout << "str1 = " << str1 << endl;
25     str1.replace(10, 6, "XYZ", 2);
26     cout << "str1 = " << str1 << endl;
27     str1.replace(str1.begin() + 6, str1.end() - 2, str2.begin() + 1, str2.end());
28     cout << "str1 = " << str1 << endl;
29   }
```

在程序段 12-7 的 main()函数中，第 7 行定义字符串 str1，赋初值为"abcdefghijklmnoabcdefghi"。第 8 行定义字符串 str2，赋初值为"def"。

第 9 行输出字符串 str1。第 10 行输出字符串 str2。

第 11 行的语句"size_t n=str1.find(str2);"在 str1 中查找 str2，返回第一个匹配的位置，这里返回 3。注意：字符串的首字符的索引号为 0。

第 12 行输出 str2 在 str1 中的位置。

第 13 行的语句"n=str1.find("cdkk",10,2);"在 str1 的第 10 个字符以后查找字符串常量"cdkk"的前 2 个字符出现的位置，这里返回 17。

第 14～17 行为一个 if-else 结构，如果 n 不为 string::npos，表示查找成功，则第 15 行输出匹配的位置；否则，第 17 行输出"Not found."。

第 18 行的语句"n=str1.find('m');"在 str1 中查找字符'm'出现的位置，这里将返回 12。

第 19 行输出字符'm'在 str1 中出现的位置。

第 21 行的语句"str1.replace(0,4,"AB");"将 str1 的第 0～3 个字符替换为"AB"，这里

的“4”表示被替换的字符的个数。此时，str1 将为“ABefghijklmnoabcdefghi”。

第 22 行输出字符串 str1。

第 23 行的语句“str1. replace(str1. begin()+4，str1. begin()+8，"EF")；”将 str1 的第 4～7 个字符替换为"EF"，此时的 str1 为"ABefEFklmnoabcdefghi"。

第 24 行输出字符串 str1。

第 25 行的语句“str1. replace(10，6，"XYZ"，2)；”将 str1 的第 10～15 个字符替换为"XYZ"的前 2 个字符。此时的 str1 为"ABefEFklmnXYfghi"。

第 26 行输出字符串 str1。

第 27 行的语句“str1. replace(str1. begin()+6，str1. end()−2，str2. begin()+1，str2. end())；”将 str2 的第 1 至最后一个字符替换 str1 的第 6 至倒数第 2 个字符。此时的 str1 为"ABefEFefhi"。

第 28 行输出字符串 str1。

程序段 12-7 的执行结果如图 12-7 所示。

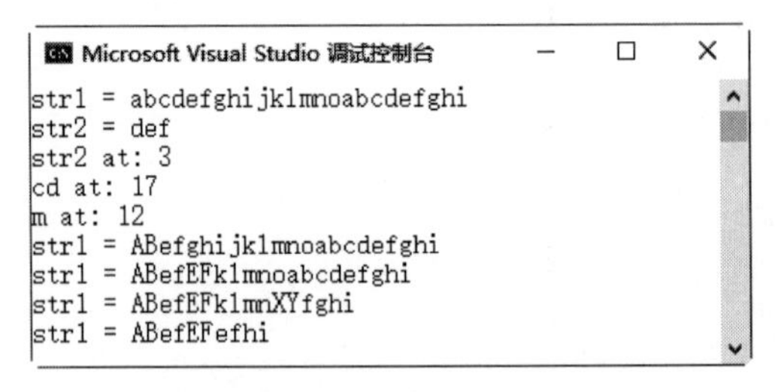

图 12-7　程序段 12-7 的执行结果

12.4.2　大小写字母转换

C++语言中，英文字母的大小写转换主要借助 transform()方法实现。设 str 为字符串对象，则借助 transform()方法实现大小写字母变换的方法为：

(1) transform(str. begin()，str. end()，str. begin()，toupper)：将 str 中全部英文字母转换为大写。transform()函数的 4 个参数依次表示输入字符串的迭代器首地址、输入字符串的迭代器末地址、变换后输出字符串的迭代器首地址和谓词函数，这里的 toupper 表示转换为大写字母。

(2) transform(str. begin()，str. end()，str. begin()，tolower)：将 str 中全部英文字母转换为小写。

在上述的 transform()函数中，可以指定迭代器的位置实现字符串的部分子串中的英文字母变换大小写。

程序段 12-8 展示了借助 transform()函数实现大小写字母转换的方法。

视频讲解

程序段 12-8　大小写英文字母转换实例

```
1     #include <iostream>
2     #include <string>
3     #include <algorithm>
4     using namespace std;
5
```

```
6    int main()
7    {
8      string str1 = "This is an APPLE tree.";
9      cout << "str1 = " << str1 << endl;
10     string str2, str3, str4;
11     str2 = str1;
12     transform(str2.begin(), str2.end(), str2.begin(), toupper);
13     cout << "str2 = " << str2 << endl;
14     str3 = str1;
15     transform(str3.begin(), str3.end(), str3.begin(), tolower);
16     cout << "str3 = " << str3 << endl;
17     str4 = str1;
18     transform(str4.begin() + 3, str4.end(), str4.begin() + 3, tolower);
19     cout << "str4 = " << str4 << endl;
20   }
```

在程序段 12-8 中,第 3 行的预编译指令"＃include < algorithm >"将 algorithm 头文件包括到程序中,这是因为第 12 行的 transform()函数声明位于该头文件中。

在 main()函数中,第 8 行定义字符串 str1,并赋初值"This is an APPLE tree."。

第 9 行输出字符串 str1。

第 10 行定义字符串 str2、str3 和 str4。

第 11 行的语句"str2＝str1;"将 str1 赋给 str2。

第 12 行的语句"transform(str2.begin(),str2.end(),str2.begin(),toupper);"调用 transform()函数将 str2 中的全部字母转换为大写字母。

第 13 行输出字符串 str2。

第 14 行的语句"str3＝str1;"将 str1 赋给 str3。

第 15 行的语句"transform(str3.begin(),str3.end(),str3.begin(),tolower);" 调用 transform()函数将 str3 中的全部字母转换为小写字母。

第 16 行输出字符串 str3。

第 17 行的语句"str4＝str1;"将 str1 赋给 str4。

第 18 行的语句"transform(str4.begin()＋3,str4.end(),str4.begin()＋3,tolower);"将 str4 的第 3 至最后一个字母转换为小写字母。

第 19 行输出字符串 str4。

程序段 12-8 的执行结果如图 12-8 所示。

图 12-8　程序段 12-8 的执行结果

12.5　本章小结

字符串类 string 是 C++语言标准模板类库中的模板类,基于 string 类定义的字符串对象的操作比字符数组形式的字符串变量的操作更加简洁方便,同时也更加安全。本章详细介绍了基于 string 类的字符串的定义和初始化等基本操作,并阐述了字符串的合并、追加、提取、插入和删除等常见操作,介绍了字符串中英文字符的大小写转换方法。还针对中文字符介绍了宽字符串模板类 wstring 的定义和初始化等基本用法。由于字符串类是一种模板类,故字符串类的方法均支持迭代器;同时,由于字符串应用广泛,字符串也支持类似于字符数组形式的字符访问。当字符串用作类的数据成员时,应使用 string 类定义字符串,而不应使用字符数组。

习题

1. 从键盘上输入一个字符串"Hello World!",输出字符串的首尾字符。

2. 设字符串 str 为"ABCDE",编写一个 myReverse()方法得到 str 的逆序字符串。

3. 有两个字符串 str1 和 str2,分别为"Student"和"STUDENT",调用 compare()方法比较这两个字符串,按大小顺序输出这两个字符串。提示:表达式 str1.compare(str2)返回 0 时,说明 str1 等于 str2;返回正值,说明 str1 大于 str2;返回负值,说明 str1 小于 str2。

4. 将 str 字符串"tHIS IS AN apple TREE."中的大写字母变成小写字母,将其中的小写字符变成大写字母。提示:使用 lambda 函数的方法为:"transform(str.begin(),str.end(),str.begin(),[](int c) {if (c >='a' && c <='z') return c-32; if (c >='A' && c <='Z') return c+32; else return c; });"。

参考文献

[1] S. Rao. 21天学通C++[M]. 8版. 袁国忠，译. 北京：人民邮电出版社，2020.
[2] 谭浩强. C++面向对象程序设计[M]. 2版. 北京：清华大学出版社，2015.
[3] C++在线参考文档 http://www.cplusplus.com/reference/.

图书资源支持

感谢您一直以来对清华版图书的支持和爱护。为了配合本书的使用，本书提供配套的资源，有需求的读者请扫描下方的“书圈”微信公众号二维码，在图书专区下载，也可以拨打电话或发送电子邮件咨询。

如果您在使用本书的过程中遇到了什么问题，或者有相关图书出版计划，也请您发邮件告诉我们，以便我们更好地为您服务。

我们的联系方式：

地　　址：北京市海淀区双清路学研大厦 A 座 714

邮　　编：100084

电　　话：010-83470236　010-83470237

客服邮箱：2301891038@qq.com

QQ：2301891038（请写明您的单位和姓名）

资源下载：关注公众号“书圈”下载配套资源。

资源下载、样书申请

书圈

图书案例

清华计算机学堂

观看课程直播